国家科学技术学术著作出版基金资助出版

水环境大数据与智慧化管理

王国强　王运涛　苏　洁　胡　实　阿膺兰　方青青　著

科学出版社
北　京

内 容 简 介

本书以流域水环境管理的业务需求为基础，围绕流域水环境的监测、分析和管理等环节，研发流域水生态环境监测技术和设备，并构建基于机理和人工智能的大数据挖掘和模拟工具。同时，制定流域水环境数据分类、存储与交换、业务系统接口等标准，并提出流域水环境管理大数据平台的总体设计方案。

本书可供水文、水环境、水生态等专业研究和管理人员以及高等院校相关专业师生参考。

图书在版编目（CIP）数据

水环境大数据与智慧化管理 / 王国强等著. --北京 : 科学出版社, 2025. 1. -- ISBN 978-7-03-079767-4

Ⅰ. X143

中国国家版本馆 CIP 数据核字第 2024NQ8926 号

责任编辑：杨帅英　赵　晶 / 责任校对：郝甜甜

责任印制：徐晓晨 / 封面设计：图阅社

科学出版社 出版

北京东黄城根北街 16 号

邮政编码：100717

http://www.sciencep.com

北京建宏印刷有限公司印刷

科学出版社发行　各地新华书店经销

*

2025 年 1 月第　一　版　开本：787×1092 1/16

2025 年 1 月第一次印刷　印张：13 3/4

字数：323 000

定价：168.00 元

（如有印装质量问题，我社负责调换）

前　言

我国政府高度重视大数据在推进生态文明建设中的地位和作用。习近平总书记明确指出，要推进全国生态环境监测数据联网共享，开展生态环境大数据分析。为贯彻落实党中央、国务院决策部署，全面推进我国生态环境大数据的发展和应用，2016 年环境保护部正式发布了《生态环境大数据建设总体方案》，指出要加强生态环境大数据综合应用和集成分析，为生态环境保护科学决策提供有力支撑，提高环境治理体系和治理能力现代化水平。

随着大数据技术的不断发展，水生态环境领域引入大数据理念，并陆续建立了各地的生态环境监控大数据平台。然而，我国目前涉水管理数据存在整合困难、标准不统一、信息利用难等问题，导致大部分环境信息平台主要用于收集和展示环境监测数据，缺乏对数据的深入分析。我们科研团队近年主持和参加了国家有关部门组织的与水生态环境大数据相关的研究项目，对国家流域水环境管理大数据平台构建进行了初步研究和应用。我们的研究工作主要包括以下几个方面：建立流域水生态环境数据的收集、传输、整合、交换和集成通用标准，建立涉水多领域的大数据挖掘、汇集与融合技术；搭建流域水环境的核心模型框架，构建多模集合模拟系统，实现水量、水质、水生态的模块化模拟，完成模型之间的耦合以及与水环境数据仓库的集成，从而形成平台应用的核心模型库支撑；结合计算机的分布式及大数据分析挖掘技术，实现数据、功能、系统的汇集、分析、展示的成套技术体系。

本书紧密围绕国家对水环境管理的重大科技需求，重点介绍水环境多模集合模拟和流域水环境管理大数据平台构建等关键技术，研发国家流域水环境管理大数据平台，并选择典型区域进行应用示范。研究成果将为实现水环境综合评价、污染物通量分析、水环境承载力与风险预警、水质目标管理绩效考核、生态补偿核算、规划环评管理等功能提供平台支撑，以提高管理决策的预见性、针对性和时效性。全书内容共 8 章，主要作者分工如下：第 1～4 章：王运涛、方青青；第 5 章和第 6 章：胡实、王国强；第 7 章和第 8 章：苏洁、阿膺兰。全书由王国强和王运涛统稿。

本书的出版得到了国家杰出青年科学基金项目（No. 52125901）、国家自然科学基金重点项目（No. 52339002）、国家重点研发计划项目（No. 2022YFC3204400）、国家科学技术学术著作出版基金等的联合资助，在此表示衷心的感谢！

由于作者水平所限，书中难免有不妥之处，恳请读者批评指正。

作　者

2024 年 4 月

目　　录

第1章　绪　　论

1.1　背景和意义

1.1.1　我国水环境发展的新形势

1. 水环境污染形势严峻且存在不平衡不协调的问题依然突出

党中央和国务院高度重视水环境保护工作，并在“十一五”以来积极探索新的水环境保护路径，取得了积极的成效。根据《2022 中国生态环境状况公报》的数据，2022年全国地表水监测的3629个国控断面中，Ⅰ～Ⅲ类断面比例为87.9%，比2021年上升3.0个百分点；劣Ⅴ类断面比例为0.7%，比2021年下降0.5个百分点，显示了全国水环境质量总体上持续改善的趋势。然而，我国仍然面临水污染物排放总量和强度较高的问题，流域涵养水源生态空间减少，用水紧张地区不断增加水资源消耗性利用，调控能力不断增强的重大水利工程建设，以及日益明显的气候变化等问题，对流域生态水文过程产生了深远而广泛的影响，进而影响了地球化学和生物过程，推动了流域水生态系统结构和功能的变化，使流域水生态形势日益严峻。我国水生态环境保护仍存在不平衡和不协调的问题，部分地区水质恶化等问题亟待解决。

（1）水环境治理任务艰巨。随着流域水质恶化、突发水污染和饮用水安全隐患等问题的日益突出，加快水污染防治和实施流域环境综合治理已成为实现我国经济高质量发展的重要任务。一些地区的发展方式相对粗放，导致城市建成区、工业园区和港口码头等环境基础设施的建设滞后。一些地方的入河排污口数量不清楚，管理不规范，违法排污现象时有发生。此外，氮磷成为一些地区的首要污染物，城乡面源污染防治存在瓶颈且需要突破。

（2）水生态破坏问题普遍存在。一些河湖水域及其缓冲带的水生植被退化，水生态系统严重失衡。一些地方水资源过度开发，无法保障生态用水，河湖断流干涸现象普遍存在。

（3）水环境风险不容忽视。一些地方高环境风险的工业企业集中分布，与饮用水源交叉，由企业生产事故引发的突发环境事件频繁发生。一些地方的河湖底泥污染较为严重，存在环境隐患。太湖、巢湖、滇池等重点湖泊的蓝藻水华问题一直存在，成为社会关注和治理的难题。

（4）跨界水污染明显增加。一些地方政府倾向于牺牲环境来推动粗放型经济增长模式，其引发社会冲突不断升级。特别是在跨越行政边界的“避难所”地区，地区资源和生态环境问题的外部性明显增加。

2. 水环境保护与治理已经达到前所未有的高度

党的十八大以来，建设生态文明、促进绿色发展、改善生态环境质量已被确立为国家的顶层设计和要求。党的十九大进一步明确了新时代的发展战略，提出到 2035 年生态环境根本好转，美丽中国目标基本实现，并对环境管理提出了更高的要求。在“十四五”规划中，首次将碳达峰和碳中和目标纳入经济和社会发展五年规划，成为污染防治攻坚战的主要目标。同时，强调坚持绿水青山就是金山银山的理念，推动绿色低碳发展，持续改善环境质量，提升生态系统质量和稳定性。

在新时期，水环境管理应以习近平新时代中国特色社会主义思想为指导，贯彻党中央和国务院的决策部署，坚持山水林田湖草沙系统治理，以科学、精准、依法治污为原则，以改善水生态环境质量为核心，统筹水资源、水生态、水环境等要素，巩固和深化碧水保卫战的成果。在编制和实施重点流域水生态环境保护“十四五”规划的同时，积极推进美丽河湖的保护和建设，不断提升治理体系和治理能力的现代化水平。努力在关键领域和关键环节实现突破，为开创水生态环境保护的新局面、为实现 2035 年美丽中国的建设目标奠定良好基础。

1.1.2 大数据助力水环境保护与治理

1. 推进流域环境治理体系和治理能力现代化

大数据技术是从数量巨大、来源分散、格式多样的数据中发现新知识、创造新价值、提升新能力的新一代信息技术。全面推进大数据技术在环保领域的应用，是推进流域环境治理体系和治理能力现代化的重要手段。

党中央、国务院高度重视大数据在推进生态文明建设中的地位和作用。2015 年 7 月 1 日，在中央全面深化改革领导小组第十四次会议上，审议通过了《生态环境监测网络建设方案》，习近平总书记明确指出，要推进全国生态环境监测数据联网共享，开展生态环境大数据分析。大数据技术不仅能解决传统数据管理方面存在的问题，而且能使数据管理趋于智能化，加强政府公共服务和市场监管，推动简政放权和政府职能转变。国务院《促进大数据发展行动纲要》等文件要求推动政府信息系统和公共数据互联共享，促进大数据在各行业创新应用。《国务院关于积极推进“互联网+”行动的指导意见》明确提出构建“互联网+”绿色生态，实现生态环境数据互联互通和开放共享。

2016 年 3 月，环境保护部正式发布了《生态环境大数据建设总体方案》，对生态环境大数据平台建设提出了明确要求，指出“大数据、互联网+等信息技术已成为推进环境治理体系和治理能力现代化的重要手段，要加强生态环境大数据综合应用和集成分析，为生态环境保护科学决策提供有力支撑”。

2. 提升流域水环境保护科学决策支撑水平

流域水环境管理与单纯的水环境管理具有不同的内涵与外延。流域水环境管理不仅包括水污染防治，还包括水土保持、河道治理、生态保护等内容，相关管理涉及生态环境部、国家发展和改革委员会、工业和信息化部、自然资源部、住房和城乡建设部、交通运输部、水利部、农业农村部、国家卫生健康委员会等多部门。当前流域水环境管理相关业务应用的数据类型高达几十种时，其来源于不同的数据生产部门，其组织管理的方式、标准、参考体系也各不相同，给环境大数据的快速形成与综合应用提出了挑战。

近年来，各部门不断更新采用现代化管理手段，主要有地理信息系统（GIS）、全球定位系统（GPS）、遥感（RS）技术和计算机的普及应用等，不仅提高了管理水平，也积累了海量的流域管理基础数据。虽然很多数据已经集中到“数据中心”，但数据难以真正流动起来，逐渐出现数据管理基础设施和系统建设分散、应用“烟囱”和数据“孤岛”林立、业务协同和信息资源开发利用水平低、综合支撑和公共服务能力弱等现象，难以适应和满足新时期流域水环境保护工作需求。

流域水环境管理是一种典型的跨行业、多类型的大数据综合业务应用，需对多源、复杂的流域水环境大数据信息进行综合应用和集成分析。因此，针对流域水环境管理的大数据平台建设是提升流域水环境保护科学决策支撑水平的重要保障。

3. 实现流域水环境精细化管理

2015 年 4 月，国务院印发《水污染防治行动计划》（以下简称“水十条”），提出“完善流域协作机制，流域上下游各级政府、各部门之间要加强协调配合、定期会商，实施联合监测、联合执法、应急联动、信息共享”“深化重点流域污染防治，研究建立流域水生态环境功能分区管理体系”“完成全国排污许可证管理信息平台建设”等要求。2016 年环境保护部成立水环境管理司，体现了国家以水环境问题为导向，统筹开展水环境精细化管理的决心，理顺了内部职责和业务关系，提高了工作效率。

然而，与发达国家相比，目前我国流域水环境管理缺乏全国本底数据支撑，开展顶层设计及宏观政策制定缺乏强有力的数据支撑；亟须开发智能化的水环境管理大数据库和信息平台来提升流域水环境精细化管理的综合水平，促进数字环保向智慧环保转变，为我国流域水环境精细化管理提供技术保障。

因此，重点攻克水环境多模集合模拟和流域水环境管理大数据平台构建等关键技术，构建流域水环境管理大数据平台，为流域水环境管理提供科学决策的准确依据，实现流域水环境管理向精细化转变的技术支撑，对推动流域水环境管理创新、提升管理水平、做好新常态下的流域水环境保护工作具有重大意义。

1.2 国内外研究进展

1.2.1 流域水生态环境监测研究

水生态环境监测在国外始于 20 世纪 70 年代。美国国家环境保护局（EPA）的“环境监测与评价研究计划”（EMAP，1990 年）、欧盟委员会的《水框架指令》（WFD，2000 年）以及韩国“国家水生态监测工程”（NAEMP）等项目的实施，极大地推动了发达国家和地区水生态环境监测和评价工作，并形成了较为成熟的水生态环境监测和评价体系。我国水环境监测起步于20世纪90年代，经过30年的发展，监测指标方面从水质理化指标延伸至水生态指标，取得了较大的突破和拓展。针对河流和湖库，我国建立了包含化学水质、物理生境和水生生物在内的评价指标体系，并在松花江、太湖等流域开展了水生态监测的试点工作。在监测技术和设备方面，我国逐步完善了水质监测技术，并研发了一批水质理化指标的国产化监测仪器。此外，我国还研制了一批在线监测仪器，用于监测水生态关键指标，如浮游动物、藻密度等。计算机技术的应用，如5G、物联网和区块链，实现了水生态环境质量的全面智能化监测和综合展示。同时，基于高分辨率的民用卫星的遥感监测系统可用于大尺度水生态监测领域，初步构建了“空天地”一体化的立体水生态环境监测网络。

《生态环境监测规划纲要（2020—2035年）》提出了水质向水生态监测的系统转变的目标，要建立以流域为单元的水生态监测指标体系和评价体系，并将监测手段从传统手工监测向天地一体、自动智能、科学精细、集成联动的方向发展。随着传感设备和通信技术的不断进步，基于物联网的水生态环境监测技术能够实现全方位、快捷有效的水生态环境质量动态监测，为水生态环境监管提供新的技术方法。

物联网是通过射频识别（RFID）技术、红外感应器、GPS、激光扫描器、图像感知器等信息传感设备，将任何物品与互联网相连，实现智能化识别、定位、跟踪、监控和管理的一种网络（王保云，2009）。物联网能够将不同的检测载体进行连接，实现多载体的自动测试、数据上传、自动控制、智能校正、核查，对多载体信息进行综合评价、智能评估等。与国外相比，我国水生态环境监测起步较晚，但物联网技术的发展并不落后。目前，物联网技术已经在污染源监测、环境质量监测、遥感监测等领域得到广泛应用（吴琳琳等，2022）。将物联网技术与水生态监测相结合，可以实现水生态监测的智能化和监测效率的提高，同时也能显著降低监测成本。

1.2.2 流域水环境模型研究

1. 水文模型

水文模型是对自然界中水文过程的模拟和概化，其对水资源开发利用、区域资源规划、生态环境需水、防洪减灾、水库调度、点源和非点源污染评价以及气候变化和人类活动对流域生态系统的影响等诸多方面均有重要的支持作用。因此，水文模型的研究一直是水文学研究的重点及要点，基于此建立了一系列的水文模型。自20世纪50年代以来，水文模型在国内外发展迅速并广泛应用，经历了概念性模型到分布式模型，特别是近几十年，水资源问题日益突出，同时随着计算机技术的快速发展，人们对流域水文模型的研究、应用的广度和深度逐渐加大，研制出大量各具特色的流域水文模拟模型。常被应用的流域水文模型有数十个，包括HEC-HMS模型、BASINS-HSPF模型、SWAT模型、USGS模型、WATFLOOD模型、TOPMODEL模型、HBV模型、TOTOPIKAPI模型、TANK模型、新安江模型等。

（1）HSPF（hydrologic simulate program-FORTRAN）模型（Crawford and Linsley，1966），全称为水文模拟模型，是由美国国家环境保护局开发，并集成于一套基于GIS

技术的整合式平台系统 BASINS。BASINS 系统将 HSPF 模型集成在具有强大空间数据存储和处理能力的 ArcView 上，为 HSPF 模型自动提取地形地貌、土壤植被、土地利用及河道信息等数据提供了很好的技术支撑。经过多年发展，HSPF 模型又陆续继承了 HSP（hydrologic simulation program）、ARM（agricultural runoff management）、NPS（nonpoint source）等模块，完善了 HSPF 模型的模拟体系，不仅可以进行径流模拟，还可以实现多种污染物地表、壤中流过程及蓄积、迁移转化的综合模拟。HSPF 模型是一种半分布式综合性流域模型，已经被广泛应用于径流、泥沙、营养盐及有机物质和微生物等的模拟和研究中，尤其在国外的应用更为普遍和广泛。HSPF 模型结合了分布式流域水文模型和其他非分布式流域模型的优点，可以模拟流域内连续的水文过程以及水质变化过程。由于对模型输入数据的要求较高，同时该模型对污染物迁移转化的模拟过程相对比较粗略，因此 HSPF 模型尤其适用于对小尺度流域内的水文过程的精细模拟。同时，HSPF 模型中将下垫面分为透水下垫面和不透水下垫面，这一特别的设置使其特别适用于包含城市区域的流域中的水文模拟。除此之外，HSPF 模型中的河道模块仅限于对均匀混合的河流、水库和一维水体模拟，因此对于复杂流域或水体的模拟研究，需要将 HSPF 模型与其他模型整合以解决更加综合的问题。

（2）SWAT（soil and water assessment tool）模型（Arnold et al.，1995）是美国农业部农业研究中心在 20 世纪 90 年代开发的流域尺度的综合模型，该模型结构逻辑性强，运算效率高，能够进行长时间连续模拟，为水文模拟提供了强有力的支持。SWAT 模型可以模拟地表径流、入渗、侧流、地下水流、汇流、融雪径流、土壤温度及湿度、蒸散发、泥沙运移及农作物生长等过程，能够预测不同土地利用方式和农业管理措施对流域水文、泥沙和营养盐物质的影响，该模型吸收了 SWRRB（soil and water resources research branch model）、CREAMS（chemicals, runoff, and erosion from agricultural management systems）、GLEAMS（groundwater loading effects of agricultural management systems）和 EPIC（erosion productivity impact calculator）等模型的特点，并不断加以改进。SWAT 模型是基于连续时间段的模拟，可以进行年、月、日尺度的模拟。SWAT 模型功能强大，模拟精度高，在国内外均有广泛应用，包括对径流模拟、产沙模拟、点源和农业非点源污染状况模拟，以及在水资源管理中也有较多的应用，尤其适用于中尺度流域中水文水质状况的模拟。SWAT 模型在不同研究方向得到广泛应用的同时，其自身的局限性也不可避免。由于 SWAT 模型更注重物理过程的描述与刻画，其更适用于农业型流域的水环境模拟，而在高强度人类活动地区的适用性还有待提升。

（3）TOPMODEL（topography based hydrological model）模型（Beven and Kirkby，1979），是由英国水文学者于 1979 年提出的一种利用地形指数来反映水文过程相似性的半分布式流域水文模型。该模型具备分布式水文模型良好的物理基础以及集总式水文模型的计算简便和优化参数少的优点，主要适用于湿润地区。该模型不仅在降雨–径流模拟中广泛应用，而且在水质模拟、复合洪水频率计算、土壤侵蚀模拟以及地形对径流的影响等研究中都有较好的应用效果。与 HSPF 模型和 SWAT 模型基于水文响应单元不同，TOPMODEL 模型是基于网格的分布式模型，这与其依托地形数据进行水文过程模拟的模型机理有关。基于此，该模型需要率定的模型参数较少，而且参与率定的模型参数容易获得。除此之外，TOPMODEL 模型的汇流理论存在缺陷，流量演算采用与距离相关的坡面流延时函数和河道演算函数来近似实现，所有汇流参数在空间上恒定且无须率定，没有水力学基础，因此该模型不适用于大尺度流域的分布式模拟。

（4）TANK 模型（Sugawara，1961），即水箱模型，是 1961 年由日本国立防灾研究中心菅原正巳提出的一种概念性径流模型，广泛应用于水文预报、水文水资源计算、径流资料插补和水文测验检验等。TANK 模型能把降雨转换为径流的复杂过程归纳为流域的蓄水与出流的简单关系，控制水箱的蓄水深度、侧孔和底孔出流，计算流域的产汇流及下渗过程。模型从这个角度出发，考虑了流域内雨洪转化过程的各个环节，包括产流、坡面汇流和河道汇流等。为了充分考虑流域水文特征随着空间分布的变化，通常会利用一系列串联或并联的水箱来模拟流域的降雨径流过程。该模型原理简单、结构灵活、计算高效。研究者可以使用不同层级的水箱结构描述流域中的不同水源，尤其对于水源组成复杂的研究区域，可以借助该模型得到较理想的模拟效果。但是 TANK 模型这种对水文过程的高度概化的特性，使其在精细化水文模拟的应用中并不适用。

（5）MIKE SHE 模型是由丹麦水利研究所（DHI）于 20 世纪 90 年代初在 SHE 模型上进一步发展研制出来的综合的水文模型（Refsgaard et al.，2010），包括蒸散发、融雪、明渠流、坡面流、不饱和带水流、饱和带水流、溶质和泥沙输移等模块。MIKE SHE 模型能将主要的水流过程进行动态耦合，一维上用由达西定律和连续方程所组成的 Richards 方程模拟水分入渗过程，二维上选用水量平衡方程，三维上用 Boussinesq 方程对饱和带的水流进行模拟计算，将地表水与地下水在时空上进行耦合。为了提高模拟的精度，MIKE SHE 模型通常将研究流域离散成若干网格（grid），应用数值分析的方法建立相邻网格单元之间的时空关系，在平面上把流域划分成许多正方形网格，以便于处理模型参数、数据输入以及水文响应的空间分布性；在垂直面上则划分成几个水平层，以便于处理不同层次的土壤水运动问题。MIKE SHE 模型功能上体现三维空间特性，包括陆地全部的水循环过程，同时对地下水资源和地下水环境问题分析、规划和管理是它的一大特色，功能全面、应用范围非常广泛。但是 MIKE SHE 模型由于自身结构复杂、输入参数较多、对输入数据以及操作人员的技术要求较高，在国内多用于径流过程的模拟，作为商用软件，该模型的广泛应用还有待进一步增强。

（6）新安江模型是由赵人俊（1984）于 20 世纪 70 年代对新安江水库进行入库流量预报工作时提出的，是一个有中国特色的概念性水文模型。最初研制的是二水源新安江模型，随后引入线性水库函数划分水源的概念，改进成三水源新安江模型。单元面积的划分方法是泰森多边形法，新安江模型的结构可分为 4 个部分，即蒸散发、产流、分水源和汇流计算。新安江模型从最初的概念性水文模型到后来结合卫星遥感技术、全球定位系统、计算机技术以及地理信息系统发展成为分布式水文模型，在我国南方湿润、半湿润地区得到了飞速发展及应用。广泛应用的案例证明了新安江模型的广泛适用性，但也有几点不足的地方。在划分单元面积时，采用的是以雨量站为中心的泰森多边形法，只考虑了雨量的代表性，而未考虑地形等其他因素，由此带来的问题是单元面积可能会跨越分水岭。新安江模型采用的是蓄满产流机制，因此在南方湿润半湿润气候地区中的应用适用性强，而在北方干旱半干旱的寒冷气候环境中的应用则会产生一定的误差。

（7）VIC（variable infiltration capacity）模型（Liang et al.，1994）是由华盛顿大学、加利福尼亚大学伯克利分校以及普林斯顿大学的研究者，基于 Wood 等的思想共同研制出的大尺度分布式水文模型，也被称作“可变下渗容量模型”。VIC 模型主要考虑了大气–植被–土壤之间的物理交换过程，反映三者之间的水热传输。该模型是一个基于空间分布网格化的分布式水文模型，模型将流域划分为一定数量的网格，每个网格上的径流和蒸发输出结果经过汇流模型耦合之后转化为流域出口的流量过程，每个网格都遵循水循环各个过程中的平衡原理。该网格化特性对于气候模式和水资源模型耦合进行气候变化对水资源的影响评价是很好的支持。新安江模型采用土壤蓄水容量分布曲线，假设达到田间持水量的面积上蓄满产流。与新安江模型不同的是，VIC 模型采用饱和容量曲线，假设流域在达到饱和含水量的面积上产生直接径流，但都是基于蓄满产流进行模拟，这也决定了 VIC 模型在湿润和半湿润地区的模拟效果较好，在西部和西北干旱区的模拟效果一般不太理想。一方面是由于干旱条件下多以超渗产流为主，而 VIC 模型是基于蓄满产流的；另一方面是由于这些地区条件恶劣，人口稀少，经济欠发达，比湿润和半湿润地区的监测资料更难获取，增加了模型模拟的不确定性。除此之外，VIC 模型还包括融雪模型和冻土模型，能够适用于寒冷地区的水文模拟。

尽管流域水文模型已经取得了巨大的发展，特别是分布式流域水文模型的研究与应用，但随着研究的深入，仍存在一些问题阻碍着水文模型研究的进一步发展，需要进行创新和突破。尤其是尺度问题和动态耦合问题，已经成为全球水文学研究的热点和难点。尺度问题包括空间尺度和时间尺度。由于自然流域和降水过程在空间和时间上存在巨大的异质性和变异性，目前的测量技术和试验能力有限，人们只能获取某些尺度的水文特性数据。因此，基于这些数据建立的水文模型在实际应用中存在尺度问题。这些问题主要包括以下几个层次：①水文响应单元尺度。现有的分布式水文模型将流域划分为多个子流域，并将子流域进一步划分为单元流域（网格单元）且作为水文响应单元进行模拟。然而，如何选择合适的水文响应单元大小，既能保留水文过程的细节信息，又不会因单元过小而增加模拟的时空成本，是一个需要解决的问题。②尺度转换。每个流域在不同尺度上的水文特性表现不一致，流域的水文效应是不同尺度效应的综合结果。大尺度流域的特征值并非若干小尺度值的简单叠加，小尺度值也不能通过简单的插值或分解得到。因此，如何进行尺度间的转换是一个值得深入研究的问题。

2. 水质模型

流域水质是水环境监管的重要对象之一，需要在时间和空间上进行持续监测，以便及时发现流域出现的水质问题，进而做出快速、科学的处置措施。水质模型是解决水质问题的基本方法之一，是利用数学模拟技术对水质污染进行估计和预测的一种方法。在过去几年中，数学建模迅速发展，许多模型已广泛应用于不同地区，包括波兰（Zieminska and Skrzypski，2012）、美国 Shenandoah 流域（Mbuh et al.，2019）、佛罗里达湾（Goodwin et al.，1974）以及韩国的 Ara 人工运河（Seo and Yin，2013）等地。水质模型的雏形是由 Streeter 和 Phelps 构建的，通过氧平衡模型开启了应用水质模型研究水污染问题的大门。随后水质模型经过探索、实验和应用三个阶段，从单一要素的静态模拟到复杂要素的动态模拟，同时将随机数学、模糊数学、计算机图像学及可视化技术、人工智能和地理信息系统等先进方法逐渐引入水质模型中，使水质模型的科学性和适用性逐渐完善。

水质模型是评估现有污染物负荷、污染物转移和污染源与水质因果关系的重要工具（Sumita and Kaur，2017），使决策者和管理者能够在多种水质管理方案中选择可行性更好的、技术上更强的解决方案，并能够针对水质问题提供可持续的战略规划建议（Liu，2018）。通过水质模型对污染物的物理、化学和生物特性进行建模和评价，分析污染物浓度分布受水体、水力特性、风应力和温度等因素的影响程度，进而解析水系统是如何被污染的，使管理者做出科学的决策，实现改善水质的目标。例如，调查水质模型耦合了机理模型和统计学模型，能够有效地评估和预测污染物输移过程（Bai et al.，2011；Huang et al.，2012）、识别污染物的生命周期（Wang et al.，2009）、识别污染物的时空分布特征、模拟预报水生态系统的复杂过程、加强改善水质的决策依据。同时，水质模型对不同水体的环境状况、水质变化的研究也发挥着重要作用，可用来模拟河流、溪流、湖泊、水库、河口、沿海水域和海洋等多种水系统（Loucks and Beek，2017）。例如，1925 年 Streeter 和 Phelps 首次对河流系统中生化需氧量（BOD）和溶解氧（DO）进行模拟研究（Cox，2003）。

水质模型是全面水环境管理的重要组成部分（UNESCO，2005），基于水质模型的不同污染情景模拟输出也是环境影响评价的重要组成部分（Wang et al.，2013）。水质模型对研究基于现实信息的理论模型具有重要的作用，从提出假设、解析污染物传输机制，再到量化主要控制过程，最终实现科学验证，这些对于理解污染物运移的历史、确定污染事件可能开始的时间范围和污染物已达到关注区域的目标浓度等状况至关重要（Carrera，1993）。据此，水质模型建模的目标是解决地表水污染问题和跟踪水质变化，分析现有水质状况，计算和预测水质变化的影响，规划污染物排放及负荷的限制，确定污染源的位置和特定河段水质恶化的原因，选择可持续发展的最佳途径（Qian et al.，2007）。由此，研究者针对不同的研究区、研究对象、研究目标选取不同的水质模型和商业软件包，以达到更贴近现实的模拟效果。例如，台湾基隆河采用 QUAL2K 和 HEC-RAS 模型评价水质（Fan et al.，2009），印度亚穆纳河采用 QUAL2EU 模型评价水质。

目前，许多商业和开源模型已被应用于模拟不同环境条件下的复杂水质过程，包括 MIKE、HEC-RAS、QUAL、WASP、QUASAR、SWAT 和 EFDC 等模型。这些模型适用于不同的水环境类型，存在不同的优劣（表 1-1），建模所需的数据不同、参数各异，在选择模型时往往选择最简单可靠的模型，因为过于复杂的模型会增加计算时间和成本，如果没有详细的数据，会导致模拟的不确定性。Kayode 和 Muthukrishna（2018）评估了 AQUATOX、QUAL2E、WASP、CEQUAL-RIV1、MIKE11、SWAT 和 EFDC 模型，并定义了它们在不同水体中的能力和应用。

3. 水文–水质耦合技术

对于单一模型的研究表明，非点源模型对于流域污染源负荷的模拟已经具有较好的效果，但仍无法细致地描述污染物进入水体后的演变过程；水体模型可以全面地描述水体中的水动力–水质过程，但难以获得非点源污染的输入。因此，为了实现综合、全面的流域水环境模拟，非点源–水动力–水质模型的耦合模拟成为研究关注的热点。

表 1-1 水质模型特征

模型	类型	应用组件	劣势
MIKE	1D、2D、3D	应用于河流、湿地和河口；可分析洪水径流、水质变化、泥沙输运等过程	需要大量数据用于模型构建与验证；假定不考虑河床坡度；不考虑风作用
QUAL	1D 恒定流	应用于树状水系和非点源污染；可追溯中型河流的污染物迁移过程；可分析点源排污对水质的影响	无法模拟流量变化对水质的影响；不考虑泥沙悬浮运动、大型植物作用和反硝化过程；模型计算河段不能超过 25 个，计算单元不能超过 20 个
CE-QUAL-W2	2D	应用于分层地表水系统（河流、水库、湖泊、河口）；适宜 2 维水动力和水质模型；可模拟 2 维流速、水位、温度和 21 项水质指标	简化 Boussinesq 和流体静力学方程；不考虑污染物垂向运动；运算复杂而耗时，数据量需求大
WASP	1D、2D、3D	应用于河流、湖泊、河口、溪流、池塘、沿海水域、水库；适宜追溯污染物输移过程；适宜分析多种污染物特征	模型构建与验证需要大量基础数据和理化参数；建模过程复杂；不能分析水生物、藻类和悬浮物；不考虑水工建筑物的影响；需要大量外部水动力文件
EFDC	1D、2D、3D	湖泊、河口、河流、湿地和水库；提供高精度的数值模拟能力	不考虑内部波

由于当前的成熟模型大多不是非点源–水动力–水质耦合模型，因此当前大多数流域水环境耦合模拟的研究都是应用多模型建立耦合模拟系统。耦合模拟系统通过不同的集成方式将多个模型耦合在一起进行建模，耦合的模型不仅仅包括水环境模拟中常用的非点源模型、水动力学模型和水质模型，还可以根据具体问题将其他模型耦合进入模拟系统。例如，Casper 等（2011）将非点源模型（SWAT 模型）与生态模型（PHABSIM 模型）耦合，对美国 Hillsborough River 的栖息地生态进行评价；Wilby 等（2006）建立了耦合区域气候模型、水资源模型和河流水质模型的技术框架，在英国的 River Kennet 流域评价了气候变化对流域水文和水质的影响；Cools 等（2011）将非点源模型（SWAT 模型）与环境经济模型（EMC 模型）耦合，对比利时的 Grote Nete 流域进行模拟，讨论了各类氮减排措施的经济效果；杜鹏飞等（2003）将非点源模型（IMPLUSE 模型）与环境决策模型耦合，建立了决策支持系统 NPSDSS（non-point sources pollution decision support system）对滇池某示范区的非点源控制措施的减排效果进行分析。

应用多模型耦合的方法建立耦合模拟系统，需要对选用的模型软件进行集成，集成过程涉及二次开发，二次开发越彻底，则耦合模拟系统的集成越紧密。Nyerges 讨论了耦合 GIS 系统与空间分析模型的集成方法，并根据二次开发的难度将集成方法分为 4 类，分别为：非集成（no integration）、松散耦合（loose coupling）、紧密耦合（tight coupling）和完全集成（full integration）。也可以将流域水环境多模型耦合模拟系统的集成方法分为独立应用、松散集成、紧密集成和完全集成。其中，独立应用指单独地应用各模型进行模拟，对汇总结果进行分析；松散集成指人工整理各模型的输入输出数据，手动操作模型进行模拟；紧密集成指通过二次开发的方式，实现耦合模拟系统的自动化运行；完全集成指开发集成平台，使各模型成为平台的工具模块。流域水环境多模型耦合模拟框架图如图 1-1 所示。

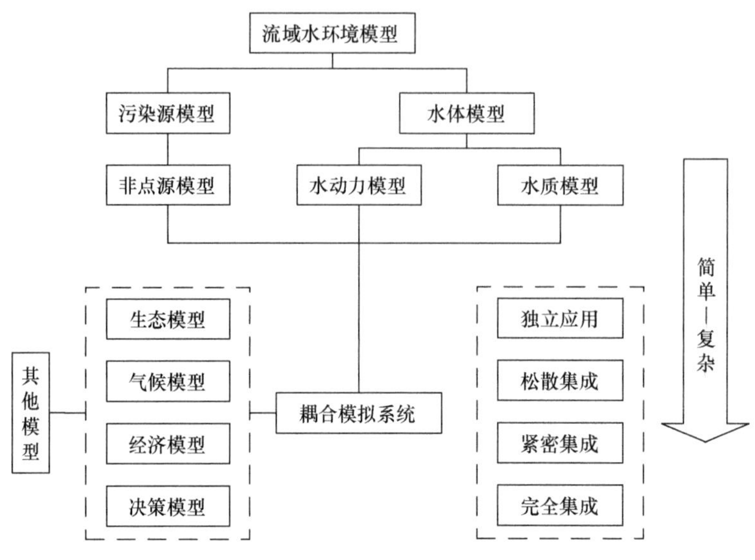

图 1-1 流域水环境多模型耦合模拟框架图

1.2.3 人工智能技术在水环境中的应用

近年来，随着《生态环境大数据建设总体方案》的实施，我国生态环境大数据事业蓬勃发展，已建成覆盖农田、草原、森林、海湾、荒漠、喀斯特、湖泊、沼泽及城市九大土地类型，涉及 600 多个观测站和 280 多项观测指标的生态监测系统；涵盖大气、水、土壤等要素，涉及 93000 多个监测站的环境质量监测网络，逐步形成了集生态系统、环境污染、气象、水文、冰冻及资源环境遥感于一体的“天空地”立体监测系统（赵海凤等，2018）。数据量级已达到了 PB（拍字节，2^{50} 字节）级别，并以每年数百个 TB（太字节，2^{40} 字节）的速度增加。同时，数据结构类型由传统的结构化数据转变为非高度组织的半（非）结构化数据（如文本、项目报告、照片、影像、声音、视频等）。生态环境大数据具有巨大的潜在应用价值，目前已在监测评价、模拟预测和优化管理等方面开展应用，可为水环境管理提供强大的数据支撑。这些海量的数据资源为人工智能在水环境领域的应用奠定了坚实的基础。

1945 年，计算机专家阿兰·图灵提出了机器智能的问题，并在 1950 年提出了著名的“图灵测试”来判断机器的智能水平（Rahwan et al.，2019）。1956 年麦卡锡提出了“人工智能”（artificial intelligent，AI）的概念和学科（尼克，2017）。由此，人工智能技术历经了四代发展，分别为搜索算法、知识表示、机器学习和深度学习，前三代面临着框架问题、符号关联问题和特征提取问题。Hinton 等（2006）在 *Science* 上发表了面向复杂通用学习任务的深层神经网络，深度学习自此诞生，开启了新一代人工智能。新一代人工智能不仅解决了框架问题、符号关联问题和特征提取问题，而且解决了深度神经网络的“梯度消失”和“梯度爆炸”问题，能够更好地自主感知、理解和处理信息。

1956年，麦卡锡提出了“人工智能”的概念，并将以人类大脑学习过程为基础的人工智能模型列为未来的发展方向之一。人工智能模型在许多领域都是强大的工具，如机器人、水文、气候学、农业和水资源。人工智能技术以其良好的可靠性、成本效益、解决问题的能力、决策能力、效率和有效性受到广泛应用。因此，许多学者对人工智能技术在水环境领域的应用开展了大量研究，其采用的人工智能模型框架主要包括四类：前馈框架、循环框架、混合框架和新兴方法（Whitehead et al.，2009），其中不同框架中所涉及的神经网络算法在结构和性能等方面存在差异（表1-2），应用时需结合算法特性与需求进行科学选择。

表1-2 不同人工智能算法结构的优势

框架类型	人工智能算法	算法结构	优势
前馈框架	MLP	基于人类对生物神经系统的认知	解决非线性问题
	TDNNs	基于MLP结构	采用时滞单元处理样本数据的动态特性
	RBFNNs	径向基激活函数布置于隐藏层	克服局部极小问题
循环框架	RNN	基于深度学习	解决前馈网络无法获取长期依赖问题
	LSTM	在隐藏层中增加了记忆单元	解决梯度消失的问题
	TLRN	在隐藏层中有局部循环链接	减少数据噪声，具有自适应记忆的优点
混合框架	Hybrid Methods	传统数据预处理方法与神经网络结合	结合各方法的优势
新兴方法	CNN	运用卷积计算	优化图像特征识别技术
	SODBN	基于深度信念网络	优化DBN动态确定问题

前馈框架是由输入层、隐藏层和输出层的神经元构建的神经网络，其运算特点是数据可从输入层的神经元连接到隐藏层的神经元，后由隐藏层的神经元连接至输出层的神经元，但数据在相同层级的神经元之间不进行运算与交互。在众多前馈神经网络中，多层感知器（MLP）为使用最广泛的前馈框架，其次是基于反向传播算法的BP神经网络（Din et al.，2017）。在水质预测中常用的前馈网络结构还包括：时滞神经网络（time-delay neural networks，TDNNs）、径向基函数神经网络（radial basis function neural networks，RBFNNs）、广义回归神经网络（general regression neural networks，GRNNs）、小波神经网络（wavelet neural networks，WNNs）、极限学习机（extreme learning machines，ELMs）、级联相关神经网络（cascade correlation neural networks，CCNNs）和模块神经网络（modular neural networks，MNNs）。TDNNs是MLP的一个子类，可从连续时序信息中学习时序信息（Gholamreza et al.，2016）。RBFNNs与MLP的主要区别是RBFNNs的隐藏层是自组织型。GRNNs是RBFNNs模型的一种改进形式，将Patten层和Summation层放置在输入层与输出层之间。WNNs在传统的MLP基础上进行了变化，将WNNs隐藏层的非线性的Sigmoid激活函数替代为小波函数，由此WNNs适用于求解非平稳时间序列问题。ELMs最大的创新为随机任意选取隐藏节点，并采用最小二乘法确定输出层权重。CCNNs则首先构建没有隐含层的神经网络，并自动添加隐藏单元，而不是先固定网络架构，再训练权值和阈值。MNNs是一种特殊的前馈网络，运算的第一步是利用模糊 C 均值方法进行数据聚类，第二步是通过添加新的数据集更新集群。

循环神经网络（RNN）允许隐藏层内的神经元相互连接和反馈，由此使神经网络有更好的记忆能力。长短时记忆网络（long short term memory network，LSTM）是基于 RNN 创新的，开创性地在隐藏层增加输入门、遗忘门、输出门等“记性单元”来判断信息是否有用（Hu et al.，2019）。时间滞后循环网络（TLRN）的隐藏层中有局部循环连接，具有低噪声灵敏度和自适应存储深度的优点。非线性自回归神经网络（NARX）是 RNN 的子类，其循环机制位于输出层，且增加了 Context 层用以存储内部状态，由此可以用来建立长期的时间关系（Chang et al.，2016）。

混合框架是指将多种人工智能方法进行混合集成，该方法具有较高的灵活性和高效性，越来越受到学者的关注（Yan et al.，2019）。混合框架主要包括三种类型：模型聚集型、技术聚集型和数据聚集型（Maier et al.，2010）。模型聚集型是对整个物理系统的子组件进行建模，并聚合每个模型的总体响应，如 LSTM-RNN 和 FNN-WNNs。技术聚集型方法的核心是开发能够利用不同技术的建模框架，是集成方法、去除趋势周期和时间序列模型结合的方法，如 ARIMA-RBFNNs 和 ARIMA-ANN。数据聚集型方法是结合不同的技术对数据进行预处理，如 WANN 的小波分析方法可以提供一些关于数据物理结构的有用信息。

卷积神经网络（CNN）作为前馈神经网络，主要应用在图像处理领域。近年来，CNN 成为新兴的水质预测方法被应用，主要通过多次的卷积运算，以揭示隐藏在图像信息（多维矩阵）中的特征关系（Ta and Wei，2018），进而实现图像识别、图像修复、图像填充等功能。

综上所述，人工智能技术这种“以数据为主要驱动、以结果为优化目标、以网络权重替代机理方程”的“黑箱”模式很难被研究者接受，不仅缺乏水质变化的有效机理表征，而且只能够对流域离散断面（站点）的水质进行预测，缺乏流域水质时空连续预测能力，由此限制了在水环境领域的深入研究。由此可见，研究者虽然对机理模型与人工智能技术在水环境领域的应用进行了大量的研究和实践，但是分别受到机理模型（建模难、数据实时更新慢、物理化学方程参数多和计算效率低等问题）和人工智能技术（“黑箱”模式）各自的技术瓶颈限制，极大地制约了水质预测技术在大数据时代的发展。据此，本书尝试通过机理模型和人工智能技术联合的方式，弥补它们相互间的缺陷，提升流域水质时空连续预测能力。

1.3 流域水环境管理发展需求

1.3.1 大数据标准化需求

构建流域水环境管理大数据平台对数据资源汇集整合的广度、信息综合开发利用的深度，以及业务应用和管理决策的智能化水平方面均提出了更高要求，面对视频、图片、语音等非结构化数据的大量涌入，通过标准化的途径整合资源，固化成果，促进各方达成共识，形成统一的数据格式、接口、安全、开放等规范，是流域水环境管理大数据平台构建成功的关键。

国内外相关组织机构在大数据标准化方面已经开展了很多工作，但整体尚处于研制阶段。国外方面，自 2014 年，国际标准化组织（ISO）/国际电工委员会（IEC）第一联合技术委员会（JTC1）、国际电信联盟（ITU）、美国国家标准与技术研究院（NIST）等国外标准化组织先后成立大数据标准化研究工作组，研制大数据定义、相关术语、需求等方面的标准。目前整体工作进展为：数据管理与交换方面，ISO/IEC JTC1 SC32（数据管理和交换分技术委员会），致力于数据域定义、数据类型和数据结构以及相关语义等标准，用于持久存储、并发访问、并发更新和交换数据的语音、服务和协议等标准以及构造、组织和注册元数据及共享和互操作相关的其他信息资源的方法、语言服务和协议等标准的研制，目前正在编制国际标准《SQL 对多组数组的支持》《数据集注册元模型》和《数据源注册元模型》并开展 SQL 对多态表功能的支持、SQL 对 JSON 的支持和 SQL 对多维数组的支持等课题研究。基础性标准方面，ISO/IEC JTC1 开展了参考架构和术语、大数据标准化需求等研究，目前正在研制信息技术–大数据–概述和词汇（information technology-big data-overview and vocabulary）、信息技术–大数据参考架构（information technology-big data reference architecture）。NIST 在形成产业界、学术界和政府等不同领域共识性的定义、术语、安全参考体系架构和技术路线图等方面进行研究，目前完成了大数据定义、大数据分类、大数据参考架构调研白皮书、大数据参考架构和大数据技术路线图等 V1.0 版本，正在进行 V2.0 版本的工作。大数据需求标准化方面，ITU 开展了针对大数据的物联网具体需求和能力要求、基于云计算的大数据需求和能力、大数据交换需求和框架、大数据即业务的功能架构等标准课题研究工作，目前基于云计算的大数据需求和能力标准已发布，对大数据定义、大数据特性、大数据功能、大数据与云计算的关系、从电信角度看基于云计算的大数据好处、大数据需求、能力要求、用户案例及应用场景等内容进行了描述。其他标准正在研制过程中。此外，NIST 在数据分析技术互操作性、可移植性、可用性和扩展性需求、安全基础设施需求方面开展了大量研究工作，目前完成了大数据用例和需求、大数据安全和隐私需求等成果的 V1.0 版本。

国内大数据标准化方面也尚处于起步阶段。在基础性标准方面，我国正在研制大数据术语、技术参考模型、参考架构等。在数据资源方面，我国已经研制了一些相关数据标准，适用于大数据，目前正处于推广应用与完善阶段。在交换共享方面，目前研制了《信息技术 数据交易服务平台 交易数据描述》《信息技术 数据交易服务平台 通用功能要求》2 项交易类的国家标准，尚缺乏交易流程、交易数据管理方面的标准。在技术标准方面，包括数据访问、数据质量、大数据安全三类，其中，数据访问类，目前发布和正在研究的集中在数据导入和数据库相关标准方面，但尚缺乏分析、可视化类标准；数据质量类，多项标准正在研究过程中；大数据安全类，现有部分标准适用，大数据的安全框架、隐私、访问控制类标准正在研制。在大数据平台和工具标准方面，目前较多数据库、非结构化数据管理产品类标准正在研制，缺乏大数据系统级相关产品的标准。

由此可见，针对水环境大数据平台构建，目前我国已有的大数据标准在数据交换共享、可视化、系统集成等方面尚无法满足需求，为填补行业应用空白，亟待研究建立流域水生态环境数据的收集、传输、整合、交换和集成通用标准，以保障平台数据来源的可靠性，系统与模块一体化集成的可行性以及可扩展性，为平台开发提供了有力的技术支撑。

1.3.2　大数据汇集、整合与共享技术需求

由于涉水管理部门众多，缺乏统筹协调，以往的信息化建设由各个部门分散独立进行，形成了众多的数据“孤岛”。与此同时，源于互联网、物联网、跨部门共享的各类涉水环境管理数据资源尚未得到系统梳理和有效整合，导致大量流域水环境管理相关数据资源难以得到合理开发利用，严重制约了各类数据资源在水环境综合管理决策中作用的发挥。因此，如何高效汇集与整合多源、多维、多尺度、多类型的涉水环境管理数据资源，实现数据资源的共享，是流域水环境大数据管理平台构建的难点之一。

目前，数据整合的方法主要有三种，即基于联邦数据库、数据仓库和中介模式。其中，基于联邦数据库方法属于早期的一种方法，在数据存储位置不变的情况下，通过提供对多种数据源进行统一访问的界面和方法实现多源数据整合，该方法较为复杂，目前应用较少。数据仓库方法是依靠 ETL 技术将多个数据库中的数据抽取到同一个数据库中并进行统一数据转换，实现数据整合。中介模式方法即通过应用 XML 或 CORBA 技术等中间件实现对异构数据源数据的整合。目前，数据整合方面都有相关成熟的产品与案例，如斯坦福大学的数字图书馆项目 Infobus（Information Bus）、CALIS（中国高等教育文献保障体系）联合目录数据库和美国基于 Z39.50 网关的国会图书馆等均采用基于 CORBA 技术的中间件实现对异构数据源数据的整合；基于 XML 技术的数据整合产品包括 Oracle、DB2、Sybase 和 SQL Server 等数据库公司推出的增强型 XML 数据库，IBM 公司、Oracle 公司和 Microsoft 公司推出的 XML 构建的中间件（如 XML for Tables 、XML SQL Utility for Java 和 ADO 等），还有一些中小型技术公司推出的半产品化的数据整合与交换系统。

数据共享主要采用的技术包括触发器技术、数据授权技术、ETL 技术、ESB 技术。其中，触发器技术是一种传统的数据交换方式，通过在源数据端部署触发器，与存储过程、定时任务配合使用，实现实时或定时的数据同步，实时同步方式实际已经退出应用，定时同步方式需要消耗一定的数据库资源，从而影响服务器性能。数据授权是一种实时的数据共享，是利用数据库用户间的授权来实现同库数据的实时共享，对于同一个数据库的业务用户来说，这种数据共享方式既解决了数据的实时性，又保证了唯一性和安全性。ETL 技术用来实现非实时的数据交换，优势在于解决分布式异构数据的同步问题，它将数据从各种原始的业务系统中读取出来，按照预先设计好的规则对其进行转换，使本来异构的数据格式统一起来，并将转换完的数据按计划增量或全部导入目标系统中。虽然 ETL 技术解决了异构数据的数据交换，但由于受数据量和任务调度频度的影响，很难实现数据的实时同步，采用 ESB 技术可以很好地解决数据同步问题。当前，ESB 商业工具主要有：IBM 公司的 WebSphere ESB、Oracle 公司的 Oracle Service Bus、Bostech 公司的 ChainBuilder ESB、金蝶公司的 Apusic ESB 等。

流域水环境管理大数据平台建设要充分实现对环保系统已有污染源调查统计、环境质量监测、卫星遥感监测以及环境管理等数据库系统及经济社会等其他领域的数据集成，因此最适宜采用数据仓库模式实现数据整合，采用 ESB 技术模式实现数据共享，需要突破流域水环境管理数据资源在多源汇集、分类整合，以及编目编码等方面的技术瓶颈，支撑

流域水环境管理大数据平台数据库的构建，形成高效的数据资源组织管理能力。

1.3.3 大数据挖掘分析技术需求

尽管目前涉水环境管理业务数据（如水环境监测数据、环境统计数据和废水排放监测数据），以及与之相关联的社会、经济、水文、水资源、气象等数据量持续不断增大，但是数据资源的深度加工尚不充分，各类数据之间的统计关联、逻辑关联乃至机理性关联关系尚未发掘，在大数据汇集、整合基础上，亟须通过大数据挖掘技术进行经济社会、气象水文、水环境等跨领域的知识发现，为实现智慧流域管理提供技术支撑。

数据挖掘是从大量的、不完全的、有噪声的、模糊的、随机的实际数据中提取隐含在其中的、人们所不知道的但又是潜在有用的信息和知识的过程，是从数据库中挖掘知识，获取决策支持关键数据的重要手段。国内外关于数据挖掘的算法研究相对比较深入，包括关联规则、数据分类、聚类规则等。其中，数据分类技术方面，形成了决策树、神经网络等多种方法；关联规则研究方面，已经从单一概念层次关联规则的发现发展到多概念层次关联规则的发现，并把研究的重点放在提高算法的效率和规模可收缩性上，提出的效率相对较高的算法包括 Apriori、Charm、FP-Growth、Magnum OPUSS、Gen Max 等。聚类规则研究方面，提出了 CLARANS 算法、BIRCH 算法以及适用于大型应用的聚类算法 CLARANS 算法等。此外，数据可视化逐渐受到广泛的重视。国外已开发了部分数据挖掘工具，如 IBM 开发的 Quest 系统和 Intelligent Miner、加拿大 Simon Fraser 大学开发的 DBMiner 系统、SAS Enterprise Miner、Oracle Darwin、SPASS Clementine 等软件。国内数据挖掘研究相对较晚，1993 年国家自然科学基金首次资助此类研究，经过多年发展，在挖掘技术算法、实际应用以及相关的数据挖掘理论研究方面积累了一定的成果。算法研究方面，北京系统工程研究对模糊方法在知识发现中的应用进行了较深入的研究；北京大学开展了数据立方体代数研究；华中科技大学、复旦大学、浙江大学、中国科学技术大学、中国科学院数学与系统科学研究院、吉林大学等单位开展了对关联规则开采算法的优化和改造；南京大学、四川联合大学和上海交通大学等单位研究了非结构化数据的知识发现以及 Web 数据挖掘。系统应用研发方面，中国人民解放军总参谋部第六十一研究所开展了云模型方面的研究，复旦大学着力于关系数据库中知识发现方面的研究，南京大学开发了 KNIGHT 系统，复旦大学设计了基于关联规则的数据挖掘工具 ARMiner，但实际应用案例相对较少。总的来说，国内在数据挖掘方面尚处于研究、实验阶段，尚未在业务开展中发挥决策支持作用。流域水环境管理大数据平台建设需要面向业务应用，根据需求选用合适的方法，开发数据挖掘工具，形成水环境综合性指标和深加工数据产品，服务于水环境问题诊断、水质评估和预警/预报，为水质的时空演变规律，水环境与社会经济发展的关联关系，水量、水质与水生态的交互作用等领域的知识发现提供有效的技术支撑。

1.3.4 智能化、精细化管理、评估与决策需求

智能化和精细化是流域水环境管理能力现代化的必然要求。实现流域水环境智能

化、精细化管理、评估与决策，离不开水环境模拟技术与业务系统的支撑。国内外在水环境模型模拟方面的技术相对较为成熟，确定性模型方法形成了 QUAL、WASP、MIKE 等一系列模型，在随机方法模拟方面，有马尔可夫法、灰色模型法、人工神经网络法等。模型的空间维度从零维发展到一维、二维、三维；适用的水域类型涵盖了流域、河流、河口、湖泊水库等诸多领域；模拟水质组分包括较为复杂的水质、生化、生态指标。在模型信息化方面，国内外也已经形成了较多模型软件，据美国国家环境保护局公布有关模型软件有 120 多个，涵盖了地表水、饮用水、地下水、非点源、生态等多类型，其广泛应用于污染物水环境过程模拟、形态分布计算、水生生物生长过程及生态效应模拟等；相关的决策支持系统包括爱尔兰国立大学都柏林学院水资源研究中心研究开发的流域水管理决策支持系统，实现了水质、水量、地形等模型的集成；欧洲一些国家机构联合开发的流域规划决策支持系统 WaterWare，可实现水文过程模拟、水污染控制、水资源规划等功能；国内生态环境部华南环境科学研究所开发了区域水环境决策支持系统，实现了水质一维、二维水质动态模拟功能等。

尽管经过多年的科研积累，“十一五”“十二五”水体污染控制与治理科技重大专项研究在水量、水质、水生态模拟方面取得了大量成果，但是支撑模型构建与长期运行的数据基础薄弱，多模型耦合的接口标准不统一，模型封装的开放性不够，导致相关模型成果在流域水环境管理信息系统中应用的局限性很大，难以有效发挥模型技术的决策支持作用。另外，不同模型适用尺度、参数需求、模拟功能、模拟效果、运行效率均有所不同，作为国家级的流域水环境管理大数据平台必须具有多尺度、多功能、高效率等特点的模型库系统，以满足流域综合管理的业务需求，实现根据不同的应用场景灵活选用并组合搭配使用的功能。为此，亟待突破多尺度水量、水质、水生态模型的耦合、封装与集成技术，提高水环境模型技术在流域水环境业务管理中的适用性，提升流域水环境管理决策的科学定量化水平。

与此同时，由于我国的环境管理体制改革处于深化阶段，分散、分段的环境管理模式正在向按环境要素综合管理转变。此前与流域水环境管理相关的业务系统多为分散建设，各自使用，难以适应现阶段水环境管理体制转变的需求。为此，亟待突破流域水环境管理综合业务模型构建技术，从水量–水质–水生态一体化、污染排放与水质响应一体化的角度，按照数据共享、互联互通、业务协同的原则完善我国的流域水环境管理业务应用系统，提升水环境管理的能效。

1.3.5 大数据组织管理和治理机制需求

我国目前在流域水环境大数据的融合汇聚、开放共享和综合治理层面存在分块、分段、分条、分类的信息资源管理体制，在一定程度上造成信息采集重复、各单位和部门之间信息共享困难、信息资源使用服务效率低等问题。因此，需要做必要的调整，以适应流域水环境大大数据应用和治理需求。一是将中央和地方业务条块管理部门、政策研究科研机构、科技运行支撑部门和流域水环境信息化建设单位统一纳入一个体系，形成虚拟组织架构，明确各方职责分工，统管统控，提升组织管理效能。二是健全流域水环境大数据治理政策法规和信息化运行机制体制。政府部门要强化对流域水环境信息资源的主体责任，做好数据统筹管理，以及统一做好数据采集、数据分析、共享、开放、利用与信息化工作、标准化工作。在这项工作中，需要兼顾政务数据资源的开放与政府信息公开的关系。政务数据资源的开放应与国家、部委和政府的开放共享共用相结合，同时政务信息也应向社会公众开放，以促进政务服务的工作。三是要强化流域水环境信息资源生命周期管理的工作机制、创新管理模式。政务信息资源是重要的政府资产，除了常规的行政手段外，要考虑对政务信息资源实施资产管理。

参考文献

杜鹏飞, 宋科, 张大伟, 等. 2003. 流域非点源污染控制决策支持系统. 清华大学学报(自然科学版), (10): 1343-1346.

尼克. 2017. 人工智能简史. 北京: 人民邮电出版社.

王保云. 2009. 物联网技术研究综述. 电子测量与仪器学报, 23(12): 1-7.

吴琳琳, 侯嵩, 孙善伟, 等. 2022. 水生态环境物联网智慧监测技术发展及应用. 中国环境监测, 38(1): 211-221.

赵海凤, 李仁强, 赵芬, 等. 2018. 生态环境大数据发展现状与趋势. 生态科学, 37(1): 211-218.

赵人俊. 1984. 流域水文模拟——新安江模型与陕北模型. 北京: 水利电力出版社.

Arnold J G, Williams J R, Maidment D R. 1995. Continuous-time water and sedimen-t routing model for large basins. Journal of Hydraulic Engineering, 121(2): 171-183.

Bai J, Cui B, Chen B, et al. 2011. Spatial distribution and ecological risk assessment of heavy metals in surface sediments from a typical plateau lake wetland, China. Ecological Modelling, 222(2): 301-306.

Beven K J, Kirkby M J. 1979. A physically based, variable contributing area model of basin hydrology. Hydrological Bulletin, 24: 43-69.

Carrera J. 1993. An overview of uncertainties in modelling groundwater solute transport. Journal of Contaminant Hydrology, 13(1-4): 23-48.

Casper A F, Dixon B, Earls J, et al. 2011. Linking a spatially explicit watershed model(SWAT)with an in-stream fish habitat model(PHABSIM): A case study of setting minimum flows and levels in a low gradient, sub-tropical river. River Research and Applications, 27(3): 269-282.

Chang F J, Chen P A, Chang L C, et al. 2016. Estimating spatio-temporal dynamics of stream total phosphate concentration by soft computing techniques. Science of the Total Environment, 562: 228-236.

Cools J, Broekx S, Vandenberghe V, et al. 2011. Coupling a hydrological water quality model and an economic optimization model to set up a cost-effective emission reduction scenario for nitrogen. Environmental Modelling & Software, 26(1): 44-51.

Cox B A. 2003. A review of currently available in-stream water-quality models and their applicability for simulating dissolved oxygen in lowland rivers. Science of the Total Environment, 314-316: 335-377.

Crawford N H, Linsley R K. 1966. Digital Simulation in Hydrology: Stanford Watershed Model IV. Palo Alto, CA: Stanford University.

Din E S, Zhang Y, Suliman A. 2017. Mapping concentrations of surface water quality parameters using a novel remote sensing and artificial intelligence framework. International Journal of Remote Sensing, 38(4): 1023-1042.

Fan C, Ko C H, Wang W S. 2009. An innovative modeling approach using Qual2K and HEC-RAS integration to assess the impact of tidal effect on River Water quality simulation. Journal of Environmental Management, 90(5): 1824-1832.

Gholamreza A, Afshin M D, Shiva H A, et al. 2016. Application of artificial neural networks to predict total dissolved solids in the river Zayanderud, Iran. Environmental Engineering Research, 21(4): 333-340.

Goodwin C R, Rosenshein J S, Michaelis D. 1974. Water Quality of Tampa Bay, Florida: Dry-weather Conditions, June 1971: US Geological Survey.
Hinton G E, Osindero S, Teh Y W. 2006. A fast learning algorithm for deep belief nets. Neural Computation, 18(7): 1527-1554.
Hu Z H, Zhang Y R, Zhao Y C, et al. 2019. A water quality prediction method based on the deep LSTM network considering correlation in smart mariculture. Sensors, 19(6): 1420.
Huang L, Bai J, Xiao R, et al. 2012. Spatial distribution of Fe, Cu, Mn in the surface water system and their effects on wetland vegetation in the Pearl River Estuary of China. Clean-Soil Air Water, 40(10): 1085-1092.
Kayode O, Muthukrishna V K. 2018. Assessment of some existing water quality models. Nature Environment and Pollution Technology, 17(3): 939-948.
Liang X, Lettenmaier D P, Wood E F, et al. 1994. A simple hydrologically based model of land surface water and energy fluxes for general circulation models. Journal of Geophysical Research, 99(D7): 14415-14428.
Liu L. 2018. Application of a hydrodynamic and water quality model for inland surface water systems. Applications in Water Systems Management and Modeling, 10: 87-109.
Loucks D P, Beek E. 2017. Water Quality Modeling and Prediction. Cham: Springer International Publishing.
Maier H R, Jain A, Dandy G C, et al. 2010. Methods used for the development of neural networks for the prediction of water resource variables in river systems: Current status and future directions. Environmental Modelling & Software, 25(8): 891-909.
Mbuh M J, Mbih R, Wendi C. 2019. Water quality modeling and sensitivity analysis using Water Quality Analysis Simulation Program(WASP)in the Shenandoah River watershed. Physical Geography, 40(2): 127-148.
Qian Y, Migliaccio K W, Wan Y, et al. 2007. Surface water quality evaluation using multivariate methods and a new water quality index in the Indian River Lagoon, Florida. Water Resources Research, 43(8): 199-212.
Rahwan I, Cebrian M, Obradovich N, et al. 2019. Machine behaviour. Nature, 568(7753): 477-486.
Refsgaard J C, Storm B, Clausen T. 2010. Système Hydrologique Européen(SHE): Review and perspectives after 30 years development in distributed physically-based hydrological modelling. Hydrology Research, 41: 355-377.
Seo D, Yin Z. 2013. Water quality modeling of the Ara Canal, using EFDC-WASP model in series. Journal of Korean Society of Environmental Engineers, 35(2): 101-108.
Sugawara M. 1961. On the analysis of runoff structure about several Japanese rivers. Japanese J. of Geophysics, 2(4): 1-76.
Sumita N, Kaur B S. 2017. Water quality modeling: A review. Int. J. Res. Gramthaalayah, 5(1): 395-398.
Ta X X, Wei Y G. 2018. Research on a dissolved oxygen prediction method for recirculating aquaculture systems based on a convolution neural network. Computers and Electronics in Agriculture, 145: 302-310.
UNESCO. 2005. Water Resources Systems Planning and Management. Netherlands: Deltares.
Wang Q G, Dai W N, Zhao X H, et al. 2009. Numerical model of thermal discharge from laibin power plant based on MIKE 21. Research of Environmental Sciences, 22(3): 332-336.
Wang Q G, Li S B, Jia P, et al. 2013. A review of surface water quality models. The Scientific World Journal.
Whitehead P G, Wilby R L, Battarbee R W, et al. 2009. A review of the potential impacts of climate change on surface water quality. Hydrological Sciences Journal, 54(1): 101-123.
Wilby R L, Whitehead P G, Wade A J, et al. 2006. Integrated modelling of climate change impacts on water resources and quality in a lowland catchment: River Kennet, UK. Journal of Hydrology, 330(1-2): 204-220.
Yan J Z, Xu Z B, Yu Y C, et al. 2019. Application of a hybrid optimized BP network model to estimate water quality parameters of Beihai Lake in Beijing. Applied Sciences-Basel, 9(9): 1863.
Zieminska S A, Skrzypski J. 2012. Review of mathematical models of water quality. Ecological Chemistry and Engineering S-Chemia I Inzynieria Ekologiczna S, 19(2): 197-211.

第 2 章　水环境大数据概论

2.1　大数据定义与发展历程

当前新一轮信息技术革命与经济社会发展共同演进，生产生活的日趋复杂引发了与人类活动相关数据的爆炸式增长，超越了传统数据管理系统和处理模式的能力范围，由此大数据技术应运而生。国务院在《促进大数据发展行动纲要》中将大数据定义为以容量大、类型多、存取速度快、应用价值高为主要特征的数据集合，其正快速发展为对数量巨大、来源分散、格式多样的数据进行采集、存储和关联分析，从中发现新知识、创造新价值、提升新能力的新一代信息技术和服务业态。

大数据的发展与数据存储能力的提升紧密联系：兆字节（megabyte）开启了数据存储技术的发端；千兆字节（gigabyte）掀起了并行化数据存储的热潮；万亿字节（terabyte）引发了非关系型集群服务器的推广；千万亿字节（petabyte）推动了大数据管理系统（Hadoop、Spark、Storm）的普及。在各个发展阶段中，大数据的传输技术、存储技术、处理技术、分析技术也随之变化，其中大数据分析技术经历了统计分析、机器学习、智慧分析等发展阶段，对海量数据潜在价值信息的挖掘不断深入（赵海凤等，2018）。

2.2　水环境大数据

2.2.1　水环境大数据概念和特征

水环境大数据是以大数据技术为驱动，面向水环境保护与管理决策需求，快速获取各类水环境数据资源，实时分析水环境要素，提升水环境管理精细化水平的新一代信息技术。其具有以下显著特征：

（1）数据量巨大。随着各类物联网传感器、天空遥感、视频监控和互联网信息抓取等技术的发展，水环境领域产生了规模巨大的数据集合。生态环境数据量已从 TB（太字节，2^{40} 字节）级别跃升到 PB（拍字节，2^{50} 字节）级别。

（2）复杂性高。水环境大数据的复杂性体现在数据来源与类型的多样性（吴班和程春明，2016），其中来源涉及了气象、水利、自然资源、农业农村、林业和草原、交通、应急管理、发展和改革委员会、工业和信息化等多部门数据资源；数据类型涵盖了结构化数据、半结构化和非结构化数据。

（3）动态更新强。水环境要素具有强烈的时空异质性，且受气候变化和人类活动等影响，呈现不规律动态演变，产生的生态环境数据表现为流式数据。因而，水环境大数据呈现实时更新、即时处理和快速响应的特点。

（4）应用价值高。从海量水环境数据中挖掘潜在价值信息，实现低价值数据向高价值信息的转换，具备智能处理水环境数据、挖掘水环境变化规律、准确预测水环境发展趋势的潜力，以助力解决水环境问题。

2.2.2 水环境大数据来源

海量数据是大数据建设的基础，采集是大数据价值挖掘的重要环节，大数据的分析挖掘都是建立在数据采集的基础上的。虽然大数据技术的意义不在于掌握规模庞大的数据信息，而在于对这些数据进行智能处理，从中分析和挖掘出有价值的信息，但前提是拥有大量的数据，因此数据获取就成了大数据分析的前提。绝大多数的政府或企业现在还很难判断，到底哪些数据未来将成为信息资产，通过什么方式将数据提炼成为价值。对于这一点，即便是大数据服务企业也很难给出确定的答案。但有一点是肯定的，在大数据时代，谁掌握了足够的数据，谁就有可能掌握未来，因此现在的数据采集就是将来的资产积累。

当前数据采集主要是联合城市气象、水文等单位，通过传感器自动采集、人工定点定时采集、资料联查、网络通信等方式，面向地表水、生活污水、地下水、城市供水、工业污水、降雨等水体，采集水质、流量、污染成分等重要指标，形成水污染防治的大数据，如表 2-1 所示。随着我国水环境监测体系的不断完善和水环境监测数据的积累，目前我国各级环境管理部门、研究机构已经掌握了大量的监测数据，并初步具备了通过物联网、移动互联网等新渠道，采集水环境大数据的能力。例如，我国现已构建的水环境大数据中心，通过市行政区的各级业务部门的水环境大数据监测网络体系，如自动站、人工实测、卫星遥感等和业务中心自带的网络数据采集方式收集服务于业务部门职能的数据。

表 2-1 采集数据项及类型

水体	数据项	格式类型
地表水	遥感数据、监控视频、图片、化学需氧量（COD）、氨氮、水温、pH、流量、水务、水系图等	非格式化
地下水	化学需氧量、氨氮、水温、pH 等	格式化
生活污水	监测地理信息、五日生化需氧量（BOD_5）、化学需氧量、氨氮、水温、pH 等	格式化
城市供水	水源监测视频、水质指标、供应量	非格式化
工业污水	排污企业信息、督察信息、监控视频	非格式化
降雨	降水量、遥感数据、pH 等	非格式化
其他	企业用水、园林绿化用水等	格式化

此外，水环境大数据内容涉及地理信息数据、地面监测数据、社会统计数据、卫星遥感数据以及其他数据等。与常见的大数据一样，水环境大数据的来源不仅包括传统数据库记录的数据，还包括传感器记录的文本、图像和视频等各类数据。随着分布式计算平台的流行，越来越多的数据将存储和计算放到分布式平台上。现在许多政府和公司的平台每天会产生大量的日志（一般为流式数据，如搜索引擎的 PV、查询等），处理这些

日志需要特定的日志系统，一般而言，这些系统需要具有以下特征：①构建应用系统和分析系统的桥梁，并将它们之间的关联解耦；②支持近实时的在线分析系统和类似于 Hadoop 的离线分析系统；③具有高可扩展性，即当数据量增加时，可以通过增加节点进行水平扩展。数据的分类方法有很多种，按数据形态可以分为结构化数据、半结构化数据和非结构化数据三种。结构化数据，如传统的 Data Warehouse 数据。半结构化数据是介于结构化数据和非结构化数据之间的数据，如日志数据等。非结构化数据有文本数据、图像数据、自然语言数据等。

水环境大数据所涉及的信息面广，从污染源等实时监测信息到社会经济信息、监测信息、地理信息、档案资料以及办公多媒体等数据对存储空间的需求很大，而且随着系统运行将会积累越来越多的历史数据，可以说是海量数据。因此，为确保信息共享的高效和信息的安全，需要进行科学的、系统的数据分析。水环境大数据的数据形式多样，包括数字、文本、图片、影像、声音、视频等类型；从时态性上，可以将系统数据分为静态数据和动态数据；从数据性质上，又可以分为在线监测数据、直属单位交换数据、基础信息数据（包括业务属性数据、空间数据、多媒体数据）和业务过程数据。水环境大数据来源包括互联网数据、行业相关单位发布数据、学科相关资源公布数据等。

1. 互联网数据

互联网数据是指在互联网上与环境相关的网络数据，主要包括来自环境相关的生态环境保护政府网站（如生态环境部、水利部、统计局等）的数据；来自环境相关的媒体网站和科技期刊网站（如中国环境报社、中国气候变化信息网、生态环境部卫星环境应用中心等）的数据；以及来自其他发布内容多样化的公共媒体（如微信、微博等）的数据。

2. 行业相关单位发布数据

与环境相关的单位包括水利厅、自然资源厅、农业农村厅、气象局、海洋局、林业和草原局、统计局等。相关单位所产生的数据资源主要包括环境政务和业务数据，涉及水、土壤、自然生态、污染源等环境要素，以及与环境影响评价和环境执法等相关的业务。其中既包括空间地理信息数据、企业法人信息数据、环境政策法规数据、环境遥感数据、标准规范等公共数据，又包括水环境、土壤环境等通过物联网监测设备获取的原始数据，以及各直属单位环境业务系统中产生的过程状态数据及业务管理数据。这部分数据整体上可以分为基础数据和业务数据。

1）基础数据

基础数据资源主要包括排污许可证信息数据、污染源信息基础数据、行政区划基础数据、道路基础数据、旅游景点基础数据、区域人口数据、医疗基础数据、水系基础数据、地形图数据、土地利用用地规划分布图、水源地分布图等。

2）业务数据

业务数据资源主要包括空气环境自动监测和人工监测数据、空气监测站点、空气质量预测预报数据、空气质量预警数据、空气质量主要污染物数据、污染源废气监测数据等大气污染防治管理相关数据；河流、湖泊、海洋、地下水等各类水体的水质自动监测和人工监测数据、各类水体的水文数据、各监测站点数据、企业废水及污水处理厂自动监测数据、雨情数据、黑臭水体治理数据、水环境综合评估数据等水污染防治管理相关数据；土壤监测数据、土壤监测点位数据、土壤背景值监测数据、土地利用类型统计数据、土壤污染地块监测数据、土壤污染重点企业监测数据、土壤污染类型统计数据等土壤污染防治管理相关数据；生物多样性保护与管理数据、自然保护区管理数据及基础数据、农村综合环境整治数据、规模化畜禽养殖数据等自然生态保护与管理相关数据；环境影响评价审批数据、登记和备案数据、环境执法监管公开数据、行政许可和行政处罚数据、与环境相关电话及网络举报数据、环境信息公开数据等行政审批管理相关数据；污染源统计数据、排污单位信息、大气环境和水环境等重点排污企业等污染源数据；电离辐射污染源数据、电磁辐射污染源数据、放射源辐射剂量监测数据、辐射环境质量监测数据、辐射污染源监测数据等核与辐射污染源管理相关数据。

3. 学科相关资源公布数据

与环境学科相关的数据资源包括环境质量监测数据、环境管理数据等。环境质量监测数据包括以氮、磷、化学需氧量为主的水环境质量监测数据；以水土流失程度、土壤侵蚀程度等为主的土壤环境质量监测数据。环境管理数据包括以各污染防治及控制计划数据为主的环境计划管理数据；以质量标准和调查、监测、评价数据为主的环境质量管理数据；以各种资讯服务及技术合作交流为主的环境技术管理数据。

2.3 水环境大数据关键技术需求

2.3.1 采 集 技 术

水环境大数据采集技术主要包括卫星遥感、物联网感知、互联网、移动平台和互联网抓取等。其中，物联网感知技术、卫星遥感技术和互联网抓取技术需要重点关注。

1. 物联网感知技术

在数据采集技术中，物联网感知技术通过感知设备，按照约定协议，连接观测对象和信息系统。物联网技术以计算机网络信息技术为载体，通过信息感知技术和信息交互技术实现物体与物体、物体与人之间的信息交流。物联网感知技术在生态环境领域应用越来越广泛，现阶段主要应用于污染源自动监控、环境质量在线监测和环境卫星遥感等方面（贾益刚，2010；Mohammad et al.，2019）。其中，污染源自动监控是在重要污染物排放企业安装自动监控设备。物联网技术在水环境领域的新应用不断呈现。

2. 卫星遥感技术

环境遥感大数据作为新时代生态环境保护工作的重要手段，在国家生态环境治理体系和治理能力现代化建设中发挥出越来越重要的作用。环境遥感大数据技术可实现对多种观测手段的水环境监测数据、污染源数据、水环境统计数据、排污申报数据、生态调查数据准确性进行独立、客观核查，比单一遥感数据含有更全面、更丰富的时空环境信息，更能反映环境对象的本质特征。透过海量遥感数据的表象，从中学习不同层次的复杂环境特征、挖掘各种隐藏的环境知识、发现不同生态环境要素的内在关联（李德仁等，2014；何国金等，2015）。

在水环境质量监测方面，环境遥感大数据促进了环境监测从点到面、从手动到自动、从静态到动态地转变，环境遥感监测数据分析、加工和利用成果明显增多，遥感监测信息产品不断丰富；在水生态监管方面，环境遥感大数据促进了生态系统格局与服务功能等综合评估从定性到定量的转变，也促进了自然保护区、生物多样性优先保护区、重要生态功能区等监管从被动到主动的转变；在水污染防治攻坚战方面，环境遥感大数据逐步应用到污染排放预测预警、排放特征分析与溯源、排放源网格化监管等相关工作，显著提升了相关工作的自动化、精细化、科学化水平；在水环境应急方面，气象水文、不同污染要素遥感大数据的融入，明显提升了突发事件的模拟推演和环境应急保障的能力。

高性能环境监测卫星的发展主要是实现高空间分辨率、高光谱分辨率、高时间分辨率、全天候、全天时、全谱段的水环境遥感监测（李德仁等，2012）。同时，可以利用大数据技术深入挖掘形成生态环境要素光谱知识库，大幅提升水环境遥感监测的效率和精度，推动实现集成化、定量化、智能化、业务化的水环境遥感监测（孙中平等，2016）。

3. 互联网抓取技术

互联网水环境数据抓取采集主要通过网络爬虫或网站公开 API 等方式从网站上获取水环境数据信息。互联网抓取会从一个或若干个初始网页的 URL 开始，获得各个网页上的内容，并且在抓取网页的过程中，不断从当前页面上抽取新的 URL 放入队列，直到满足设置的停止条件为止（周一聪，2019）。这样可将与水环境相关的非结构化数据、半结构化数据从网页中提取出来，存储在本地的存储系统中。采用互联网抓取技术定向采集生态环境政策信息，对信息进行综合判别、分类，构建资源库，进一步结合特定的算法和策略，构建“水环境政策信息垂直搜索引擎”，实现水环境信息管理、检索的“专、精、深”，形成水环境信息资产。通过记录追踪用户检索行为构建用户画像，自主辨别用户“兴趣点”，智能进行信息推送，变“人找数据”为“数据找人”。可结合语义分析、关联推理、机器学习等模型技术，辅以人工修订，形成类似生态环境热点问题解读、环境政策社会影响等成果。

2.3.2 处 理 技 术

大数据的管理与传统数据相比，难点在于存储规模大、种类和来源多元化、存储管理复杂、对数据服务的种类和水平要求高（程春明等，2015）。基于水环境大数据处理与存储技术，通过数据清洗、数据存储、数据同化、数据安全保障以及数据标准化，实现对水环境数据集的管理。

1. 数据清洗技术

数据清洗是在数据仓库中去除冗余、清除错误和不一致数据的过程，并需要解决元组重复问题（李学龙和龚海刚，2015）。数据清洗并不是简单地用优质数据更新记录，还涉及数据分解与重组。生态环境数据清洗是为了保证数据质量、可信度及后续处理数据挖掘的速度和性能，将数据转化为满足数据质量要求的过程。针对生态环境大数据的错误类型，通过缺失值处理、噪声平滑、识别离群点、纠正数据不一致等技术，为生态环境专题应用提供质量高、噪声少、数据标准的数据源。缺失值处理主要包括删除隐含缺失值和填充缺失值两类，根据待填充数据的类型可以使用平均值、中值、众数、最大值、最小值或更为复杂的概率统计、回归树、决策树、归纳值来进行填充。噪声平滑方法主要包括分箱法、回归法或聚类法等。不一致数据的清洗，可以基于原始记录、属性间依赖关系、规则函数，通过知识工程工具进行核查和更正。另外，基于堆栈数据结构、优先队列算法、近邻排序算法、多趟近邻排序等方法，可以筛选出数据的重复记录，并对重复数据进行删除、合并等操作。目前，已有的数据清洗工具有 Data Flux、Data Stage、Informatica Power Center 等。针对遥感影像，还需要对轨道进行识别和处理，以消除遥感成像过程中出现的与扫描方向平行的条带，以及一些与辐射信号无关的条带噪声，一般采用傅里叶变换和椒盐滤波等方式进行消除或减弱。

2. 数据存储技术

针对生态环境大数据结构化、半结构化、非结构化海量数据的存储与管理的不足，需要加强分布式文件系统、关系型数据库、非关系型数据库、数据仓库等数据存储与管理方式在生态环境大数据存储中的应用（周江等，2014；冶运涛等，2020；王继业，2017），以满足对主数据、元数据、过程数据、结果数据、日志等业务数据存储的高可靠、高可用、高存取效率、易于扩展、持续可用、经济、安全的巨大需求，为长时序、大范围生态环境信息的数据挖掘及其在水、土、气、生等领域专题应用提供全生命周期的数据存储媒介与技术保障。

根据存储系统为上层（不同的环境场景、数据源和应用目标）提供的访问接口和功能侧重不同，生态环境大数据的数据存储主要采用分布式存储模型，典型的存储系统包括：关系数据库 MySQL、Hadoop 分布式文件系统（HDFS）、NoSQL 分布式数据库、云数据库、内存数据库 Spark 等，按照其发展阶段，可以将以上类型看成是分布式存储的不同阶段。上述存储系统的物理存储模式可以分为文件存储（file storage）、块存储（block storage）和对象存储（object storage）。文件存储的典型设备为磁盘阵列和硬盘，该类存储方式方便共享，但存储、读写慢。块存储的典型设备为 FTP、NFS 服务器，该类存储方式存储、读写快，但不利于共享。对象存储通过将元数据独立并使用键值对关联的扁平化存储结构设置，有效地改善了文件存储和块存储在文件读写和共享上难以兼容的问题，且具有存放类型多样、扩展性强、不受复杂目录系统影响的优点，非常适合应用于内置大容量硬盘的分布式服务器和云数据库上；基于 HTTP/HTTPS 协议，用户可通过云服务器实例或互联网 REST API 接口（指定域名的 URL 地址）存储和检索独立的数据对象。

生态环境大数据存储安全主要涉及平台安全、数据安全和应用安全（赵岑等，2015）。从数据存储平台的数据设置备份与恢复机制、数据访问控制机制出发，围绕数据分类分级、元数据管理、质量管理、身份验证、数据加密、数据隔离、防泄漏（统计监测等）、追踪溯源（审计追踪）、数据销毁，以及信息数据的机密性、完整性和可用性等方面，进行全生命周期的安全防护。在数据的云端管理方面，可通过建立动态的网络数据防火墙、构建完善的数据流监控机制、强化日志审计等措施，以实现生态环境大数据的实时监控与分析，为恶意网络攻击的发现和有效措施制定提供信息支撑。此外，可综合使用用户身份验证、用户加密、恶意代码防护、数据审计监控等技术，划分用户信用等级，同时分配相应的访问权限，以规范生态环境大数据用户的使用行为，减少违规操作，提高数据运行的安全性（王世伟，2016）。

3. 数据同化技术

数据同化技术是指结合观测和理论模型的数值结果，推导出更真实、更准确的数据（Rodell et al.，2004）。在生态环境的长时序大范围监测、模拟与预测的过程中，单一数据源和模型往往无法对生态环境进行高精度、全方位、不间断的监测，需要在考虑数据时空分布以及观测场和背景场误差的基础上，将新的观测数据融合进数值模型的动态运行过程中，实现数据同化。在这个过程中，数据同化算法不断融合时空上离散分布的不同来源和不同分辨率的直接或间接观测信息（岩腊等，2020；Gelsinari et al.，2020；Ma and Qin，2012）。生态环境大数据的数据同化方式多样，根据融合的数据源及其方式，主要分为以下三类：①普通同化法，该类方法将监测数据作为数据驱动场进行同化，动态过程模型的内部参数未做适应性改变；②遥感反演参数的同化法，该类方法将遥感反演的状态变量与模型模拟值比较，构建代价函数并采用优化算法调整模型的初始条件；③模型耦合的同化算法，该类方法由过程模型的输出值作为遥感模型的输入值，再将遥感所得的模拟反射率直接与遥感观测值进行比较，构建代价函数并采用最优算法来优化模型关键参数。

2.3.3　分 析 技 术

水环境大数据分析技术融合了人工智能、机器学习、统计学方法等多个领域的知识与技术，既能发现数据之间的规律性，也能检测出离群数据，从而为水环境保护与管理工作提供决策支持。当前，数据分析技术主要分为 3 类：①统计分析类。数据分析过程运用的统计方法有：回归分析、判别分析、聚类分析、关联分析等（Anderson，2003）。这些统计功能大部分已经集成到常用的数据分析软件中，结合软件提供的图表功能，用户能在若干维度下挖掘并展示数据之间的关系。②智能分析类。智能分析是利用计算机根据算法进行数据挖掘的过程。常用的智能分析算法有支持向量机、朴素贝叶斯、*K* 近邻和决策树等传统机器学习算法以及卷积神经网络、递归神经网络和循环神经网络等深度学习算法（Shen，2018）。③数据分析网络平台类。随着互联网技术的发展，越来越多的数据存储在云端，为数据分析网络平台的发展提供了机遇（李成名和刘晓丽，2019）。

下面针对水环境大数据分析常用的知识图谱技术、机器学习技术、深度学习技术及常用的分析工具（如 Hadoop 平台技术等）进行重点分析。

1. 知识图谱技术

知识图谱（knowledge graph，KG）是人工智能领域的热点技术，知识以图片、声音、文字、视频等各种载体存储，海量的数据隐含了大量的数据信息，从中挖掘有价值的知识，以精准的知识协助为科学制定生态环境保护决策提供有力支撑（冯钧等，2019）。将碎片化的信息进行关联整合后，从环境、地理和时间等视角建立信息特征图谱，挖掘图谱中潜在的特征关联，建立多维对多维的复杂映射关系，利用大数据挖掘技术，发现趋势、找准问题、把握规律，实现用数据说话，用数据管理，用数据决策，推动提高生态环境部门的管理决策水平。

2. 机器学习技术

近年来，随着计算机算力的大规模发展及算法的不断突破，机器学习得到了快速发展，这为环境污染防控、环境安全保障及流域生态系统管理等技术的研发和创新提供了强大的工具。在生态环境领域常用的机器学习技术主要有随机森林、梯度增强回归树、回归向量机等。信息技术突飞猛进，为生态环境领域从传统的经验型、定性决策为主向精准型、定量智能决策转变提供了颠覆性发展的新机遇，为面向未来的健康、可持续、高弹性、智慧化生态环境系统重构创造了可能。利用人工神经网络自适应选择方法，以水质遥感和检测数据为特征，可实现非线性水质指标模型的构建和应用，为水体水质管理与数字规划提供必要的基础数据（Wang et al.，2003）。融合神经网络、支持向量机、分类回归树等算法，可以对更为复杂的水环境水质变化及其地球生物化学过程进行集成模拟，为水体水质保护与恢复提供重要的模型工具。基于机器学习算法可以快速学习并预测流域生态系统对集水区土地覆盖类型、营养盐等胁迫因子、植被季节性演化等动态因素的级联响应，为决策者制定流域管理目标与治理措施提供便利（Wang et al.，2020）。

3. 深度学习技术

深度学习技术是当前基于人工智能技术进行预测的主流方法。其根据模型类型可以分为卷积神经网络、图神经网络、循环神经网络等；根据应用场景的不同还可以分为单任务学习、多任务学习和迁移学习等。

卷积神经网络（convolutional neural networks，CNNs）是一类包含卷积计算且具有深度结构的前馈神经网络，由输入层、卷积层、池化层、全连接层以及输出层组成，被广泛应用于计算机视觉、自然语言处理等领域。卷积神经网络在生态领域的应用优势主要集中于图像数据处理方面，生态环境复杂多变，采集的图像特征种类繁多，卷积神经网络可以在大量样本中学习相应特征，对环境中污染程度、污染物识别有很好的适用性

（Yang et al.，2022）。例如，将卫星图像和卷积神经网络结合来扩展土地利用回归模型的空间尺度，从而提供种群暴露估计，或用于城市生活垃圾资源量估算等。卷积神经网络具有高度的平移不变性，对图形的平移缩放不敏感，但它无法有效地学习样本中的时间序列关系。因此，在处理生态环境中具有时间变化规律的问题时，卷积神经网络可能显得有些不足。为了解决这个问题，可以考虑与长短期记忆神经网络等能够处理时间序列问题的模型进行联合使用。

图神经网络（graph neural network，GNN）是在拓扑空间内，按图结构组织进行关系推理的函数集合。图神经网络能够处理不规则数据，结合卷积神经网络可以处理环境中的时空变化问题，具有强大的逻辑推理能力，可以推断出环境中的有毒有害的污染物。然而，图神经网络对数据中隐藏信息的更新不够敏感。图卷积神经网络可被应用于影像数据分析，如捕捉空气质量分布的时空相互作用，学习城市时空图中反映空气质量时空变化的节点之间的相关性。通过构建以位置为节点、传播关系为边的空气质量时空网络，综合时间和空间关系，可以获得对 $PM_{2.5}$ 浓度的预测（Zeng et al.，2023）。在今后的发展中，可以将图神经网络与其他分类器结合，增强其可解释性，从而判断生态环境的影响因素及机制。现今已有用于交通流量、速度的图神经网络，可将其与交通道路污染结合，提升对交通污染程度、来源的认识。

循环神经网络（recurrent neural network，RNN）是一类以序列数据为输入，在序列的演进方向进行递归且所有节点（循环单元）按链式连接的递归神经网络。它赋予了网络对前面的内容的一种记忆功能，可以有效利用时间序列历史信息，处理任意输入/输出长度，在自然语言处理、语音识别、手写体识别、时间序列预测等应用中十分重要，但是容易出现梯度消失或者梯度爆炸的问题，且无法利用较长的历史信息。

循环神经网络在生态环境数据的应用主要集中在水、气、生态等环境要素的预测评估方面。循环神经网络在大气污染物的预测方面应用广泛，主要包括大气污染物浓度的时空预测和评估、大气污染物扩散趋势分析和优化数值模式预报方法。例如，基于历史污染物数据、气象数据和遥感数据等，对常规大气要素和多环芳烃等污染物进行预测；将 CNN、化学传输模型（CTM）与循环神经网络结合，提取数据中的时间空间特征，提高空气质量预测精度。在水环境预测领域，采用智能语音技术的核心算法 LSTM，对点源污染的周期性变化进行特征识别，同时将水质降解方程引入循环神经网络的加权输入方程中，优化神经元权重的取值，使神经网络包含物理机制方程，识别影响未来水质变化的主要点源污染（Qi et al.，2020）。采用卷积自编码器、循环神经网络、长短时记忆网络和深度信念网络识别水质与各关联要素的特征，经过逐级的水质趋势相似度判别，实现对未来 7 天水质的预测。

4. Hadoop 平台技术

目前，生态环境大数据分析软件或工具主要包括 Hadoop、MapReduce、Hive 等。其中，Hadoop 是一个处理、存储和分析海量的分布式、非结构化数据的开源框架，随着 Hadoop 技术的不断发展，Hadoop 生态体系越来越完善，现已经发展成一个庞大的生态体系，包括 HDFS 分布式文件系统、MapReduce 分布式计算框架、Yarn 资源管理框架、

Sqoop 数据迁移工具、Mahout 数据挖掘算法库、Hbase 分布式存储系统、Zookeeper 分布式协作服务、Hive 基于 Hadoop 的数据仓库和 Flume 日志收集工具。Hadoop 便于用户轻松地开发和运行处理海量数据，因此得到了广泛的应用（金国栋等，2020）。基于 Hadoop 技术，IBM 公司与北京市政府联合开发了“绿色地平线”大数据平台系统，该系统结合当时的气象卫星和地面监测数据，以及企业排放数据预测未来 72h 的空气质量。

2.3.4 表 征 技 术

在水环境大数据表征方面用到的关键技术主要有常用可视化技术、虚拟现实（VR）技术、三维仿真模型等，针对这三项技术进行重点分析。

1. 可视化技术

可视化技术可以将原始数据转变成易于理解的文字、图表或图像形式，为用户提供直观的数据展示与分析。生态环境大数据可视化形式主要包括文本可视化、生态环境要素关系网络可视化、时空数据可视化和多维数据可视化。实现生态环境大数据可视化及人机交互，可实时展示区域大气、水、生态污染的状况和变化，让生态环境监管和环境评估体系可视化、智能化，这样不仅可以为政府决策提供理论和技术支撑，也可以为社会公众提供清晰、准确的生态环境信息。

传统的可视化技术，如 NodeXL、ECharts、PowerBI，主要是对结构化数据的可视化展示。非结构化数据，如社交网站和自媒体数据、传感器记录、电子商务数据等，通常采用数据挖掘方法分析内在模式，并抽取结构化信息，进而进行可视化显示。典型的非结构化数据有文本数据、日志数据、时间戳等。然而，目前大数据可视化技术的趋势是异构数据可视化，并且对文本数据、时空数据、多维数据、网络图数据等异构数据的可视化展示要求越来越高（蒋云钟等，2020）。异构数据通常可采用网络结构进行表达，即从异构网络提炼出本体拓扑结构。以拓扑结构作为可视分析的辅助导航，可以选择特定类别的节点和连接加入可视化视图中，达到过滤的效果。异构数据整合和可视化的代表性软件有 Palantir 的 Gotham 模块和 IBM i2 软件。Palantir 的核心要素是采用本体论建立万事万物的关联，对应用领域相关的事务进行基于本体的建模、操作、管理、关联、分析、推理和可视化。

2. 虚拟现实技术

虚拟现实技术对于生态环境大数据的表征具有非常大的潜力，在生态环境保护领域具有广阔的应用前景，为宏观决策和微观管理提供快速、系统、准确的信息和技术支持。

虚拟现实技术是仿真技术的一个重要方向，是仿真技术与计算机图形学、人机接口技术、多媒体技术、传感技术、网络技术等多种技术的集合，是富有挑战性的交叉技术前沿学科和研究领域。虚拟现实技术主要包括模拟环境、感知、自然技能和传感设备等方面。模拟环境是由计算机生成的实时动态三维立体逼真图像。感知是指理想的虚拟现实应该具备人类所具有的各种感知能力。除了计算机图形技术生成的视觉感知外，还包括听觉、触觉、力觉、运动等感知，甚至还包括嗅觉和味觉等，这种综合的感知能力也被称为多感知。自然技能是指人的头部转动，眼睛、手势或其他人体行为动作，由计算机来处理与参与者的动作相适应的数据，并对用户的输入做出实时响应，再分别反馈到用户的五官。传感设备是指三维交互设备。对于生态环境管理，通过电脑输入污染物种类、排放浓度、排放量等因子，利用虚拟现实网络技术描绘出未来真实生动的图景。例如，对于一些不易体现的生态环境危害，可根据虚拟空间时间的推移累积结果而产生的切换图像、过程的叠积演化，反映出生态环境变化的经历和危害程度（罗格平等，2005）。通过虚拟网络技术形象生动地反映生态环境质量变化状况，为现实生态环境危害的消除提供借鉴。

3. 三维仿真模型

三维仿真模型对生态环境大数据的全局立体表征具有重要的价值，主要包含三维地理信息系统（3D GIS）、建筑信息模型（BIM）和城市信息模型（CIM）等。基于 BIM 和 GIS 技术的融合，CIM 将数据颗粒度精确到城市建筑物内部的单个模块，将静态的传统数字城市增强为可感知的、实时动态的、虚实交互的智慧城市，为城市生态环境综合管理和精细治理提供重要的数据支撑。基于海量大数据，CIM 通过 BIM、3D GIS、大数据、云计算、物联网（IoT）、智能化等先进数字技术，同步形成与实体城市“孪生”的数字城市（陶飞等，2019），通过对空间内数据分析、生态环境模拟诊断，为绿色生态城区发展提供更加可视化、可感知的优化方案，实现城市生态环境管理的全过程、全要素、全方位的数字化、在线化和智能化。

参考文献

程春明, 李蔚, 宋旭. 2015. 生态环境大数据建设的思考. 中国环境管理, 7(6): 9-13.
冯钧, 徐新, 陆佳民. 2019. 水利信息知识图谱的构建与应用. 计算机与现代化, 9: 35-40.
何国金, 王力哲, 马艳, 等. 2015. 对地观测大数据处理: 挑战与思考. 科学通报, 60(Z1): 470-478.
金国栋, 卞昊穹, 陈跃国, 等. 2020. HDFS 存储和优化技术研究综述. 软件学报, 31(1): 137-161.
贾益刚. 2010. 物联网技术在环境监测和预警中的应用研究. 上海建设科技, 6: 65-67.
蒋云钟, 冶运涛, 赵红莉, 等. 2020. 水利大数据研究现状与展望. 水力发电学报, 39(10): 1-32.
罗格平, 陈小钢, 王涛, 等. 2005. 典型绿洲土地利用/土地覆被变化的可视化模拟初步分析. 干旱区地理, 1: 45-51.
李成名, 刘晓丽. 2019. 智慧城市时空大数据平台理论与方法. 北京: 科学出版社.
李德仁, 童庆禧, 李荣兴, 等. 2012. 高分辨率对地观测的若干前沿科学问题.中国科学: 地球科学, 42(6): 805-813.
李德仁, 张良培, 夏桂松. 2014. 遥感大数据自动分析与数据挖掘. 测绘学报, 43(12): 1211-1216.
李学龙, 龚海刚. 2015. 大数据系统综述. 中国科学: 信息科学, 45(1): 1-44.
孙中平, 史园莉, 曹飞, 等. 2016. 遥感大数据环境下对生态红线监管方式创新的思考. 环境与可持续发展, 41(1): 65-68.
陶飞, 刘蔚然, 张萌, 等. 2019. 数字孪生五维模型及十大领域应用. 计算机集成制造系统, 25(1): 1-18.
王继业. 2017. 智能电网大数据. 北京: 中国电力出版社.
王世伟. 2016. 论大数据时代信息安全的新特点与新要求. 图书情报工作, 60(6): 5-14.

吴班, 程春明. 2016. 生态环境大数据应用探析. 环境保护, (Z1): 87-89.
岩腊, 龙笛, 白亮亮, 等. 2020. 基于多源信息的水资源立体监测研究综述. 遥感学报, 24(7): 787-803.
冶运涛, 蒋云钟, 梁犁丽, 等. 2020. 智慧水利大数据理论与方法. 北京: 科学出版社.
赵岑, 李梦然, 金日峰. 2015. 大数据时代关于隐私的思考. 科学通报, 60(Z1): 450-452.
赵海凤, 李仁强, 赵芬, 等. 2018. 生态环境大数据发展现状与趋势. 生态科学, 37(1): 211-218.
周一聪. 2019. 爬虫技术在互联网领域的应用. 中国高新科技, 18: 64-65.
周江, 王伟平, 孟丹, 等. 2014. 面向大数据分析的分布式文件系统关键技术. 计算机研究与发展, 51(2): 382-394.
Anderson T W. 2003. An Introduction to Multivariate Statistical Analysis. New York: John Wiley&Sons.
Gelsinari S, Doble R, Daly E, et al. 2020. Feasibility of improving groundwater modeling by assimilating Evapotranspiration Rates. Water Resources Research, 56(2): e2019WR025983.
Ma J, Qin S. 2012. Recent advances and development of data assimilation algorithms. Advance in Earth Sciences, 27(7): 747-757.
Mohammad S U C, Talha B E, Subhasish G, et al. 2019. IoT based real-time river water quality monitoring system. Procedia Computer Science, 155: 161-168.
Qi C, Huang S, Wang X. 2020. Monitoring water quality parameters of Taihu Lake based on remote sensing images and LSTM-RNN. IEEE Access, 8: 188068-188081.
Rodell M, Houser P R, Jambor U, et al. 2004. The global land data assimilation system. Bulletin of the American Meteorological Society, 85(3): 381-394.
Shen C. 2018. A trans-disciplinary review of deep learning research for water resources scientists. Water Resources Research, 54: 8558-8593.
Wang J, Cheng S, Jia H, et al. 2003. An artificial neural network model for lake color inversion using TM imagery. Acta Scientiae Circumstantiae, 24(2): 73-76.
Wang Y, Wang F, Yu J. 2020. Self-organizing map random forest coupling model based spatial heterogeneity evaluation of water quality in the watershed. Acta Scientiae Circumstantiae, 40(6): 2278-2285.
Yang H, Du Y, Zhao H, et al. 2022. Water quality Chl-a inversion based on spatio-temporal fusion and convolutional neural network. Remote Sensing, 14(5): 1267.
Zeng Q, Li Y, Tao J, et al. 2023. Full-coverage estimation of $PM_{2.5}$ in the Beijing-Tianjin-Hebei region by using a two-stage model. Atmospheric Environment, 309: 119956.

第 3 章　水环境大数据监测技术

3.1　基于物联网的水生态环境监测技术

3.1.1　基于物联网的水生态环境监测监控体系

1. 环保物联网概述

环保物联网是在环境保护行业引入物联网技术来实现科学化管理的系统网络，属于物联网的应用范畴（李屹，2019）。2018 年环境保护部发布实施的《环保物联网 总体框架》（HJ 928—2017）中规定了环保物联网总体框架。该框架主要是从物联网参考体系结构出发，对其业务功能域中主要实体及其相互关系在环保行业的具体实现进行描述的概念模型和体系结构，并遵循如下原则：

标准化（standardization）。总体框架中，基础设施单元及其互联的方式应该是被明确定义的、公开发布的、有用的、开放的、随时间稳定的。

开放性（openess）。总体框架中，基于技术研发的基础设施对于所有合格的利益相关者不应具有排他性。技术提供者对于开放性和标准化应当有一个推进计划。

互操作性（interoperability）。总体框架中，基础设施接口标准化应使系统能够被特定地理区域、特定应用或特定商业环境容易地自定义。自定义可以不提供基础设施单元间必要的通信。

安全性（security）。总体框架中，基础设施能够抵御未授权的访问和干扰，始终如一地实现信息隐私和其他安全策略。

可延展性（extensibility）。总体框架中，基础设施不应设置内在的壁垒来限制其被作为新应用被研发的能力。

可扩展性（scalability）。总体框架应可以扩展到整个环保系统，在大小上没有固定限制。

可管理性（manageability）。总体框架中，基础设施应能够对本身配置进行评估及管理，错误能够被发现隔离，还应当具有远程管理功能。

可升级性（upgradeability）。总体框架中，基础设施的配置、软件、算法以及安全证书应当能够安全升级，保证最小远程站点访问的安全。

可共享性（shareability）。总体框架中，基础设施应当使用能够提供规模效益、减少重复工作的共享性资源，在恰当的组织条件下，鼓励使用竞争性创新的解决方案。

普遍性（ubiquity）。总体框架中，授权用户应当能够容易地使用总体框架中的基础设施以及这些基础设施所提供的不分地域及其他形式的服务。

完整性（integrity）。总体框架中，基础设施被操作时应当具有高水准的可用性、可靠性及性能，操作故障时能够自动重新连接且具有足够的存储数据时间。

易用性（ease of use）。总体框架中，基础设施的使用管理应当具有合理的、一致的、较为直观的规则和程序。总体框架形成的系统应当最大化地对用户进行开放，如果非要最小化必须首先考虑用户。

1）环保物联网概念模型

环保物联网概念模型服从于物联网概念模型，是物联网概念模型在环保行业中的应用及细化。环保物联网概念模型由用户域、目标对象域、感知控制域、服务提供域、运维管理域和数据资源交换域组成，见图 3-1。

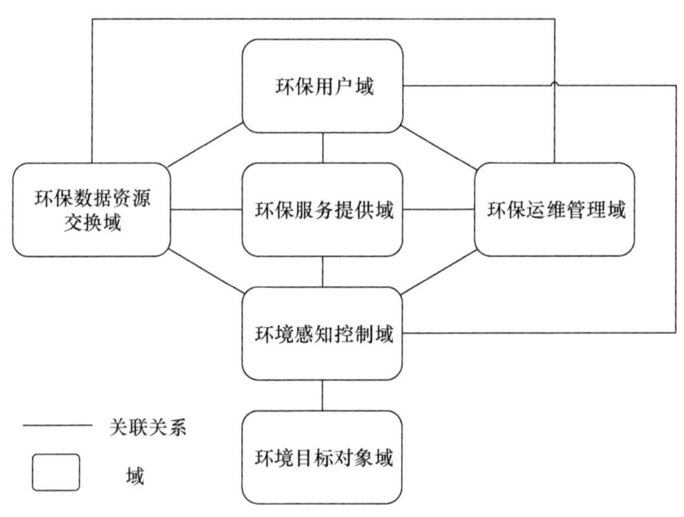

图 3-1　环保物联网概念模型

A. 环保用户域

环保用户域是环保物联网用户和环保物联网用户系统的实体集合，主要包括：环保物联网内的生态环境政府部门（生态环境部、各级生态环境局等）、生态环境事业单位（各级环境科学研究院、监测站等）、生态环境企业单位、个人及上述部门单位及个人的用户系统。环保物联网用户可通过用户系统及其他域的实体获取环保物联网对象的感知和操控服务。

B. 环境目标对象域

环境目标对象域是环保物联网用户期望获取相关信息或执行相关操控的对象实体集合，分为感知对象和控制对象，主要包括：环保物联网感知控制范围内的各类环境污染物（水体污染物、大气污染物、土壤污染物、放射污染物、固体废弃物等）、各类环境要素（地形、生态环境等）等。环保目标对象域中的实体可与感知控制域中的实体（如监测系统、传感网系统、标签识别系统、智能设备接口系统等）以非数据通信类接口或数据通信类接口的方式进行关联，实现目标对象和感知控制域的接口绑定。

C. 环境感知控制域

环保感知控制域是各类获取感知对象信息与操控控制对象的软硬件系统的实体集合，主要包括：环保物联网内的各类环境质量监测设备（水质监测设备、大气质量监测设备等）、各类环境要素探测设备（如地理遥感设备、生态遥感设备）以及对上述设备获取的环境信息进行综合采集传输的设备。环境感知控制域可实现针对环保物联网目标对象的本地化感知、协同和操控，并为其他域提供远程管理和服务的接口。

D. 环保服务提供域

环保服务提供域是实现环保物联网业务服务和基础服务的实体集合，可满足用户对环境目标对象域中物理对象的感知和操控的服务需求。主要包括环保物联网内对感知数据、控制数据及服务关联数据进行加工、处理和协同的软硬件系统。环保服务提供域为环保物联网用户提供对环保感知对象和控制对象的感知和操控服务。

E. 环保运维管理域

环保运维管理域是实现环保物联网运行维护和法规符合性监管的软硬件系统的实体集合。运维管理域可保障物联网的设备和系统的安全、可靠运行，以及保障物联网系统中实体及其行为与相关法律规则等的符合性。

F. 环保数据资源交换域

环保数据资源交换域是实现环保物联网系统与外部系统间信息资源的共享与交换，以及实现环保物联网系统信息和服务集中交易的软硬件系统的实体集合。环保数据资源交换域可获取环保物联网服务所需的外部信息资源，也可为外部系统提供所需的环保物联网系统的信息资源，以及为环保物联网系统的信息流、服务流、资金流的交换提供保障。

表 3-1 是各域之间的关联关系，表示域之间存在通信连接或（和）逻辑关联。

表 3-1　概念模型关联关系描述

关联关系序号	域名称	域名称	关联关系描述	关联关系属性
1	环保用户域	环境目标对象域	表征用户域中的用户与目标对象域中对象的特定感知或操控需求关系	逻辑关联
2	环保用户域	环境感知控制域	用户域中的用户系统通过本关联实现与感知控制域中软硬件系统的管理和服务信息交互	通信连接
3	环保用户域	环保服务提供域	用户域中的用户系统通过本关联实现与服务提供域中业务服务系统的服务信息交互	通信连接
4	环保用户域	环保运维管理域	用户域中的用户系统通过本关联实现与运维管理域中软硬件系统的运维管理信息交互	通信连接
5	环保用户域	环保数据资源交换域	用户域中的用户系统通过本关联实现与资源交换域中软硬件系统的服务和交易信息交互	通信连接
6	环境目标对象域	环境感知控制域	目标对象域中的对象通过本关联与感知控制域中的软硬件系统（如传感网系统、标签识别系统、智能设备接口系统等），以非数据通信类接口或数据通信类接口的方式实现关联绑定，非数据通信类接口包括物理、化学、生物类作用关系、标签附着绑定关系、空间位置绑定关系等。数据通信类接口主要包括串口、并口、USB 接口、以太网接口等	逻辑关联、通信连接

续表

关联关系序号	域名称	域名称	关联关系描述	关联关系属性
7	环境感知控制域	环保服务提供域	感知控制域中的软硬件系统通过本关联实现与服务提供域中的基础服务系统之间的感知和操控信息交互	通信连接
8	环境感知控制域	环保运维管理域	运维管理域中的软硬件系统通过本关联实现与感知控制域中的软硬件系统的监测、维护和管理信息交互	通信连接
9	环境感知控制域	环保数据资源交换域	感知控制域的软硬件系统通过本关联实现与资源交换域的软硬件系统的信息交互与共享	通信连接
10	环保服务提供域	环保运维管理域	运维管理域中的软硬件系统通过本关联实现与服务提供域中的软硬件系统的监测、维护和管理信息交互	通信连接
11	环保服务提供域	环保数据资源交换域	服务提供域的软硬件系统通过本关联实现与资源交换域的软硬件系统的信息交互与共享	通信连接
12	环保运维管理域	环保数据资源交换域	运维管理域中的软硬件系统通过本关联实现对资源交换域中的软硬件系统的监测、维护和管理信息交互	通信连接

2）环保物联网总体框架

环保物联网实体系统总体框架是基于物联网应用系统参考体系结构提出的，环保物联网系统各个域中主要实体、系统及其之间的接口关系见图 3-2。

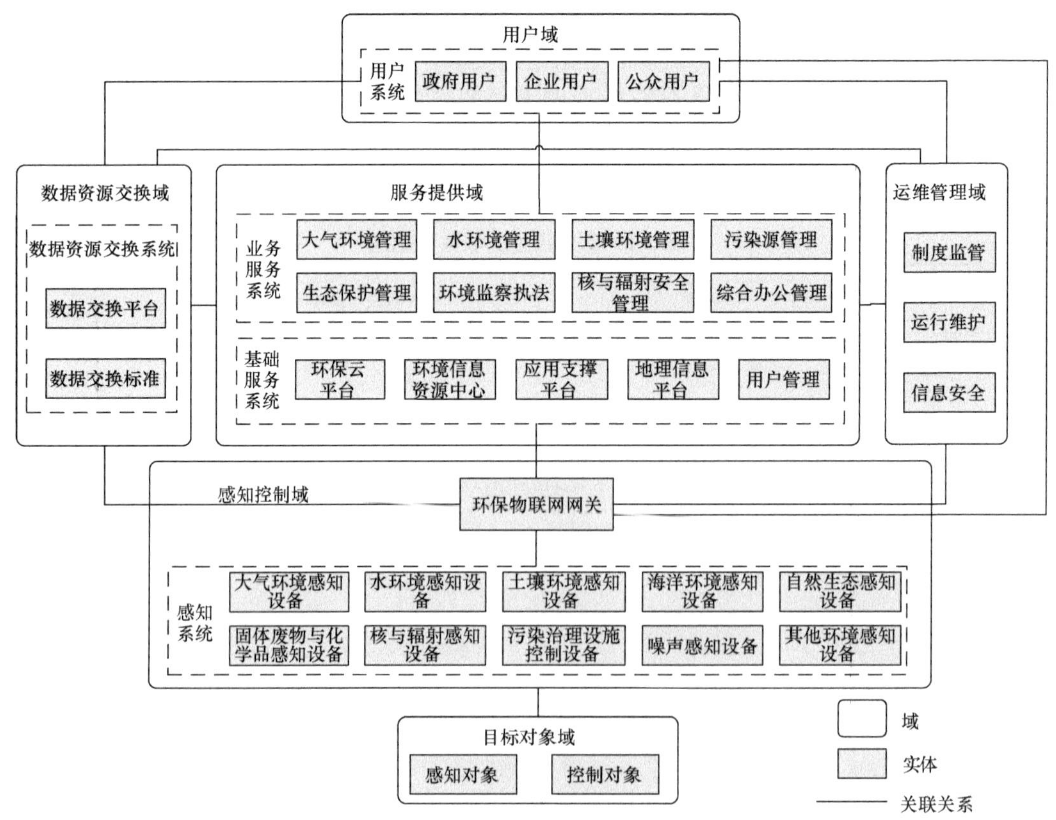

图 3-2　环保物联网实体系统总体框架

环保物联网每个域中实体集合组成相应系统，即用户域中实体结合组成用户系统、目标对象域中实体结合组成目标对象系统、感知控制域中实体结合组成感知控制系统、服务提供域中实体结合组成服务提供系统、运维管理域中实体结合组成运维管理系统、数据资源交换域中实体结合组成数据资源交换系统。其中，用户系统又可根据实体属性分为政府用户系统、公众用户系统和企业用户系统；目标对象系统又可根据实体属性分为感知对象系统和控制对象系统；服务提供系统又可根据服务层级分为基础服务系统和业务服务系统；数据资源交换系统又可根据所交换资源属性分为数据交换平台和数据交换标准；运维管理系统又可以根据管理目标分为制度监管系统、运行维护系统和信息安全系统。

环保物联网系统总体框架中各个域包含的实体见表 3-2。

表 3-2　环保物联网系统总体框架中的实体描述

域名称	实体	实体描述
环保用户域	用户	根据用户类型划分，主要包括以下几种。 （1）政府用户：中央和地方各级生态环境行政主管部门、派出机构及事业单位； （2）企业用户：与生态环境工作有关的污染产生、治理、排放企业以及环保产业相关企业； （3）公众用户：与生态环境工作有关的社会组织、科研机构及人民群众
	用户系统	用户系统是支撑用户接入环保物联网，使用环保物联网服务的接口系统。根据用户类型划分，用户系统主要包括以下几种。 （1）政府用户系统：用户为中央和地方各级生态环境行政主管部门、派出机构及事业单位的用户系统； （2）企业用户系统：用户为与生态环境工作有关的污染产生、治理、排放企业以及环保产业相关企业的用户系统； （3）公众用户系统：用户为与生态环境工作有关的社会组织、科研机构及人民群众的用户系统
环境目标对象域	感知对象	感知对象是与环保物联网应用相关、用户感兴趣，并且可通过感知设备获取相关信息的物理实体，包括大气、水、土壤、海洋、核与辐射、固体废物与化学品、噪声、自然生态等环境要素、污染源及污染治理设施
	控制对象	控制对象是与环保物联网应用相关、用户感兴趣，并且可通过控制设备进行相关操作控制的物理实体，包括环境质量监测、污染源监控、污染物防治与处理、核与辐射监管、自然生态监测等相关设备
环境感知控制域	环保物联网网关	环保物联网网关是支撑感知系统与其他系统相连，并实现环境感知控制域本地管理的实体。环保物联网网关可提供协议转换、地址映射、数据处理、信息融合、安全认证、设备管理等功能。从设备定义的角度，环保物联网网关可以是独立工作的设备，也可以与其他感知控制设备集成为一个功能设备
感知系统	感知系统	感知系统通过不同的感知和执行功能单元，实现对关联对象的信息采集和操作，实现一定的本地信息处理和融合。各类设备可独立工作，也可通过相互间协作，共同实现对环境要素和污染物对象的感知和操作控制。按照感知控制对象的类别，主要包括但不限于：大气环境感知设备、水环境感知设备、土壤环境感知设备、海洋环境感知设备、自然生态感知设备、固体废物与化学品感知设备、核与辐射感知设备、环境卫星感知设备、环境噪声感知设备以及污染治理设施控制设备、污染源监控设备等

2. 基于物联网技术的水生态环境监测监控体系

基于物联网技术的水生态环境监测监控体系首先通过对“十一五”“十二五”水生态环境指标进行研究，梳理出“十三五”水生态环境指标体系；针对“十三五”水生态环境指标体系研究环保物联网体系，梳理感知互动层、网络传输层、基础支撑层及智慧应用层建设内容及各层间关系；充分发挥物联网在物物相连的优势，在接入课题内研究仪器的前提下，研究无人机监测、遥感监测等新监测技术的数据接入方式；在网络传输层研究 LoRa、ZigBee 技术，解决无移动网络下的数据传输难题；在基础支撑层通过对数据集成和服务集成研究开发共性平台，满足多源异构数据接入，应用数据融合技术，实现不同系统间的共享交换、环联互通；最后基于共性平台，开发具有水文、水质、GIS 等功能的水生态环境监测应用子集（图 3-3）。

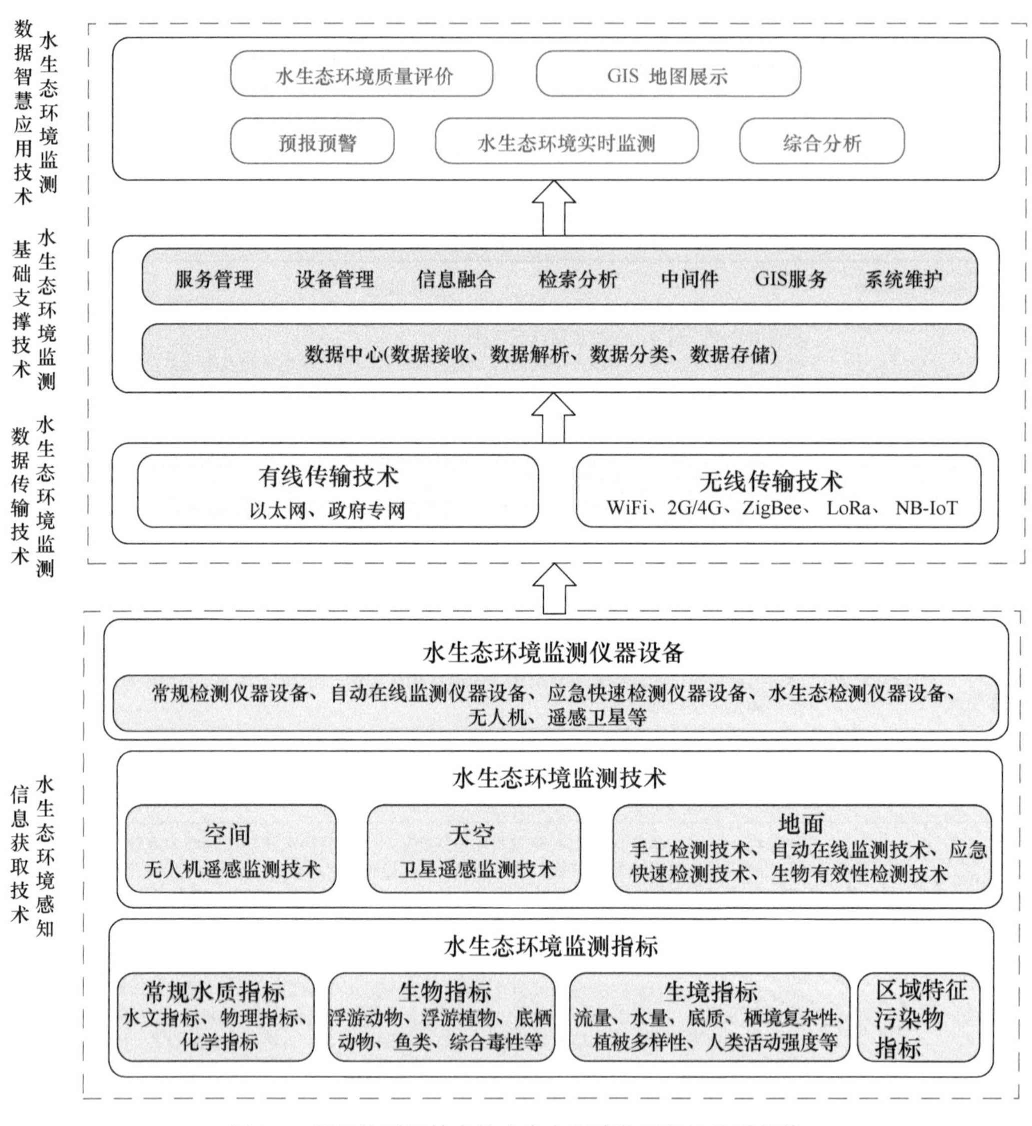

图 3-3　基于物联网技术的水生态环境监测监控体系架构

3.1.2　水生态环境监测指标

水生态监测的目标是了解、分析、评价水生态等的生态状况和功能，监测范围包括水体及陆地上的植被等，监测内容包含湖泊水文形态、生物、物理与化学质量要素。水生态监测一般涵盖水质监测和生态（生物）监测两个方面。水生态监测最早开始于水质监测，最开始的监测指标局限于生物需氧量、化学需氧量等常规指标，随着水污染的日益严重，常规指标难以满足监测要求，逐渐增加了重金属、氮、磷和有机物等指标。但这些指标具有明显的局限性，如无法表征对水环境中生物的影响，因此构建新的水生态监测指标体系对水生态环境监测及水环境保护具有重要意义。

1. 地表水常规水质指标

根据《地表水环境质量标准》（GB 3838—2002），地表水环境监测指标共计 24 项，即水温、pH、电导率、溶解氧、高锰酸盐指数、化学需氧量、五日生化需氧量、氨氮、总磷、铜、锌、氟化物、硒、砷、汞、镉、铬（六价）、铅、氰化物、挥发酚、石油类、阴离子表面活性剂、硫化物、粪大肠菌群和流量（水位）。对于湖库，除以上指标外，还增加了评价富营养化所需要的透明度、叶绿素 a 和总氮。

地表水常规水质指标筛选以《地表水环境质量标准》（GB 3838—2002）当中的各项指标为主，指标筛选应遵循以下几个原则。

（1）代表性：根据实际情况，不必所有指标全部测定，选定的指标应能够反映该区域水环境主要特征、主要水环境问题；

（2）可行性：因地制宜，根据当地的监测能力及监测水平选择，选定的指标应便于操作，尽量与当地水环境考核指标挂钩；

（3）简易化：选取监测简单、针对性强、能说明问题的指标；

（4）灵活性：根据实际情况，不同监测断面也可筛选出能够反映具体问题的不同指标进行监测；

（5）经济性：尽可能以最少的费用获得必要的水环境状况数据。

2. 水生态指标

水环境中的浮游动物、底栖动物、着生生物和大型水生植物的监测方法主要参照《水库渔业资源调查规范》，通过采样、样品的前处理、镜检计数和计算，形成检测记录。2007 年 5 月无锡太湖蓝藻暴发后，包含叶绿素、藻密度等指标在内的水生态监测由此开展，但藻类监测对于水生态而言过于单一，存在明显的局限性。随着我国水生态环境监测由常规水质目标向水生态相关指标的过渡，水生态监测指标的建立应从多角度、全方位考虑。

3. 生境指标

生境指生物的个体、种群或群落生活地域的环境，包括必需的生存条件和其他对生物起作用的生态因素。生境是指生态学中环境的概念，生境又称栖息地。生境是由生物和非生物因子综合形成的，而描述一个生物群落的生境时通常只包括非生物的环境。

水生生境很多，基本上可分为：单一生境、复合生境。

（1）单一生境：采样点生物栖息环境只有一种类型，如石头、沙子、泥等。

（2）复合生境：采样点生物栖息环境由两种或两种以上的类型构成，如泥–草、泥–

沙、泥–石、沙–草、石–草、沙–石–草、泥–石–草–枯枝落叶等。

针对我国在生境调查标准方法上的空白，结合美国 EPA 和欧盟的相关技术方案，综合考虑了我国流域水环境的特点，在 EPA 采用的生境调查方法的基础之上，分别从河流和湖库自身生态环境特点出发，从底质组成、堤岸稳定性、植被多样性、人类活动强度等方面入手，对其物理生境的整体特征进行观测和描述，建立起一套标准的生境调查方法，并分别制订了河流和湖库物理生境评分系统。

3.1.3 水生态环境监测技术及设备

1. 地表水常规水质监测

水环境监测，一般根据需要采取常规监测和水质自动监测有机结合的方式。常规监测项目包括必测指标、选测指标和特定指标，如高锰酸盐指数、电导率、生化需氧量等，监测工作执行《地表水环境质量标准》（GB 3838—2002）中规定的标准方法，此处不再赘述。

《生活饮用水卫生标准》（GB 5749—2022）规定了饮用水的 97 项检测指标，该标准于 2023 年 4 月 1 日强制实施，其检测指标虽比原《生活饮用水卫生标准》（GB 5749—2006）有所减少，但检测要求却有针对性地提高了，增加了高氯酸盐、乙草胺、2-甲基异莰醇和土臭素 4 项指标，删除了耐热大肠菌群、三氯乙醛、硫化物等 13 项指标。采用国际上通用的健康风险评估技术方法，结合我国实际水质状况和管理水平，对水质指标提出了限值要求，在水质管理要求上基本实现了与国际接轨。

为实现污染物排放总量监控，2007 年国家出台《水污染源在线监测系统安装技术规范（试行）》（HJ/T353—2007）、《水污染源在线监测系统验收技术规范（试行）》（HJ/T354—2007）、《水污染源在线监测系统运行与考核技术规范（试行）》（HJ/T355—2007）、《水污染源在线监测系统数据有效性判别技术规范（试行）》（HJ/T356—2007）等标准，为污染源监测提供了指导文件。自 1995 年国家环境保护局布置的排放口规范化整治工作后，许多地方在整治后的排污口安装流量计和“黑匣子”，并尝试进行联网。截至 2017 年底，全国已建立了一套由部、省、市三级 352 个监控中心、10257 个国家重点监控企业组成的上下联通、纵向延伸、横向共享的环保物联网体系，已经能够满足我国常规水质指标的监测要求。

2. 水生生物监测

1）河流水生生物采样及监测方法

A. 监测要素

河流水生生物监测要素包括：物理生境、生物类群（着生藻类、大型底栖无脊椎动物）和水体理化参数等。

B. 监测频次与时间

充分考虑水域环境条件、生物类群的时间变化特点、调查目的及人力、费用投入，确定调查频次和调查时间。①至少每年监测一次；②受季节性影响显著水体的变化趋势评价，应按季度监测，至少每季监测一次；③事故性污染物的监测频率必须考虑污染物效力的严重程度及持续时间，各类监测类群的生命周期及经过采样后的恢复能力也必须予以考虑。

按年度监测，一般选择春季或秋季；按季节监测，一般选择春、夏、秋三季。监测时间的确定，既要考虑各项监测指标的变化规律，又要兼顾实际情况。需要注意的是：①若进行逐季监测，各季或各月监测的时间间隔应基本相同；②同一河流中应力求水质同步采样；③生境监测建议在夏季进行，保证观测到河岸植被的覆盖情况。

C. 点位布设

监测点位的布设，取决于水体和周围环境的自然生态类型、人类干扰强度，以及所用生物监测技术的特殊要求，以满足监测及评价目的为宗旨，需遵从以下原则：①尽可能沿用历史观测点位；②在监测点位采集的样品，需对研究水域的单项或多项指标具有较好的代表性；③生物监测点位应与水文测量、水质理化指标监测站位相同，尽可能获取足够信息，用于解释观测到的生态效应；④生物监测点位尽量涵盖到不同的生境类型；⑤在保证达到必要的精度和样本量的前提下，监测点位应尽量少，要兼顾技术指标和费用投入；⑥生境监测点位与生物监测点位保持一致；⑦如果监测的目的是建立大范围、全面的流域生物数据网络，点位需覆盖整个流域范围，如果监测目的是客观评估点源污染的影响，则需在一定范围内进行加密监测。

但需要注意：①局部经过人为改变的区域，如小型水坝及桥梁区，除非需要评估其影响，应避免在区域内设置站位；②避免在支流河口附近设置站位；③河流或流域范围的监测，不应当由于栖息地退化或该物理特征已有充分代表而舍弃采样站位；④事故性污染物的监测站位应当全面覆盖可能的污染混合带，如在排污口下游间隔布设监测站位。

D. 参照环境的确定

参照环境的选取应遵循下述基本要求：

（1）所选参照环境必须能反映未受干扰的水文及水质环境参数（如物理、化学以及生物参数）。

（2）所测定的人为产生污染物浓度应低于常规分析方法的检测限。

（3）所测定的非人为产生污染物浓度应保持在背景值水平范围之内。

（4）经人为改变较大的系统中，通常找不到合适的参照环境。在这些情况下，可借助历史数据或简单的生态模型确立参照环境。

生态区参照环境是指将相对均质区域内、相对未受损害的点位以及栖息地作为参照环境。生态区参照环境适用于水域或流域范围的趋势性监测调查，评价资源利用的损害或影响，并制定相应的水质标准及监测策略。

2）湖库水生生物采样及监测方法

A. 点位布设

点位布设取决于监测目的以及所用生物监测技术的特殊要求，需遵循以下原则。

（1）连续性原则：尽可能沿用历史观测点位；生物监测点位应与水文测量、水质理化指标监测点位相同，尽可能获取足够的信息，用于解释观测到的生态效应。

（2）代表性原则：在监测点位采集的样品，需对研究水域的单项或多项指标具有较好的代表性；如果监测目的是建立大范围、全面的流域生物数据网络，点位需覆盖整个流域范围；如果监测目的是客观评估点源污染的影响，则需在一定范围内进行加密监测。

（3）实用性原则：在保证达到必要的精度和样本量的前提下，监测点位应尽量少，要兼顾技术指标和费用投入。

B. 监测点位布设方法

可采用点位与断面结合的方法，设置湖库水生态环境质量监测点位。具体方法如下：

（1）针对某一特定问题的专项调查，一般采用目标设计方案，或称“特定位点”设计方案，基于已知的问题或事件选择监测点位。通常，除了目标位点或范围外，还应该在其上、下游 100～1000m 处各设置至少 3 个监测点位或断面。

（2）湖库或区域的基线调查及环境变化趋势评估一般采用随机选择方案，尽量均匀地在监测范围内设置点位，以便为整个区域的整体环境提供精确的环境信息。根据监测任务目标、湖库面积大小以及人员、费用配备情况，确定监测点位数量。区域性的大范围监测涉及多个湖库，可根据每个湖库的面积设置 3～10 个点位；特定湖库的监测，则至少设置 10 个点位。点位布设应兼顾湖滨和湖心，如无明显功能分区，可采用网格法均匀布设。河道型或狭长型湖库可参考河流的点位布设方法，以断面的方式设置采样点位。

选择点位时，应注意以下问题：①应在湖库的主要出入口、中心区、滞流区、饮用水源地、鱼类产卵区、游览区等设置相应的点位；②若采用断面法设置点位，断面应与附近水流方向垂直；③峡谷型水库应在水库上游、中游、近坝区及库层与主要库湾回水区布设断面。

C. 参照状态确定方法

参照状态的确定是用于比较并检测环境损伤的基础，是进行生态评价的必要前提。根据评价的目的，可以采用以下两种方法来确定参照状态。

（1）特定点位参照状态：指将点源排放的“上游”作为参照状态。该类型参照状态减少了源于生境差异的复杂情况，排除了其他点源和非点源污染造成的损害，可有助于诊断特定排放与损害之间的因果关系，并提高精确度。但是，该类型参照状态的有效性较为有限，不适合广域（流域及其以上范围）的监测或评价。

（2）生态区参照状态：指选择相对均质的区域内未受干扰（接近自然状态）的点位以及生境类型作为参照状态。相对于特定点位的参照状态，生态区参照状态更适用于水域或流域范围的趋势性监测，评价资源利用损害或影响，并制定相应的水质标准及监测策略。

注意事项：人类活动比较频繁的地区，很难找到没有受到干扰的点位，尤其是受到较大人为改变的系统，通常找不到合适的参照状态。这些情况下，可以借助历史数据或简单的生态模型确立参照状态，也可以根据现有的最佳状态以及环境治理目标确立参照状态。

D. 采样层次布设方法

采集浮游植物、浮游动物样品时，需根据采样点位的水深设置采样层次。水深＜2m 时，不分层，在表层下 0.5m 采集；水深为 2～5m 时，分别在表层下 0.5m、底层上 0.5m

各采集一次；水深＞5m 时，则在表层下 0.5m 处、中层以及底层上 0.5m 处各采集一次。另外，水深＜0.5m 时，在 1/2 水深处采集；水体封冻时，在冰下水深 0.5m 处采集。

3. 自动监测

1）自动监测技术

应用现代控制技术、现代分析手段、先进的通信手段和计算机软件技术，对环境监测的某些指标从样品采集、处理、分析到数据传输与报告汇总全过程实现自动化的系统称为自动监测系统，应用自动监测系统对需要测定的对象实时连续监测称为自动监测。

水质自动监测是在人工监测的基础上依托实验室分析方法发展起来的。20 世纪 80 年代流动注射技术的应用将烦琐的实验步骤自动化，实现了对样品的自动连续分析，使实验室分析的精度和分析效率大大提高。水质自动监测则是在此基础上通过进一步实现采样制样步骤的自动化达到对水质连续监测的目的。水质自动监测的量值传递是通过与手工监测的比较实现的。根据与手工监测比对试验的数据结果对自动监测仪器进行校准，以达到自动监测仪器与手工监测数据结果一致的量值传递。

自动监测技术提高了水质监测的工作效率，降低了水质监测的管理成本。自动监测在目前应用中虽然存在与手工监测技术上的差异、标准与监测技术规范的滞后以及实施过程中受自然环境基础条件限制等诸多问题，但却在水质的趋势分析与预警监测中发挥了重大的作用。

在自动监测方面，我国已在 31 个省（自治区、直辖市）建成 149 个水质自动监测站，覆盖我国十大流域的重点断面及重要出入境河流，实时监测并发布水温、pH、溶解氧（DO）等各项常规指标，逐步拓展生物毒性、挥发性有机污染物、重金属等在线监测项目。

主要监测指标可分为六大类，即五参数：水温、pH、溶解氧、浊度、电导率；营养盐及有机污染综合指数：高锰酸盐指数、化学需氧量、总磷、总氮、氨氮、硝酸盐氮；无机阴离子：氰化物、氟化物、硫化物、氯化物、硫酸根；金属及其化合物：铜、铅、锌、镉、砷、汞、六价铬、铁、锰、钴、镍、锑；有机污染物：石油类、阴离子表面活性剂以及苯、卤代烃、芳香烃等 18 种挥发性有机物；细菌学指标：粪大肠菌群。

2）自动监测仪器设备

随着水质自动监测的广泛应用，国内外仪器设备厂商开发生产了越来越多的水质监测项目的自动监测仪器和设备。

A. 水中有机有毒污染物在线监测仪

水中有机有毒污染物在线监测仪是一种针对水中有毒污染物而设计的在线监测设备，目前该设备采用低热容色谱柱模块、温度自适应控制算法和快速气相色谱分离等技术，实现了自动进样、吹扫、富集、解吸、色谱分离、质谱检测和数据处理等功能的一体化，可在无人监守的情况下连续运行，同时完成对水中苯、甲苯、乙苯、间二甲苯、对二甲苯、异丙苯等有机物的监测，并可通过线性离子阱质谱检测器对未知峰进行扫谱，实现对未知毒性有机物的定性分析。该仪器能在 28min 内完成水中苯、甲苯、乙苯、间二甲苯、对二甲苯、邻二甲苯、异丙苯、苯乙烯、氯苯、三氯乙烯、四氯乙烯的监测。该仪器主要用于地表水、地下水、原始和经过处理的饮用水等有机有毒污染物监测。

B. 水体藻类综合在线自动监测系统

水体藻类综合在线自动监测系统是一种针对藻类的在线监测系统，包括监测参数传感器、传感器清洁、数据采集与控制、数据存储、数据无线传输、蓄电池及电源控制、太阳能板和浮标等部分，涉及水质指标多项参数的监测，除藻类浓度的活体荧光分类测量传感器外，其余各个参数都有标准的监测方法和成熟的传感器，可同时监测水中藻类浓度、温度、电导率、溶解氧饱和度、溶解氧、pH、氧化还原电位、浊度、氨氮、硝酸盐、氯化物等指标。其主要用于在线监测内陆湖泊和水库富营养化问题，最主要是对蓝藻水华的监测。

C. 集成式在线自动监测装备

a. 站房式监测站

站房式自动在线监测技术在我国应用较为普遍，其基本上建在岸边的固定房屋，系统较复杂，场地建设成本高；水样采集过程容易受到环境的影响，如冰冻天气；其体积较大，内部设备齐全，功能强大，数据准确性很好。监测的指标有：水温、pH、溶解氧、电导率、浊度、COD、BOD、总有机碳（TOC）、溶解有机碳（DOC）、硝酸盐、亚硝酸盐、H_2S、总悬浮物（TSS）、254nm 紫外吸收率（UV254）、亚硝酸盐氮（NO_2-N）、苯-甲苯-二甲苯（BTX）、色度、指纹图和光谱报警、氨氮、总磷、总氮、高锰酸盐指数、重金属、叶绿素 a、蓝绿藻、磷酸盐、盐度、氯化物、氟化物、生物毒性、视频、流量、液位等。由于站房式在线水质分析仪器通常价格昂贵，建造自动监测站成本高，维护成本也很高，目前在同一水源中的自动站存在数量少、监测范围小、位置固定等缺点，这使得自动监测站难以全面反映水质状况，其主要适用于一般河流断面考核监测、出入境断面监测、重要监测点位的水质自动监测。

b. 浮标式监测系统

浮标式监测系统是一种通过锚链固定于水面上的自动监测站，它实现了无人值守、长期连续不断的水质监测，能应对各种恶劣环境，并可锚定于不同水域，监测方式灵活，弥补了上述探测方式的不足。浮标系统由浮标体、维护平台、传感器组、通信设备、供电系统、锚系等组成，多采用电极和光谱监测方法。具体监测项目主要包括水温、pH、溶解氧、电导率、浊度、氨氮、硝酸盐氮、叶绿素、蓝绿藻 9 项。该系统适用于水域面积较大、建设观测站点困难、上游污染集中等导致无法采用常规监测手段且需要进行快速污染监测和预警的情况。

c. 小型移动式监测系统

小型移动式水站是一套以水质在线自动分析仪为核心，运用现代传感器技术、自动测量技术、自动控制技术、分布式低功耗传感器网络技术、计算机应用技术以及相关的专用分析软件和通信网络所组成的一个综合性的在线自动监测系统。相比目前大量的站房式水质自动站，小型移动式水站具备占地小、投资少、站房可整体吊装灵活移动等特点，特别适用于城市内小型河流、景观河流和部分典型污染因子的河流。由于移动式水站内部空间有限，目前所采用的仪器主要是能够使用电极法或光度法进行测试的，而其他需要进行前处理和使用较多试剂的仪器则无法顺利添置。其中，COD 监测采用紫外线吸收法，氨氮可采用离子选择性电极法或紫外线吸收法，校准简便，无须更换试剂。但仪器数据较易受水质干扰。

4. 遥感监测

1）遥感监测技术原理

遥感技术主要是利用不同物体有不同的辐射特性，在不接触目标物的情况下获取目标物相关的信息，是一种将电磁波、声波、重力场等进行充分结合与应用的先进技术。水体的遥感监测主要是以污染水和清洁水的反射光谱特征研究为基础的。在水体环境当中，不同的物体对光的反射能力不同，水环境监测人员可以通过对水体的光谱特征进行分析得知水体的质量。清澈的水质对于光的吸收能力强，反射率低，被污染的水中由于存在污染物，水体的反射率发生了变化，不同的污染物所产生的电磁波长短不同，在遥感图像中会产生差异，人们可以通过这些差异了解水质的污染情况，对水环境进行监督。水体光谱特征的主要影响因素是其组成成分，具体包括悬浮物质、叶绿素 a、黄色物质等。遥感设备可以吸收水面、水底的光线反射信息，不同成分的水体对光线的反射存在差异，相应的遥感图像有不同的特征，技术人员通过对遥感图像的分析，根据实际情况，选择模型分析法、半经验分析法、经验分析法中的任何一种方法进行水质反演，生成各类水质因子反演成果图，从而得知水体的构成信息。由此可见，利用遥感技术监测水质就是以水体中不同物质的折射率为依据反馈出物质的组成成分，进而将遥感的具体数值作为参考指标进行分析，以此来确定水体中物质所含数量。遥感技术可以对水体中的悬浮物质、叶绿素 a 浓度、水体透明度、水体营养状态、城市污水、水体热污染、石油污染等进行监测。例如，通过遥感技术对水体的光谱反射曲线进行分析来判断水体叶绿素 a 的情况，对反射峰的位置进行分析来了解水体悬浮物质的含量变化等，从而实现对水环境的有效监测。

将遥感技术应用于水环境监测中，能够准确获得监测区域环境信息，在信息收集过程中受人为因素影响较小，能够节约环境监测费用，同时还可以对环境质量的变化进行动态反映。遥感技术还具有检测范围广、处理信息多、效率高、能进行非常规监测、能实现动态监测等优势。

2）遥感监测指标

我国地面水环境常规监测指标达 39 项，根据目前的遥感技术水平，以及现有的研究文献和我们的实验结果，在可见光和红外遥感波段进行反演的主要指标有水表温度、透明度等物理指标和叶绿素 a、藻类计数等生物学指标。下面将对各遥感水环境监测指标进行分析。

A. 叶绿素 a（Chl-a）

叶绿素 a 的遥感监测方法通常有物理模型和经验半经验模型两种。物理模型是从水体光学特性及叶绿素 a 浓度对其的影响出发，找出一种数学模式，然后利用实测数据进行验证。经验半经验模型都是通过对航空航天遥感数据、与其同步的地面水质波谱数据、实验室水质分析数据进行适当的统计分析来反演叶绿素 a 浓度。

B. 悬浮物（SS）

悬浮物的遥感监测方法目前也有物理模型和经验半经验模型两种，物理模型是通过光辐射在水中传输的特性产生的效应与悬浮物浓度间建立相关关系；经验半经验模型是通过遥感数据与地面同步或准同步测量数据建立相关关系式，或者通过对地面水质波谱数据、实验室水质分析数据进行适当的光谱分析反演悬浮物浓度。

C. 有色可溶性有机物（CDOM）

有色可溶性有机物的遥感监测方法：首先利用辐射传输数值模型模拟不同条件下的遥感反射比，然后用基于半分析模型的生物光学算法，反演得到 440nm 处的 CDOM 吸收系数 ag（440）。

D. 水表温度

利用现有遥感技术建立的水表温度反演模型有两种求解方法：一种是基于大气辐射传输模型的方法，该方法需要准确的实时大气温湿压垂直分布状况，不适用于业务化，另一种是采用统计回归方法，建立通道亮温和水温的线性关系，优点是输入参数少，对一定区域精度高，缺点是区域适应性差。

E. 透明度（SD）

透明度的遥感监测方法一是利用水体透明度与光束在水中的衰减系数 *a* 和漫射衰减系数 Kd 之间的密切关系构建半分析模型来实现对透明度的反演。例如，490nm 处的 Kd（490）是水色卫星标准产品之一，并在 20 世纪 80 年代的海岸带彩色扫描仪（CZCS）和 90 年代的海洋宽视场扫描仪（SeaWiFS）中得以应用。然而，由于 Ks（490）和透明度之间的关系在一定程度上取决于水体的光学类型，因此往往存在区域性的差异。方法二是利用图像数据（如 TM 和 HI/CCD）各波段反射率值与实测透明度建立经验统计模型来反演水体透明度。

F. 营养状态指数（TSI）

营养状态指示法一般以叶绿素 a 浓度、透明度等为基准，对水体进行营养级别划分，而叶绿素 a 浓度、透明度的定量遥感反演目前已经比较成熟。因此，利用 HJ-1/CCD 及高光谱数据 HJ-1A HSI 可以对营养状态指数进行遥感反演。

G. 化学需氧量（COD）

由于水体化学需氧量为生物化学指标，无直接的光谱响应机理，不可以通过遥感直接反演获得。目前，对于一些富营养化水体，已经开展了叶绿素 a 浓度与 COD 浓度之间关系的相关性研究。例如，金相灿（1995）对中国 26 个湖泊（水库）的 Chl-a 与其他参数之间的相关关系进行调查，发现湖泊（水库）Chl-a 与 COD 的相关系数高达 0.83，因此也可利用 Chl-a 浓度来推导 COD 浓度。

H. 五日生化需氧量（BOD_5）

五日生化需氧量（BOD_5）为生物化学指标，不可以直接通过遥感反演获得，可以通过建立叶绿素 a 等指标与 BOD_5 浓度的相关关系，来实现对一些富营养化水体的 BOD_5 浓度的遥感间接反演。

I. 总有机碳（TOC）

水体总有机碳（TOC）浓度为生物化学指标，尚不清楚其浓度变化与光谱有何定量关系。但可以通过试验，建立特定水体中 TOC 与其他可遥感反演指标关系来间接反演 TOC。

J. 总氮（TN）

水体总氮（TN）浓度为生物化学指标，不可以直接通过遥感反演获得。可通过建立 TN 与其他可遥感反演指标关系来间接反演。雷坤等（2004）利用 CBERS-1/CCD 数据和准同步地面监测数据，结合水体组分的光谱特征，建立了太湖表层水体叶绿素 a 和 TN 浓度的遥感信息模型。根据试验结果分别建立了叶绿素 a 和 TN 浓度的反演模型，并且模型精度较高。由于 CBERS-1/CCD 和 HJ-1/CCD 传感器参数设置类似，故也可利用 HJ-1/CCD 数据反演水体 TN 浓度。

K. 总磷（TP）

水体总磷（TP）浓度为生物化学指标，不可以直接通过遥感反演获得。前人的研究发现，叶绿素 a 与 COD_{Mn}、TN、TP 和氨氮之间均有明显的正相关关系，在聚类分析中，叶绿素 a 与 COD_{Mn} 相关系数最大，首先聚为一类；TN、TP 与悬浮物相关系数次之，也聚为一类，表明磷、氮营养盐与悬浮物有显著的相关关系。这同时说明可以利用悬浮物的定量遥感反演结果来推导 TP 浓度。

L. 溶解氧（DO）

由于目前尚不清楚水体 DO 浓度变化的光谱响应机理，因此现阶段只能利用环境一号卫星，通过相关回归方法来反演水体中 DO 浓度。王学军和马廷（2000）利用 TM 数据和有限的实地监测数据对太湖 DO 分析所建立的高反演精度回归模型表明，可以利用经验方法来反演水体 DO 浓度。由于 TM 和 HJ-1/CCD 波段设置相同，性能类似，故也可利用 HJ-1/CCD 数据反演水体 DO 浓度。

3）遥感监测技术

遥感监测技术具有多空间尺度性、多时间尺度性、多学科综合性和多用途性等特点，能够及时有效地对出现的环境问题提供数据分析，并为重大决策提供数据支撑，以便于进行长期的动态监测，实时监测大面积的环境质量变化，快速、准确地反映环境质量现状并对未来发展趋势做出判断，弥补地面点位监测的不足，因此被广泛应用到水环境监测中。

按搭载传感器的遥感平台可将遥感监测技术分为地面遥感、航空遥感、航天遥感三大类。地面遥感，即把传感器设置在地面平台上，如车载、船载、手提、固定或活动高架平台等；航空遥感，即把传感器设置在航空器上，如气球、航模、飞机及其他航空器等；航天遥感，即把传感器设置在航天器上，如人造卫星、宇宙飞船、空间实验室等。这里我们重点介绍两种应用最为广泛的遥感监测技术。

A. 卫星遥感

卫星遥感具有监测范围大、资料获取方便、图像容易处理和解译等特点，能够对大范围内的流水体水质进行监测，明确污染物的迁移规律和时空分布特点，在水环境监测方面得到了日益广泛的应用，并且向着高空间分辨率、高光谱分辨率、高时间分辨率、多极化、多角度的方向迅猛发展。内陆水环境监测中常用的卫星遥感数据源可分为多光谱和高光谱数据。高光谱遥感数据（如 HJ-1AHSI、EO-1Hyperion 和 PROBA CHRIS 等）由于能够捕捉水体的精细光谱特征，在内陆水环境监测应用中具有显著的优势和应用前景，但同时也存在扫描幅宽比较窄，重访周期比较长，不利于水环境大范围和应急监测的局限性。相比于高光谱遥感而言，多光谱遥感由于波段数量少且光谱范围宽，无法获取内陆水体的细微光谱特征，但多光谱遥感具有数据源多、数据易获得、成像幅宽大和重访周期短等优势，因此也是内陆水环境监测应用中的重要数据源。

目前，已有多篇文献将卫星遥感数据应用于太湖水生态的分析中。闻建光等（2006）基于 Hyperion 星载高光谱遥感影像，运用波段比值法、一阶微分处理技术构建了太湖叶绿素 a 浓度的反演模型；Shi 等（2015）从实测数据中发现，MODIS-Aqua 影像与总悬浮物在 645nm 的波长处具有极强的相关性，据此发展了适应性极强的总悬浮物经验反演模型，并在太湖取得了良好的效果。金焰等（2010）利用环境一号卫星（HJ-1）CCD 数据，对太湖水华进行遥感监测，结果表明，该方法适合用于太湖蓝藻水华应急监测。郭宇龙等（2015）、杜成功等（2016）同时利用 GOCI 卫星数据开展了太湖叶绿素、总磷浓度反演研究。

B. 无人机遥感

无人机遥感技术是集先进的无人驾驶飞行器技术、遥感传感器技术、遥测遥控技术、通信技术、GPS 差分定位技术和遥感应用技术为一体的新型应用技术，它是继传统航空、航天遥感之后的第 3 代遥感技术。通过将无人机搭载数码相机、多光谱成像仪、三维激光扫描仪等设备，可执行多目标任务，其适用于小范围高分辨率遥感数据的即时获取，具有实时化、灵活机动、高性价比等优势。其关键核心技术主要包括遥感传感器、影像拼接技术与数据实时传输存储技术三部分：

（1）遥感传感器是无人机遥感技术发展的重要基础设备之一。在技术上，传感器不断向大面积、多光谱、数字化方向发展，并取得了较多进展，进一步提高了航拍精度。目前，高分辨率的数码相机是无人机低空遥感系统主流的传感器件。

（2）为得到整个区域的全景影像，必须实现若干影像的匹配拼接。目前，常用的拼接算法包括基于小波变换的分层匹配算法、基于遗传算法的影像匹配算法、融合小波变换遗传算法、最小二乘法的快速高精度组合算法等。

（3）无人机监测数据的实时传输是无人机遥感系统的重要组成部分，决定着系统的规模与水平。地面控制系统与无人机之间数据传输是通过数据链实现的。除具有遥感监测数据传输的重要功能之外，数据链还肩负着遥控、遥测和跟踪定位的功能作用。

由于内陆水体环境复杂、水域面积相对小且污染类型多样，对数据精度要求较高，因此目前无人机遥感技术在内陆水环境监测中的应用研究相对较少，主要是利用无人机环境遥感技术从宏观上观测水质状况。韩翠敏等（2020）利用集成 RTK 模块的大疆精灵 4 无人机获取太湖贡湖湾区域高分辨率影像，并通过一系列影像分析发现蓝藻提取正确率达到 94.68%，说明其在蓝藻水华监测应用中具有广阔前景。

3.2　基于梯度扩散薄膜的水体污染物监测技术

3.2.1　梯度扩散薄膜技术原理

梯度扩散薄膜（diffusive gradients in thin-films，DGT）技术是一种可以用于原位监测的被动采样技术（罗军等，2011）。如图 3-4 所示，完整的 DGT 装置包括底座、吸附膜、扩散膜、滤膜和盖子五个部分。底座和盖子起到支撑和固定作用，滤膜用于保护内部的扩散膜和吸附膜不被环境中的坚硬物质破坏，同时与扩散膜一起组成扩散层，供待测污染物从水体扩散转移到吸附膜表面。吸附膜的作用是快速结合并固定目标污染物，通常根据待测物质种类的不同来改变吸附膜的类型，即选择能够快速固定待测污染物的吸附材料制备对应的吸附膜。

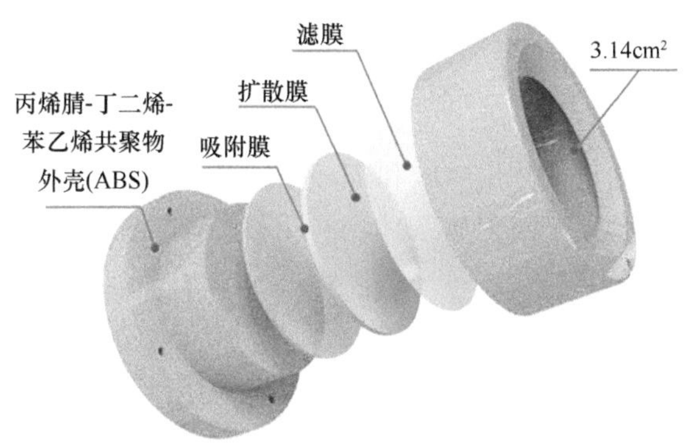

图 3-4　DGT 装置结构图

DGT 技术的基本原理是 Fick 扩散第一定律，公式表达如下 ：

$$F = -D\left(\frac{\partial C}{\partial X}\right) \tag{3-1}$$

式中，F 为扩散通量（flux），即单位时间通过单位面积的物质的量；C 为污染物浓度；X 为距离；“$-$”表示扩散方向为浓度梯度的负方向。当扩散梯度达到稳定状态时，式（3-1）可以推广到宏观状态：

$$F = D\left(\frac{C_b - C_b'}{\Delta g + \delta}\right) \tag{3-2}$$

式中，C_b 为高浓度处化合物浓度，在 DGT 技术中表示水体化合物浓度；C_b' 为低浓度处化合物浓度，在 DGT 技术中表示吸附膜和扩散膜界面处化合物浓度；Δg 为高浓度和低浓度之间的直线距离，在 DGT 技术中表示由扩散膜和滤膜共同组成的扩散层的厚度；δ 为扩散边界层（diffusion boundary layer，DBL）的厚度。另外，根扩散通量定义，可得式（3-3）：

$$F = \frac{M}{At} \tag{3-3}$$

式中，F 为扩散通量；M 为扩散物质的质量（mass），在 DGT 技术中表示吸附胶上固定的化合物质量；A 为垂直扩散方向的截面积（area），在 DGT 技术中表示盖子上窗口面积；t 为扩散时间（time）。结合式（3-2）和式（3-3），可以得到式（3-4）：

$$C_{\mathrm{b}} - C_{\mathrm{b}}' = \frac{M\left(\Delta g + \delta\right)}{DAt} \tag{3-4}$$

在快速流动的水体中，DBL 远小于扩散层的厚度（～1mm），对实验结果的影响很小，可以忽略。此外，合格的吸附膜能够快速结合并固定住目标物质，使其失去自由移动的能力，待测物在吸附膜和扩散膜界面处的浓度可以认为是 0（即 $\delta = 0$）。因而，我们可以得到用于计算水体污染物浓度的公式（3-5）：

$$C_{\mathrm{b}} = \frac{M\Delta g}{DAt} \tag{3-5}$$

式中，Δg 和 A 与 DGT 装置有关；t 为 DGT 装置的放置时间 ，这三个参数都很容易得到。扩散系数 D 可以通过测量得到，M 洗脱吸附膜上的化合物后，用式（3-6）计算：

$$M = \frac{C_{\mathrm{e}}\left(V_{\mathrm{e}} + V_{\mathrm{g}}\right)}{f_{\mathrm{e}}} \tag{3-6}$$

式中，C_{e} 为洗脱液中待测物的浓度；V_{e} 和 V_{g} 分别为洗脱液和吸附膜的体积；f_{e} 为洗脱效率。若洗脱液的体积远远大于吸附膜的体积（即 $V_{\mathrm{e}} \gg V_{\mathrm{g}}$），有时为了计算方便，$V_{\mathrm{g}}$ 也可以忽略不计。

相比于其他被动采样技术，DGT 技术的优点在于有一层相对较厚（相对于 DBL）的扩散层，这可以控制采样速率，使得 DBL 的影响相对减小，从而能够更准确地测得环境浓度。另外，DGT 的关键参数扩散系数（D_t）是一个目标物特有的参数，可以在实验室条件下单独测定得到，该参数受实际环境条件影响很小，故可以直接应用于实际采样过程中的计算，无须额外校正。因为 D_{25} 一般是在实验室室温下（25℃）进行测定的，因此只需要在实际测定的时候记录环境温度，并使用式（3-7）对 D_t 进行校正即可。

$$\lg D_t = \frac{1.37023\left(t - 25\right) + 8.36 \times 10^{-4}\left(t - 25\right)^2}{109 + t} + \lg\frac{D_{25}\left(273 + t\right)}{298} \tag{3-7}$$

3.2.2 水中氮磷的 DGT 检测装置的研制

1. DGT 测定水中氮的装置

1）扩散膜和吸附膜的制备

测定水中氨氮的 PrCH-DGT 扩散膜的制备：称取 0.45g 琼脂糖于 50mL 锥形瓶中，加入 30mL 高纯度 Milli-Q（MQ）水，加热至溶液为透明状态，立即将热的琼脂糖溶液注入事先预热的两片玻璃板夹层中，放置在水平桌面上，让其在室温下自然冷却凝胶（约 1h），之后撬开玻璃板，用模具将凝胶切割成直径为 2.51cm 的圆片，存放在 0.01mol/L 的 NaCl 溶液中，保存在 4℃冰箱中备用。其中，玻璃板处理流程如下：将玻璃板用自来水清洗干净后，置于 1%离子清洗剂中浸泡 8h 以上；取出玻璃板用 MQ 水冲洗干净后，置于 1 号酸缸（10%硝酸溶液）中浸泡8h以上；取出玻璃板，用MQ水冲洗干净后，将玻璃板置于2号酸缸（10%硝酸溶液）中浸泡8h以上。之后便可以取出玻璃板，用MQ水冲洗干净后放置于烘箱中烘干（一般为60～80℃），将0.75mm的特氟龙垫片置于两块玻璃板中间，用夹子夹紧后置于烘箱中备用，其中特氟龙垫片的处理流程与玻璃板一样。

吸附膜制备：称取0.2gPrCH树脂粉末于塑料管中，加入3mL制胶溶液，将塑料管置于超声机中8～10min，使悬浊液充分混匀后缓慢注入夹有0.25mm厚的"U"形PFTE垫片的两块玻璃板之间，赶出玻璃板间气泡，将玻璃板水平放置于42～46℃烘箱中静置40min，待溶液凝胶成膜后取出，在超纯水中浸泡24h，其间换水3～5次。将SBA吸附胶切成直径为2.51cm的圆片，置于4℃、0.01mol/L $NaNO_3$中保存。

测定水中硝酸盐氮的A520-DGT扩散膜的制备：首先将交联剂（cross-linker）、超纯水和40%的丙烯酰胺溶液按体积比6∶19∶15混合，轻轻摇匀，配成含有15%丙烯酰胺、0.3%cross-linker的制胶溶液；取10mL制胶溶液，加入70μL新鲜配制的质量分数为10%的过硫酸铵（APS）溶液和25μL四甲基二乙胺（TEMED）溶液，摇匀后注入夹有0.5mm厚的"U"形PFTE垫片的两块玻璃板之间，赶出玻璃板间气泡，将玻璃板水平放置于42～46℃烘箱中静置1h，待玻璃板中溶液凝胶成膜，取出后将其浸泡在超纯水中，换水3～5次，24h后将充分溶胀后的扩散膜切成直径为2.51cm的圆片，转移至0.01mol/L $NaNO_3$中，4℃冰箱保存。

吸附膜的制备：同氨氮的吸附膜的制备，但将PrCH树脂换成A520树脂。

2）洗脱效率、扩散系数

PrCH-DGT及A520-DGT的扩散系数和洗脱效率如表3-3所示。

表3-3 扩散系数和洗脱效率

	扩散系数/（10^{-6} cm^2/s）	洗脱效率/%
PrCH-DGT	17.1	87.2
A520-DGT	14.2	82.7

2. DGT测定水中磷的装置

1）扩散膜和吸附膜的制备

扩散膜的制备：首先将cross-linker、超纯水和40%的丙烯酰胺溶液按体积比6∶19∶15混合，轻轻摇匀，配成含有15%丙烯酰胺、0.3%cross-linker的制胶溶液；取10mL制胶溶液，加入70μL新鲜配制的质量分数为10%的过硫酸铵（APS）溶液和25μL四甲基二乙胺（TEMED）溶液，摇匀后注入夹有0.5mm厚的"U"形PFTE垫片的两块玻璃板之间，赶出玻璃板间气泡，将玻璃板水平放置于42～46℃烘箱中静置1h，待玻璃板中溶液凝胶成膜，取出后将其浸泡在超纯水中，换水3～5次，24h后将充分溶胀后的扩散膜切成直径为2.51cm的圆片，转移至0.01mol/L $NaNO_3$中，4℃冰箱保存。

吸附膜的制备：参考上述氮检测装置中的吸附膜制备方法，但要使用氧化铁粉末作为吸附材料。

2）洗脱效率、扩散系数

五价磷的扩散系数和洗脱效率如表 3-4 所示。

表 3-4　扩散系数和洗脱效率

	扩散系数/（10^{-6} cm^2/s）	洗脱效率/%
五价磷	5.2	100

3.2.3　DGT 测定水环境中氨氮和硝酸盐氮的性能验证

采用 DGT 技术测得的浓度（C_{DGT}）与溶液浓度（C_{SOLN}）的比值（$R=C_{DGT}/C_{SOLN}$）判断 DGT 的准确性。R 值越接近 1.0 表示 DGT 性能越好，由于存在一定的操作以及测量误差，一般认为 R 值在 0.9～1.1 是可以接受的。

表 3-5 和表 3-6 是 PrCH-DGT 和 A520-DGT 在不同 pH 浓度下的表征结果。

表 3-5　PrCH-DGT 在不同 pH 浓度下的表征结果

pH	C_{DGT}/C_{SOLN}
3.57	1.02
5.04	0.95
7.15	0.99
8.53	1.06

表 3-6　A520-DGT 在不同 pH 浓度下的表征结果

pH	C_{DGT}/C_{SOLN}
3	0.87
5	1.13
7	0.97
8	0.79

结果表明，在不同的 pH 下，两种 DGT 均能良好工作。

表 3-7 和表 3-8 是 PrCH-DGT 和 A520-DGT 在不同离子强度下的表征结果。

表 3-7　PrCH-DGT 在不同离子强度下的表征结果

离子强度/（mmol/L）	C_{DGT}/C_{SOLN}
0.1	1.05
1	0.99
10	0.98

表 3-8　A520-DGT 在不同离子强度下的表征结果

离子强度/（mmol/L）	C_{DGT}/C_{SOLN}
0	0.96
0.3	1.08
3	1.11
9	0.82

结果表明，在不同的离子强度下，两种 DGT 均能良好工作。

3.3　城市黑臭水体遥感识别技术

3.3.1　生物光学特征

1. 城市黑臭水体水质参数特征

黑臭水体与一般水体这两种类型水体的水质参数主要包括总悬浮物（TSM）、有机悬浮物（OSM）、无机悬浮物（ISM）、透明度（SD）、叶绿素（Chl-a）、可溶性有机碳（DOC）6 种对光学特性有影响的水质参数，以及溶解氧（DO）、氧化还原电位（ORP）、总磷（TP）、总氮（TN）、氨氮（NH_3-N）、硫化物（sulfide）6 种生物化学参数。

黑臭水体的总氮浓度在 0.54～41.25mg/L，而一般水体的总氮浓度在 0.47～21.76mg/L。黑臭水体的总氮浓度均值（12.14±9.47）mg/L 比一般水体（7.13±5.34）mg/L 高约 70%。

黑臭水体的总磷浓度在 0.03～3.44mg/L，而一般水体的总磷浓度在 0.04～15.70mg/L。黑臭水体的总磷浓度均值（1.19±0.94）mg/L 与一般水体（1.26±3.09）mg/L 的差异较小。

硫化物可以表征水体中铁、锰硫化物的含量。结果显示，水体黑臭程度越高，硫化物浓度越高。黑臭水体的硫化物浓度在 0.19～8.13mg/L，而一般水体的硫化物浓度在 0.05～1.05mg/L。黑臭水体的硫化物浓度均值（1.61±2.21）mg/L 是一般水体（0.41±0.22）mg/L 的 4 倍左右。这表明黑臭水体的硫化物浓度与一般水体的差异非常明显。

黑臭水体与一般水体的 Chl-a 浓度变化范围都较大，分别为 1.75～346.63μg/L 和 0.26～373.43μg/L，黑臭水体的 Chl-a 均值（76.53±84.75）μg/L 与一般水体的均值（80.51±84.95）μg/L 相差不大。

黑臭水体中的可溶性有机碳浓度均值为（7.93±4.64）mg/L，是一般水体均值（5.26±1.94）mg/L 的 1.5 倍，这表明水体中含有更高的生物降解的碎屑物质，推测产生的原因是城市水体中的富营养化现象会导致浮游植物的大量繁殖，在水生植物的降解过程中会消耗大量的氧气，使水体表层处于厌氧状态，同时释放大量的可溶性有机碳。

水体悬浮物是悬浮在水中的固体微粒，是最重要的水质参数之一。黑臭水体和一般水体的总悬浮物浓度差异稍大，范围分别为 5.52～187.37mg/L 和 7.89～128.09mg/L，平均值分别为（41.38±46.84）mg/L、（36.43±27.39）mg/L。黑臭水体中的无机悬浮物浓度稍高，占到总悬浮物浓度的 67.00%，而一般水体的仅为 54.93%。

2. 城市黑臭水体表观光学特征

为了判别城市黑臭水体的光谱特征，将所采集的黑臭水体、一般水体的光谱数据进行对比，分析黑臭水体和不同类型水体的光谱差异。图 3-5（a）和图 3-5（b）分别为黑臭水体、一般水体的光谱曲线，图 3-5（c）是两类水体的光谱曲线均值。

如图 3-6 所示，城市黑臭水体的遥感反射率的数值和光谱斜率与一般水体有明显的区别。城市黑臭水体在 400～900nm 波段遥感反射率值整体低于 0.025sr^{-1}，其平均值在各类水体最小。在 400～550nm 波段，黑臭水体遥感反射率随波长增加上升缓慢，一般水体的光谱曲线在该波段范围斜率较大。在 550～580nm 波段，一般水体的遥感反射率出现较明显峰值，而黑臭水体的波峰宽度大于一般水体，且峰值较低，形状较为平缓（Yao et al.，2019）。

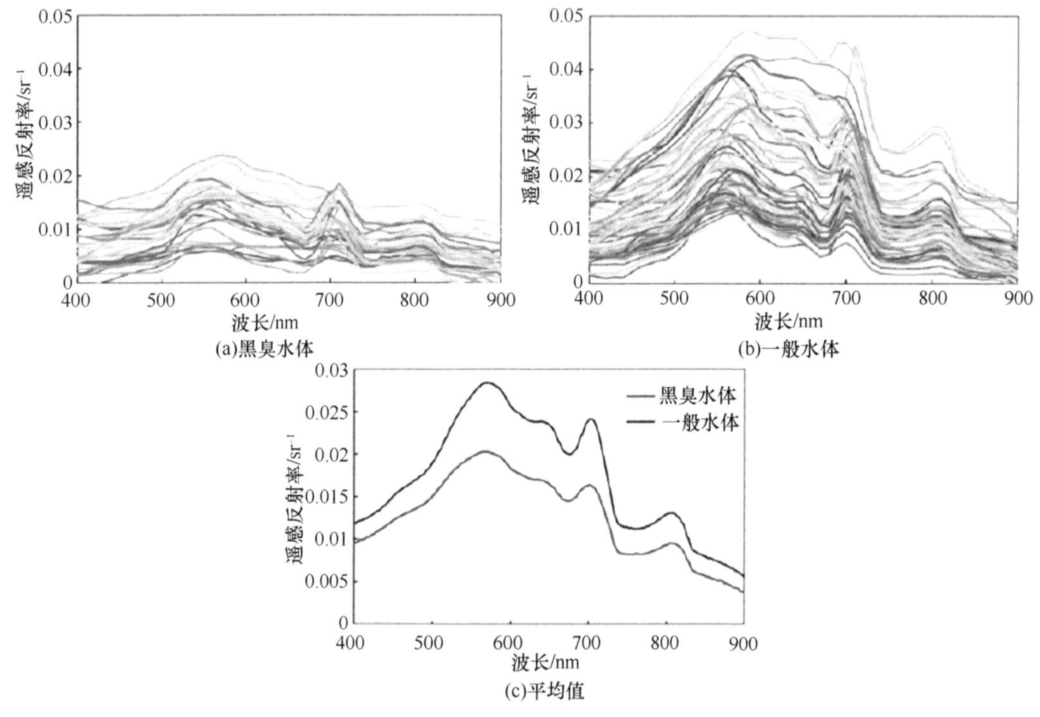

图 3-5 不同水体的光谱曲线

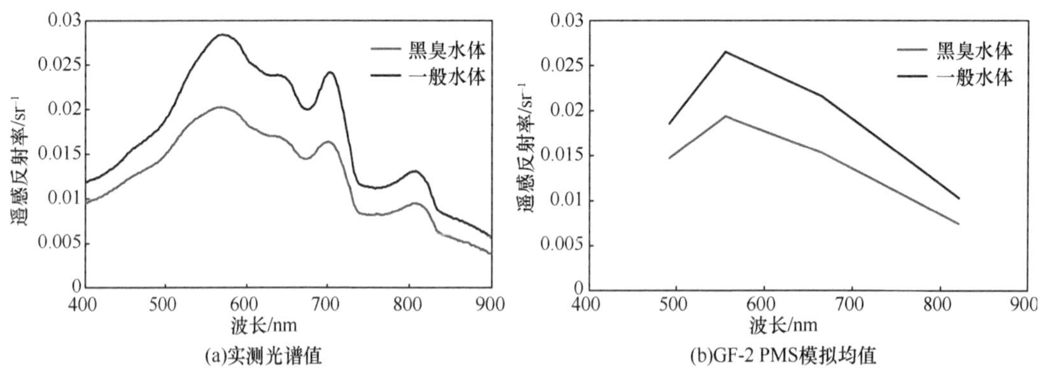

图 3-6 黑臭水体与一般水体的实测与模拟遥感反射率

总体而言，城市黑臭水体遥感反射率较低，在 550～700nm 波段整体走势很平缓，虽然有波动变化，但是峰谷不突出，可以利用 567nm、630nm、676nm、695nm 等特征波段组合，对城市黑臭水体与一般水体进行区分。黑臭水体与一般水体的光谱所表现出的这种差异特征可以作为遥感识别的重要依据（Shen et al.，2017；温爽等，2018）。

3.3.2 遥感识别方法

大量野外试验调查以及高分辨率遥感影像为城市黑臭水体的识别奠定数据基础。通过对黑臭水体光谱特征和固有光学特性的分析，根据城市黑臭水体和正常水体的光谱差异性，选择特征波段及组合构建遥感识别算法，主要分为以下两类：基于经验算法的识别算法和基于人工智能方法的识别算法。

1. 基于经验算法的黑臭水体遥感识别

通过对黑臭水体光谱特征的分析，根据城市黑臭水体和正常水体的光谱差异性，选择特征波段及组合构建遥感识别算法。

城市黑臭水体在400～900nm波段遥感反射率值整体低于0.025sr^{-1}，其平均值最小，和正常水体平均遥感反射率相差较大。在400～550nm波段，黑臭水体遥感反射率随波长增加上升缓慢，其他水体的光谱曲线在该波段范围斜率较大；在550～580nm波段，黑臭水体遥感反射率出现峰值，波峰宽度大于其他类型水体，但值最低，形状最为平缓；黑臭水体由于水体溶解氧含量低，导致水体藻含量少，在620nm没有明显吸收谷，在700nm附近没有明显的反射峰。

1）基于单波段的识别算法

城市黑臭水体遥感反射率整体低于正常水体，利用卫星绿波段对应水体在550～580nm反射峰的特点，应用这一波段遥感反射率值提取城市黑臭水体，算法如式（3-8）所示：

$$0 \leqslant \mathrm{Rrs}(\mathrm{Green}) \leqslant T \tag{3-8}$$

式中，Rrs（Green）为影像绿波段大气校正后遥感反射率值；T为常数。

基于单波段法的阈值选取如式（3-9）所示：

$$\text{水体类别}\begin{cases}\text{黑臭水体}\,\mathrm{Rrs}(\mathrm{Green}) \leqslant T \\ \text{一般水体}\,\mathrm{Rrs}(\mathrm{Green}) > T\end{cases} \tag{3-9}$$

利用实测数据对算法阈值进行选取，结果如图3-7所示。

其中，基于单波段法的阈值选取如式（3-10）所示：

$$\text{水体类别}\begin{cases}\text{黑臭水体}\,T \leqslant 0.019\mathrm{sr}^{-1} \\ \text{非黑臭水体}\,T > 0.019\mathrm{sr}^{-1}\end{cases} \tag{3-10}$$

式中，T的取值范围在0～0.1；0.019为模型建议的阈值。

2）归一化黑臭水体指数（NDBWI）

城市黑臭水体在550～700nm光谱范围内变化平缓，没有明显的峰谷。因此，影像对应该光谱范围的绿、红波段，中心波长能够很好地体现出城市黑臭水体的光谱特征。城市正常水体在该波段范围光谱斜率同样较低，但是其具有较高的遥感反射率值。因此，选择两个波段组合的遥感反射率差、和的比值来识别城市黑臭水体，算法如式（3-11）所示：

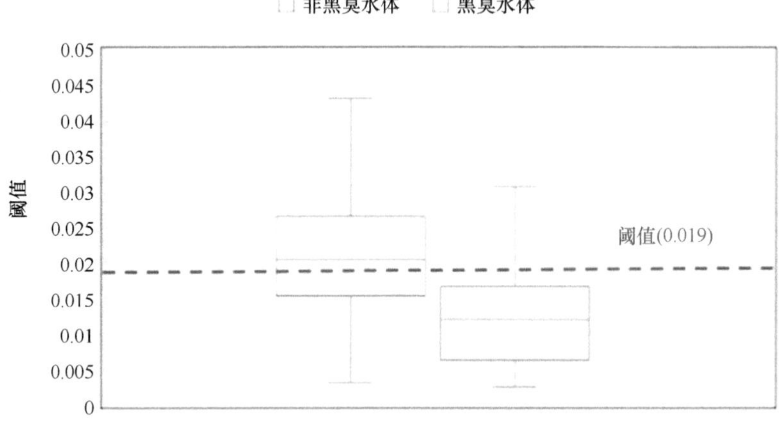

图 3-7　单波段模型阈值箱形图

$$\mathrm{NDBWI}=\frac{\mathrm{Rrs}(\mathrm{Green})-\mathrm{Rrs}(\mathrm{Red})}{\mathrm{Rrs}(\mathrm{Green})+\mathrm{Rrs}(\mathrm{Red})} \tag{3-11}$$

式中，Rrs（Green）和 Rrs（Red）分别为影像绿、红波段大气校正后遥感反射率值；T_1、T_2 为常数。

基于 NDBWI 方法的阈值选取如式（3-12）所示：

$$\text{水体类别}\begin{cases}\text{黑臭水体}\,T_1 \leqslant \mathrm{NDBWI} \leqslant T_2 \\ \text{一般水体}\,\mathrm{NDBWI}\langle T_1\text{或}\,\mathrm{NDBWI}\rangle T_2\end{cases} \tag{3-12}$$

利用实测数据对算法阈值进行选取，结果如图 3-8 所示。

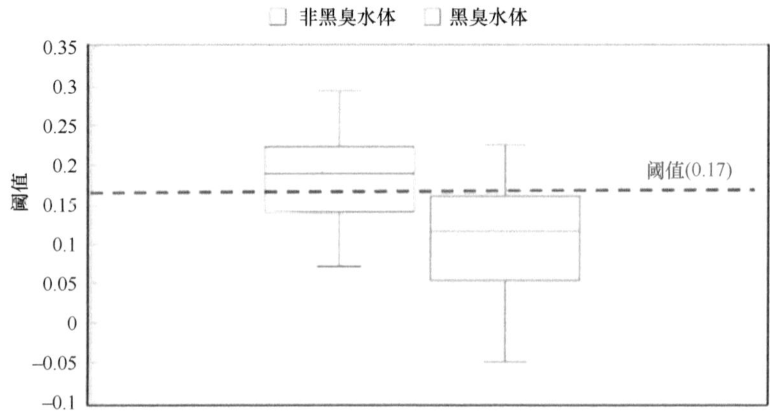

图 3-8　NDBWI 模型阈值箱形图

其中，基于 NDBWI 方法的阈值选取如式（3-13）所示：

$$
\text{水体类别}\begin{cases}\text{黑臭水体 NDBWI} \leqslant 0.17\text{sr}^{-1} \\ \text{非黑臭水体 NDBWI} > 0.17\text{sr}^{-1}\end{cases} \tag{3-13}
$$

式中，NDBWI 的取值范围是 0～1；0.17 为模型建议的阈值。

2. 基于人工智能方法的黑臭水体遥感识别

1）深度学习识别黑臭水体算法原理

大量的城市高空间分辨率遥感数据为城市黑臭水体监测提供了数据保障。在高分辨率的影像上，地物的光谱特征更加丰富。同时，影像中出现了大量细节，地物光谱特征复杂化，同类地物的光谱差异增大，类间的光谱差异减少，同物异谱及同谱异物现象更加普遍。再者，由于水体本身是一个暗物体，其变化信息非常微弱，城市黑臭水体河宽一般比较窄，水面多漂浮树叶、生活垃圾等杂质，并且受到两岸环境（树木、阴影）的影响较大，光谱信息更加微弱，针对以上难点，传统的方法识别精度不高。深度学习具备仿人类神经网络多层抽象能力，有监督深度学习模型通常适用于需要大量标签样本进行训练的任务。城市黑臭水体的识别任务通常需要地面实地采样以及气象、水文站等固定站点提供的数据作为样本标签来源，因此可以提供足够多、真实客观且具有空间代表性的标签样本用于有监督训练。选择基于有监督深度学习方法对城市黑臭水体进行分类识别，能够捕捉数据中的深层联系，有效应对高维、海量数据进行模式识别与分类，从而达到准确判识城市黑臭水体的目的（张兵，2018；Shao et al.，2022）。

深度学习的原理类似于人脑视觉分层处理信息的机理。人脑工作时将接收到的信号经过多个层次的聚集和分解处理，最终识别出物体。深度学习中，输入的图像信息首先经过处理，如提取各个方向的边缘信息，包括外部轮廓和内部的条纹信息。然后，这些边缘信息被进一步抽象，形成图像的高层特征，如外部轮廓形状和内部条纹信息的综合。在这个过程中，像素信息属于低层特征，而提取出的边缘信息则属于更高一层的特征。最终，通过将这些特征组合和综合，形成更高层次的形状信息，最高层能够判断出图像所包含的信息。

深度学习的实质是通过构建具有很多隐层的机器学习模型和海量的训练数据来学习更有用的特征，从而最终提升分类或预测的准确性。因此，“深度模型”是手段，“特征学习”是目的。区别于传统的浅层学习，深度学习的不同在于：①强调了模型结构的深度，通常有 5 层、6 层，甚至十多层的隐层节点；②明确突出了特征学习的重要性，也就是说，通过逐层特征变换，将样本在原空间的特征表示变换到一个新特征空间，从而使分类或预测更加容易。与人工规则构造特征的方法相比，利用大数据来学习特征，更能够刻画数据的丰富内在信息。而由多层非线性映射层组成的深度学习网络拥有强大的函数表达能力，在复杂分类上具有很好的效果和效率。

当前多数分类、回归等学习方法为浅层结构算法，其局限性在于有限样本和计算单元情况下对复杂函数的表示能力有限，针对复杂分类问题其泛化能力受到一定制约。深度学习通过学习深层非线性网络结构，可以实现对复杂函数的逼近，并将输入数据进行分布式表示。它展现了从少数样本集中学习数据集本质特征的强大能力。多层结构的好处在于可以用较少的参数来表示复杂的函数。

首先，定义一个网络模型，初始化所有神经网络的权重和偏置。定义好网络模型以后再定义这个模型的代价函数，代价函数就是我们的预测数据和标签数据的差距，这个差距越小，说明模型训练得越成功。第一次训练的时候会初始化所有神经元的参数。输入所有训练数据以后，通过当前的模型计算出所有的预测值，将预测值与标签数据比较，并判断预测值和实际值的差距大小。其次，不断优化差距，使差距越来越小。神经网络根据导数的原理发明了反向传播和梯度下降算法，通过 N 次训练后，标签数据与预测值之间的差距越来越小，直到趋于一个极值。由此完成所有神经元的权重、偏置等参数的训练。模型的准确率可以利用测试集的测试数据进行验证。

因此，城市黑臭水体遥感识别模型随机森林算法主要采用 Python 自带的 Scikit-learn 机器学习库实现随机森林算法。首先，将实测遥感反射率通过光谱响应函数模拟得到高分影像的 4 个波段，以这 4 个波段的遥感反射率作为输入自变量。其次，确定回归过程中决策树数量为 2500。

2）基于特征波段组合的深度学习算法

基于城市黑臭水体及一般水体野外原位观测光谱数据集以及卫星获取的遥感数据，对城市典型黑臭水体的光学特征进行探究，分析其与正常水体的差异性，展开对其辐射传输机理和光谱差异进行研究分析，选择特征波段组合作为输入数据集。关于深度学习算法流程，首先是预训练阶段，将输入数据集进行预训练，实际上是对神经网络进行权值的初始化，从而避免了随机初始化带来的局部最优解等缺点。微调阶段则是对神经网络层进行训练，并将得到的误差向下传递，对深度学习网络的权值做微调处理，直至误差满足预期时输出模型。最后根据高分卫星数据的波谱和辐射分辨率特征，将处理后的高分卫星影像作为输入，得到基于高分数据的城市黑臭水体识别模型，从而实现对城市黑臭水体的准确识别。

层次的特征构建需要由浅入深，任何一种方法，特征越多，给出的参考信息就越多，准确性会得到提升。但特征多意味着计算复杂，探索的空间大，可以用来训练的数据在每个特征上就会稀疏，会带来各种问题，并不一定特征越多越好。

在之前的研究中发现，城市黑臭水体的遥感反射率的数值和光谱斜率与其他类型水体有很明显的区别。城市黑臭水体遥感反射率最低，在 550～700nm 整体走势很平缓，虽然具有波动变化，但是峰谷不突出。黑臭水体光谱所表现出的这种特征可以作为其遥感识别的重要依据。

基于上述分析，我们首先将实测的光谱数据通过光谱响应函数模拟到卫星的 4 个波段，构建输入参数。初步尝试算法后，又加入了波段差值［Rrs（Green）–Rrs（Blue）］、波段比值［Rrs（Green）–Rrs（Red）/Rrs（Green）+Rrs（Red）］等的黑臭识别指数，模型精度得到明显提升。因此，最后选择的输入层有 6 层，隐含层有 5 层，输出层只有 1 层。整个样本集随机划分为训练集、验证集和测试集，训练集是用来学习的样本集，通过这些向量来确定网络中的各个待定系数。验证集是用来调整分类器的参数的样本集，在训练的过程中，网络模型会立刻在验证集进行验证。我们会同步观察模型在验证集上的表现，包括损失函数值是否下降、准确率是否提高。因此，验证集是防止过拟合的一种手段。测试集是用于在训练后评估模型性能（主要是分类能力）的数据集。在我们的训练过程中，设置了 124 个样本作为训练集、42 个样本作为测试集，以及 42 个样本作为验证集。我们观察到在训练集上，损失函数不断降低，准确率不断提高，这主要是由于训练过程中不断调整，学习到更多更深层的信息。然而，在测试集上，我们发现损失函数在下降到一定程度后开始上升，这标志着过拟合的开始。因此，我们选择在这一点终止了训练。

模型使用 ReLU（修正线性单元）作为网络模型中神经元的激活函数，并采用随机梯度下降的方法进行最优参数训练。训练初期，训练集和测试集的误差都会急速下降，训练后期，测试集误差趋于稳定，约迭代 60 次后，产生过拟合现象，因此我们使用 Early-stopping 来防止测试集的过拟合现象。我们还比较了不同 batch_size 对训练过程的影响，小的处理量可以加快训练速度，经过较少的迭代周期即可达到较低损失值，但是可能会造成训练过程不稳定。实验证明，批处理量的取值为 15 时，既可以满足训练过程的稳定性又可以达到一个理想的训练结果。同时分别分析验证了有无 Dropout 算法优化的网络的预测精度，有无 Dropout，虽然对算法不同的 batch_size 的影响是一样的，但是对于模型的训练过程而言，Dropout 可以用来解决算法的过拟合问题。

不断重复运行模型可以得到最优的参数配置，通过对模型训练的时间、模型的稳定性、模型的精度等指标综合考虑，设置完成基于深度学习的黑臭水体识别模型的各项参数。通过对黑臭水体的实测和预测数据分析，结果表明，输入实测光谱作为敏感因子建立黑臭水体识别模型是可行的，基于深度学习的黑臭水体分类识别模型取得了比较满意的结果。此外，模型训练时间效率较为可观，单条数据的运行时间较长，总体来说，深度学习模型在黑臭水体分类识别中有很好的应用价值。

因此，城市黑臭水体遥感识别算法采用 sklearn 神经网络 MLPClassifier 实现深度学习算法。模型的输入层是模拟到 GF-2 传感器的 B1～B4 波段的遥感反射率，模型的输出层是水体分级标签（1～7），隐藏层在 hidden_layer_sizes 参数中去设置，初始化设置为 10 个隐藏层，每层中有 100 个神经元。我们将数据集按照 7∶3 分成训练集和测试集，通过不断训练迭代进行参数优化，然后通过 predict 函数对训练之后的模型进行新的输入样本分类预测。

3.3.3　精度评价方法

模型的精度验证使用混淆矩阵来表示，混淆矩阵是用来表示精度评价的一种标准格式，其行表示模型识别的结果，列表示实际地物类别，如表 3-9 所示。

这里由混淆矩阵建立了 5 个不同的误差评价的指标，分别为整体正确识别率、黑臭水体错分率、黑臭水体漏分率、黑臭水体制图精度和 Kappa 系数。

表 3-9 黑臭水体识别分类混淆矩阵

	非黑臭水体	黑臭水体
非黑臭水体	a	b
黑臭水体	c	d

1）整体正确识别率

整体正确识别率是指所有分类正确的样点与总样点个数的比值，公式如下：

$$P0=(a+d)/(a+b+c+d) \tag{3-14}$$

2）黑臭水体错分率

黑臭水体错分率是指对于分类模型上的黑臭水体类型，它与参考数据类型不同的概率，即模型中被划为黑臭水体实际上为正常水体的概率，公式如下：

$$P1=c/(c+d) \tag{3-15}$$

3）黑臭水体漏分率

黑臭水体漏分率是指对于参考数据上的黑臭水体类型，被错分为正常水体类型的概率，即实际的黑臭水体有多少被错误地分到正常水体类别中，公式如下：

$$P2=b/(b+d) \tag{3-16}$$

4）黑臭水体制图精度

黑臭水体制图精度是指被正确分类的黑臭水体样本数与实际黑臭水体样本的比值，公式如下：

$$P5=d/(b+d) \tag{3-17}$$

5）Kappa 系数

Kappa 系数是一种衡量分类精度的指标，计算公式如下：

$$P0=(a+d)/(a+b+c+d) \tag{3-18}$$

$$\mathrm{Pe}=\left[(a+b)\cdot(a+c)+(b+d)\cdot(c+d)\right]/(a+b+c+d)^2 \tag{3-19}$$

$$K=(P0-\mathrm{Pe})/(1-\mathrm{Pe}) \tag{3-20}$$

参 考 文 献

杜成功, 李云梅, 王桥, 等. 2016. 面向 GOCI 数据的太湖总磷浓度反演及其日内变化研究. 环境科学, 37(3): 862-872.

郭宇龙, 李云梅, 李渊, 等. 2015. 一种基于 GOCI 数据的叶绿素 a 浓度三波段估算模型. 环境科学, 36(9): 3175-3185.

韩翠敏, 程花, 夏晴晴, 等. 2020. 无人机 RTK 技术在蓝藻水华监测中的应用. 安徽农业科学, 48(2): 225-227.

金相灿. 1995. 中国湖泊环境. 北京: 海洋出版社.

金焰, 张咏, 牛志春, 等. 2010. 环境一号卫星 CCD 数据在太湖蓝藻水华遥感监测中的应用. 环境监测管理与技术, 22(5): 53-56, 66.

雷坤, 郑丙辉, 王桥. 2004. 基于中巴地球资源 1 号卫星的太湖表层水体水质遥感. 环境科学学报, 3: 376-380.

李屹. 2019. 环保物联网技术应用研究综述. 中国电子科学研究院学报, 14(12): 1249-1252.

罗军, 王晓蓉, 张昊, 等. 2011. 梯度扩散薄膜技术(DGT)的理论及其在环境中的应用 I: 工作原理、特性与在土壤中的应用. 农业环境科学学报, 30(2): 205-213.

王学军, 马廷. 2000. 应用遥感技术监测和评价太湖水质状况. 环境科学, 6: 65-68.

闻建光, 肖青, 杨一鹏, 等. 2006. 基于 Hyperion 数据的太湖水体叶绿素 a 浓度遥感估算. 湖泊科学, 4: 327-336.

温爽, 王桥, 李云梅, 等. 2018. 基于高分影像的城市黑臭水体遥感识别: 以南京为例. 环境科学, 39(1): 57-67.

张兵. 2018. 遥感大数据时代与智能信息提取. 武汉大学学报(信息科学版), 43(12): 1861-1871.

Shao H, Ding F, Yang J, et al. 2022. Model of extracting remotely-sensed information of black and odorous water based on deep learning. Journal of Yangtze River Scientific Research Institute, 39(4): 156-162.

Shen Q, Zhu L, Cao H Y. 2017. Remote sensing monitoring and screening for urban black and odorous water body: A review. The Journal of Applied Ecology, 28(10): 3433-3439.

Shi K, Zhang Y, Zhu G, et al. 2015. Long-term remote monitoring of total suspended matter concentration in Lake Taihu using 250 m MODIS-Aqua data. Remote Sensing of Environment, 164: 43-56.

Yao Y, Shen Q, Zhu L, et al. 2019. Remote sensing identification of urban black-odor water bodies in Shenyang city based on GF-2 image. Journal of Remote Sensing, 23(2): 230-242.

第4章　水环境大数据挖掘技术

4.1　存在的问题与需求

4.1.1　存在的问题

数据挖掘是从大量的、不完全的、有噪声的、模糊的、随机的实际数据中提取隐含在其中的、人们所不知道的但又是潜在有用的信息和知识的过程，是从数据库中挖掘知识、获取决策支持关键数据的重要手段（Han et al.，2006）。国内外关于数据挖掘算法研究得相对比较深入，包括关联规则、数据分类、聚类规则等（崔妍和包志强，2016；刘红岩等，2002；Sun et al.，2008）。其中，数据分类技术方面，形成了决策树、神经网络等多种方法（Song and Lu，2015；Deng et al.，2010）。

目前，涉水环境管理业务数据（如水环境监测数据、环境统计数据和废水排放监测数据），以及与之相关联的社会、经济、水文、水资源、气象等数据量持续不断增大，但是由于涉水管理部门众多，缺乏统筹协调，以往的信息化建设由各个部门分散独立进行，形成了众多的数据“孤岛”（詹志明和尹文君，2016）。数据资源的深度加工尚不充分，各类数据之间的统计关联、逻辑关联乃至机理性关联关系尚未发掘，在大数据汇集、整合基础上，亟须通过大数据挖掘技术进行经济社会、气象水文、水环境等跨领域的知识发现，为实现智慧流域管理提供技术支撑。

4.1.2　需求分析

围绕水环境管理目标，以水文、水资源、水环境、气象、社会经济等大数据为解析对象，从评估决策和业务管理服务角度归纳分析流域水环境数据挖掘需求，结合水环境管理业务的时间特征和空间特征，确定数据挖掘主题和目标，构建以现状分析、成因分析、溯源分析、潜力评估、异常识别、趋势预警等应用场景为分析对象的数据挖掘业务模型。

结合业务分析模型需求与目标，利用相关分析、回归分析、差异分析、聚类分析、判别分析、时间序列分析等统计分析类方法进行异常识别、规律识别、趋势预测类数据挖掘；利用神经网络、决策树、遗传算法、模糊集、关联规则等分析方法进行知识发现类数据挖掘。利用先验知识或现状数据进行单个挖掘工具组件的检验与验证，遴选适用的工具组件。根据不同的应用场景类别，对选定的挖掘工具组件进行分类整合。

根据流域水环境数据挖掘模型的运行需要，应用组件对象模型技术，将数据挖掘模型中的逻辑实现与数据接口分离，保证在接口标准统一的大数据平台中，实现数据挖掘模型核心算法的动态加载，并且标准化输出数据挖掘结果，实现流域水环境数据挖掘模型的工具化，并按类别进行封装。

4.2　总体框架设计

水环境大数据挖掘工具的总体架构设计构建在水环境复杂的多种数据源下，对于数据使用者来说，每一个环节的不清晰或者一个功能的不友好，都会让数据使用复杂起来，因此需要将上面技术组件无缝衔接起来，让业务流程简便快捷（图 4-1）。

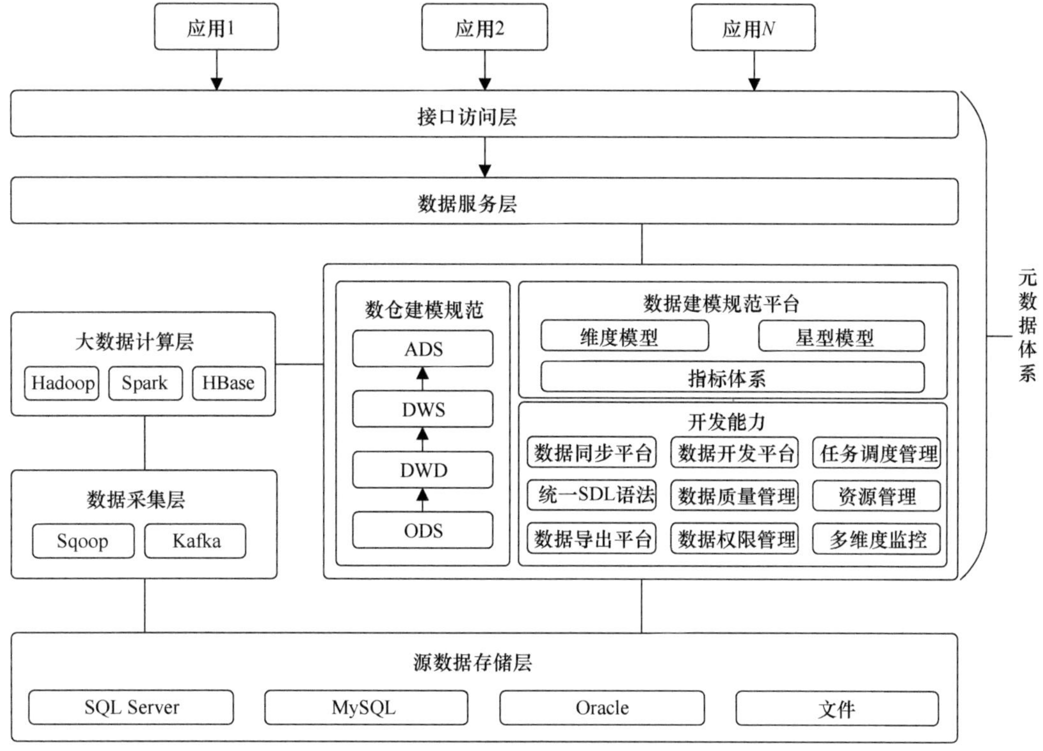

图 4-1　大数据挖掘技术总体框架图

水环境大数据挖掘工具采用多种技术工具来助力数据挖掘工具开发：多种数据源的数据采集技术、元数据体系、指标模型计算技术、数据统一接口访问技术。

4.2.1　元　数　据

元数据打通数据源、数据仓库、数据应用，记录了数据从产生到消费的完整链路。元数据包含静态的表、列、分区信息（也就是 Metastore）。动态的任务、表依赖映射关系，数据仓库的模型定义、数据生命周期，以及 ETL 任务调度信息、输入输出等元数据是数据管理、数据内容、数据应用的基础。

整个大数据体系都是以元数据为基础的，没有一套完整的元数据设计，就会出现上面的数据难以追踪、权限难以把控、资源难以管理、数据难以共享等问题。

4.2.2　数据采集 ETL 技术

ETL 即 extract-transform-load，用来描述将数据从来源端经过抽取（extract）、转换（transform）、加载（load）至目的端的过程。ETL 一词较常用在数据仓库，但其对象并不限于数据仓库。ETL 平台在数据清洗、数据格式转换、数据补全、数据质量管理等方面有重要作用。作为重要的数据清洗中间层，ETL 应支持多种数据源，如消息系统、文件系统等。

4.2.3　指标模型计算技术

根据业务场景和业务规则建立数据模型，对多源数据集采集并转化清洗成符合数据模型标准的输入数据，对模型进行计算训练优化，输出指标计算结果。针对水环境复杂的业务数据，根据数据挖掘目标，对数据挖掘工具建立了 5 类 20 个数据模型指标，包括断面水质评价、水质指数计算、水环境承载力评估、水生态安全评估、语义分析。

4.2.4　数据统一接口技术

大多数数据查询由需求驱动，一个需求开发一个或者几个接口，编写接口文档，开放给业务方调用（图 4-2）。

4.3　面向业务评估的大数据挖掘技术

4.3.1　河流水质评价

1. 计算评价指标浓度超标指数（*R*）

参与评价的指标采用《地表水环境质量标准》（GB 3838—2002）表 1 中除水温、粪大肠菌群以外的 22 项指标，包括：pH、溶解氧、高锰酸盐指数、生化需氧量、氨氮、石油类、挥发酚、汞、铅、总氮（河流断面不参评）、总磷、化学需氧量、铜、锌、氟化物、硒、砷、镉、铬（六价）、氰化物、阴离子表面活性剂和硫化物。

通过评价指标浓度监测值与断面目标对应指标标准浓度限值对比值反映评价指标浓度超标指数（*R*），计算方法见式（4-1）～式（4-5）。采用短板效应将断面评价指标中超标指数值最大的一项作为该断面的超标指数（*R*），对应指标为该断面的首要污染指标。

（1）单项水质指标浓度超标指数（*R*）：

$$R = \frac{C}{S} - 1 \tag{4-1}$$

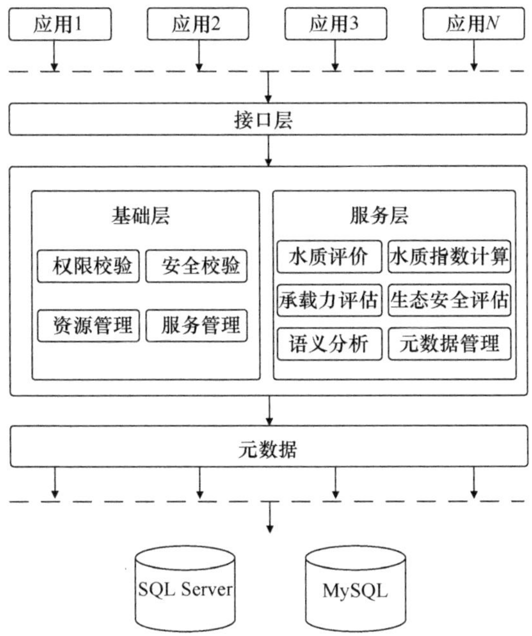

图 4-2　流域水环境大数据挖掘工具接口调用示意图

式中，R 为超标指数；C 为实测浓度值（mg/L）；S 为评价标准限值（mg/L）。

（2）溶解氧的超标指数（R_{DO}）：

当 $C_{DO} \geqslant S_{DO}$ 时，

$$R_{DO} = 1 - \frac{\left|C_{DO,f} - C_{DO}\right|}{C_{DO,f} - S_{DO}} \tag{4-2}$$

当 $C_{DO} < S_{DO}$ 时，

$$R_{DO} = 9\frac{C_{DO}}{S_{DO}} - 9 \tag{4-3}$$

式中，R_{DO} 为溶解氧的超标指数；C_{DO} 为溶解氧的实测浓度值（mg/L）；S_{DO} 为溶解氧的评价标准限值（mg/L）；$C_{DO,f}$ 为饱和溶解氧浓度（mg/L）。

（3）pH 的超标指数（R_{pH}）：

当 pH≤7 时，

$$R_{pH} = \frac{7.0 - C_{pH}}{7.0 - S_{pH_d}} - 1 \tag{4-4}$$

当 pH>7 时，

$$R_{pH} = \frac{C_{pH} - 7.0}{S_{pH_u} - 7.0} - 1 \tag{4-5}$$

式中，R_{pH} 为 pH 的超标指数；C_{pH} 为 pH 的实测值；S_{pH_d} 为评价标准中 pH 的下限值；S_{pH_u} 为评价标准中 pH 的上限值。

2. 超标类型确定

按照 $R>0.2$、$0.2\geqslant R>0$、$0\geqslant R>-0.2$、$R\leqslant-0.2$，将断面（点位）水环境质量评价结果划分为污染指标浓度严重超标、超标、接近超标和未超标。

3. 预警等级确定

为提高地表水环境质量预警以及管理措施制定的精准化程度，在断面超标类型中引入反映水质变化的过程评价，根据首要污染指标浓度的升高和降低，划分预警类型。

严重超标断面、首要污染指标超标指数升高的超标断面均定义为红色预警，首要污染指标超标指数不升高的超标断面定义为橙色预警，首要污染指标超标指数升高的接近超标断面定义为黄色预警，首要污染指标超标指数不升高的接近超标断面定义为蓝色预警，未超标断面定义为无预警。

4.3.2　湖泊水质评价

湖泊水库水质评价算法基于《地表水环境质量标准》（GB 3838—2002），选取表 1 中除水温、粪大肠菌群以外的 22 项作为评价指标，采用单因子评价法，即根据标准限值对 22 项指标逐一评价等级，选取参评的指标中类别最高的一项作为断面的水质等级，实现对地表水湖泊、水库监测断面水质等级的评价，评价结果包括各单项指标水质等级以及断面的水质等级。

4.3.3　湖泊富营养化评价

（1）各项目营养状态指数计算公式如下：

$$\text{TLI(Chl-a)} = 10(2.5 + 1.086\ln \text{Chl-a}) \tag{4-6}$$

$$\text{TLI(TP)} = 10(9.436 + 1.624\ln \text{TP}) \tag{4-7}$$

$$\text{TLI(TN)} = 10(5.453 + 1.694\ln \text{TN}) \tag{4-8}$$

$$\text{TLI(SD)} = 10(5.118 - 1.94\ln \text{SD}) \tag{4-9}$$

$$\text{TLI}(\text{COD}_{\text{Mn}}) = 10(0.109 + 2.661\ln \text{COD}_{\text{Mn}}) \tag{4-10}$$

式中，Chl-a 单位为 mg/m^3；SD 单位为 m；其他指标单位均为 mg/L。

（2）综合营养状态指数计算公式如下：

$$\text{TLI}(\Sigma) = \sum_{j=1}^{m} W_j \cdot \text{TLI}(j) \tag{4-11}$$

式中，$\text{TLI}(\Sigma)$ 为综合营养状态指数；W_j 为第 j 种参数的营养状态指数的相关权重；$\text{TLI}(j)$ 为第 j 种参数的营养状态指数。

以 Chl-a 为基准参数，则第 j 种参数的归一化的相关权重计算公式为

$$W_j = \frac{r_{ij}^2}{\sum_{j=1}^{m} r_{ij}^2} \tag{4-12}$$

式中，r_{ij} 为第 j 种参数与基准参数 Chl-a 的相关系数；m 为评价参数的个数。

4.3.4　地表水饮用水水质评价

饮用水水质评价—地表水评价算法基于《地表水环境质量标准》(GB 3838—2002)，选取其中表 1 基本项目 24 项中除水温、粪大肠菌群以外的 22 项（河流总氮除外），表 2 集中式生活饮用水地表水源地补充项目 5 项，表 3 集中式生活饮用水地表水源地特定 80 项作为评价指标，采用单因子评价法，即根据标准限值对 107 项指标逐一评价等级，选取参评的指标中类别最高的一项作为断面的水质等级，实现地表水河流型和湖库型饮用水源监测断面水质等级评价，评价结果包括各单项指标水质等级以及断面的水质等级。

4.3.5　地下水饮用水水质评价

饮用水水质评价—地下水评价算法基于《地下水质量标准》(GB/T 148480—2017)，选取表 1 常规指标 39 项和表 2 非常规指标 54 项作为评价指标，采用单因子评价法，即根据标准限值对 93 项指标逐一评价等级，选取参评的指标中类别最高的一项作为断面的水质等级，实现地下水型饮用水源监测断面水质等级评价，评价结果包括各单项指标水质等级以及断面的水质等级。

4.3.6　近岸海域水质评价

近岸海域水质评价算法基于《海水水质标准》(GB 3097—1997)，选取表 1 中除水温以外的 38 项作为评价指标，采用单因子评价法，即根据标准限值对 38 项指标逐一评价等级，选取参评的指标中类别最高的一项作为断面的水质等级，实现近岸海域监测断面水质等级评价，评价结果包括各单项指标水质等级以及断面的水质等级。

4.3.7　区域水质评价

1. 区域水质评价

当评价区域内的断面总数少于 5 个时，计算所有断面各评价指标浓度算术平均值，然后进行断面水质评价，并按表 4-1 中断面的水质类别确定区域水质状况。

当评价区域内的断面总数在 5 个（含 5 个）以上时，采用断面水质类别比例法，即根据评价区域内各水质类别的断面数占所有评价断面总数的百分比来评价其水质状况。评价标准如表 4-2 所示。

表 4-1　水质类别

水质类别	水质状况	表征颜色	水质功能类别
Ⅰ～Ⅱ类水质	优	蓝色	饮用水源地一级保护区、珍稀水生生物栖息地、鱼虾类产卵场、仔稚幼鱼的索饵场等
Ⅲ类水质	良好	绿色	饮用水源地二级保护区、鱼虾类越冬场、洄游通道、水产养殖区、游泳区
Ⅳ类水质	轻度污染	黄色	一般工业用水和人体非直接接触的娱乐用水
Ⅴ类水质	中度污染	橙色	农业用水及一般景观用水
劣Ⅴ类水质	重度污染	红色	除调节局部气候外，使用功能较差

表 4-2　水质评价标准

水质类别比例	水质状况	表征颜色
Ⅰ～Ⅲ类水质比例≥90%	优	蓝色
75%≤Ⅰ～Ⅲ类水质比例＜90%	良好	绿色
Ⅰ～Ⅲ类水质比例＜75%，且劣Ⅴ类比例＜20%	轻度污染	黄色
Ⅰ～Ⅲ类水质比例＜75%，且 20%≤劣Ⅴ类比例＜40%	中度污染	橙色
Ⅰ～Ⅲ类水质比例＜60%，且劣Ⅴ类比例≥40%	重度污染	红色

2. 主要污染指标确定

断面主要污染指标确定方法：

断面水质为优或良好时，不评价主要污染指标。

断面水质超过Ⅲ类标准时，先按照不同指标对应水质类别的优劣，选择水质类别最差的前三项指标作为主要污染指标。当不同指标对应的水质类别相同时计算超标倍数，将超标指标按其超标倍数大小排列，取超标倍数最大的前三项为主要污染指标。当氰化物或铅、铬等重金属超标时，优先作为主要污染指标。

确定了主要污染指标的同时，应在指标后标注该指标浓度超过Ⅲ类水质标准的倍数，即超标倍数，如高锰酸盐指数（1.2）。对于水温、pH 和溶解氧等项目不计算超标倍数。

$$\text{超标倍数}=\frac{\text{某指标的浓度值}-\text{该指标的Ⅲ类水质标准}}{\text{该指标的Ⅲ类水质标准}} \tag{4-13}$$

区域主要污染指标确定方法如下：

将水质超过Ⅲ类标准的指标按其断面超标率大小排列，一般取断面超标率最大的前三项为主要污染指标。对于断面数少于 5 个的河流、流域（水系），按上述断面主要污染指标的确定方法确定每个断面的主要污染指标。

$$\text{断面超标率}=\frac{\text{某评价指标超过 Ⅲ 类标准的断面(点位)个数}}{\text{断面(点位)总数}}\times 100\% \tag{4-14}$$

4.3.8　水质指数计算

1. 单项指标的水质指数

用各单项指标的浓度值除以该指标对应的地表水III类标准限值，计算单项指标的水质指数，如式（4-15）所示：

$$\mathrm{CWQI}(i)=\frac{C(i)}{C_{\mathrm{s}}(i)} \tag{4-15}$$

式中，$C(i)$为第 i 个水质指标的浓度值；$C_{\mathrm{s}}(i)$为第 i 个水质指标地表水III类标准限值；$\mathrm{CWQI}(i)$为第 i 个水质指标的水质指数。

此外，溶解氧的计算方法如式（4-16）所示：

$$\mathrm{CWQI}(\mathrm{DO})=\frac{C_{\mathrm{s}}(\mathrm{DO})}{C(\mathrm{DO})} \tag{4-16}$$

式中，$C(\mathrm{DO})$为溶解氧的浓度值；$C_{\mathrm{s}}(\mathrm{DO})$为溶解氧的地表水III类标准限值；$\mathrm{CWQI}(\mathrm{DO})$为溶解氧的水质指数。

如果 pH≤7 时，计算公式为

$$\mathrm{CWQI}(\mathrm{pH})=\frac{7.0-\mathrm{pH}}{7.0-\mathrm{pH}_{\mathrm{s_d}}} \tag{4-17}$$

如果 pH>7 时，计算公式为

$$\mathrm{CWQI}(\mathrm{pH})=\frac{\mathrm{pH}-7.0}{\mathrm{pH}_{\mathrm{s_u}}-7.0} \tag{4-18}$$

式中，$\mathrm{pH}_{\mathrm{s_d}}$为《地表水环境质量标准》（GB 3838—2002）pH 的下限值；$\mathrm{pH}_{\mathrm{s_u}}$为《地表水环境质量标准》（GB 3838—2002）中 pH 的上限值；$\mathrm{CWQI}(\mathrm{pH})$为 pH 的水质指数。

2. 断面水质指数

根据各单项指标 CWQI，取其加值即断面的 CWQI，计算公式如式（4-19）所示：

$$\mathrm{CWQI}_{\text{断面}}=\sum_{i=1}^{n}\mathrm{CWQI}(i) \tag{4-19}$$

4.3.9　水质综合污染指数

水质综合污染指数算法基于《城市地表水环境质量排名技术规定（试行）》中单项指标水质指数评价方法，采用《地表水环境质量标准》（GB 3838—2002）表 1 中除水温、粪大肠菌群和总氮以外的 21 项指标，计算各单项指标水质指数后求和作为地表水监测断面水质指数，评价结果包括各单项指标水质指数和断面水质指数。

4.3.10　城市水水质指数计算

1. 河流的水质指数

先计算出所有河流监测断面各单项指标浓度的算术平均值，据各单项指标的CWQI，取其加和值即河流的CWQI，计算公式如式（4-20）所示：

$$\mathrm{CWQI}_{河流}=\sum_{i=1}^{n}\mathrm{CWQI}(i) \tag{4-20}$$

式中，$\mathrm{CWQI}_{河流}$为河流的水质指数；$\mathrm{CWQI}(i)$为第i个水质指标的水质指数；n为水质指标个数。

2. 湖库的水质指数

湖库的水质指数计算方法与河流一致，先计算出所有湖库监测点位各单项指标浓度的算术平均值，再计算出单项指标的水质指数，最后综合计算出湖库的水质指数。另外，在计算单项指标的水质指数时，湖库总磷的III类标准限值与河流的不同，为0.05mg/L。

3. 城市的水质指数

根据城市辖区内河流和湖库的CWQI，取其加权均值即该城市的$\mathrm{CWQI}_{城市}$，计算公式如式（4-21）所示：

$$\mathrm{CWQI}_{城市}=\frac{\mathrm{CWQI}_{河流}\times M+\mathrm{CWQI}_{湖库}\times N}{M+N} \tag{4-21}$$

式中，$\mathrm{CWQI}_{城市}$为城市的水质指数；$\mathrm{CWQI}_{河流}$为河流的水质指数；$\mathrm{CWQI}_{湖库}$为湖库的水质指数；M为城市的河流断面数；N为城市的湖库点位数。

4.3.11　长江经济带区域综合超标指数计算

区域水污染浓度超标指数计算公式如下：

$$R_{水jk}=\max\left(R_{水ijk}\right) \tag{4-22}$$

$$R_{水j}=\frac{\sum_{k=1}^{N_j}R_{水jk}}{N_j} \tag{4-23}$$

式中，$R_{水jk}$为区域j第k个断面的水污染物浓度超标指数；$R_{水j}$为区域j的水污染物浓度超标指数。

根据污染物浓度综合超标指数数值，将评价结果按以下区间划分为三种类型：当$R>0$时，环境处于超载状态；当R为−0.2～0时，环境处于临界超载状态；当$R<-0.2$时，环境处于不超载状态。污染物浓度超标指数越小，表明区域环境系统对社会经济系

统的支撑能力越强。

4.3.12　长江经济带区域水环境承载力评估

水环境质量评价指数（R）计算过程分为三步：①分别计算国控断面 COD_{Cr}、BOD_5、氨氮、TP、TN（河流不计算 TN 指标）和 COD_{Mn} 这 6 项污染物的容纳指数；容纳指数为污染物现状值与地表水III类水标准限值比值，即 $\frac{C_{ij}}{S_i}$。②计算该国控断面各污染物最大容纳指数，即 $\max\limits_i\left(\frac{C_{ij}}{S_i}\right)$。③计算待评估区域所有国控断面污染物最大容纳指数的算术平均值。综合计算公式如下：

$$R=\frac{\sum\limits_{j=1}^{N}\left[\max\limits_i\left(\frac{C_{ij}}{S_i}\right)\right]}{N} \tag{4-24}$$

式中，C_{ij} 为国控断面 j 污染物 i 的年均浓度监测值（mg/L）；S_i 为地表水III类水中污染物 i 的标准限值（mg/L）；i=1，2，…，6 分别对应 COD_{Cr}、BOD_5、氨氮、TP、TN 和 COD_{Mn}；j=1，2，…，N，N 为国控断面数。

根据评估区域水环境质量评价指数大小，将评价结果划分为水环境超载、临界超载和不超载三种类型。通常当水环境质量评价指数 $R\leqslant 0.7$ 时，说明水环境“不超载”；当 $0.7<R\leqslant 1.0$ 时，说明水环境达到最大承载能力，为临界超载；当 $R>1.0$ 时，说明水环境“超载”。

4.3.13　生态环境压力评估

根据评估指标原始数据和赋分标准，确定评估指标类型，运用公式计算得到评估指标的分值。评估指标分值均在 0～100。

评估指标类型分为 3 种，其分值的计算方法如下。

（1）对于评价值是固定值的指标，赋值时直接取该级别的中值：

$$V_i=\frac{1}{2}\left(V_{il}+V_{ih}\right) \tag{4-25}$$

（2）对于越大越好型指标，赋值时考虑以下两个指标。

分段指标：

$$V_i=V_{il}+\frac{V_{ih}-V_{il}}{I_{ih}-I_{il}}\times\left(I_i-I_{il}\right),\quad I_i\in\left(I_{il},I_{ih}\right] \tag{4-26}$$

无上限指标：

$$V_i=80+\frac{\left(I_i-I_{il}\right)}{I_{il}}\times 10,\quad I_i\in\left[I_{il},+\infty\right) \tag{4-27}$$

当 $V_i>100$ 时，取 100 作为 V_i 值。

（3）对于越小越好型指标，赋值时考虑以下两个指标。

分段指标：

$$V_i = V_{il} + \frac{V_{ih} - V_{il}}{I_{ih} - I_{il}} \times \left(I_{ih} - I_i\right), \quad I_i \in \left(I_{il}, I_{ih}\right] \tag{4-28}$$

无上限指标：

$$V_i = 20 - \frac{\left(I_i - I_{il}\right)}{I_{il}} \times 10 \quad , \quad I_i \in \left[I_{il}, +\infty\right) \tag{4-29}$$

当 $V_i<0$ 时，取 0 作为 V_i 值。

式中，V_i 为评估指标 i 的分值；V_{il} 为评估指标 i 所在类别标准下限分值；V_{ih} 为评估指标 i 所在类别标准上限分值；I_i 为评估指标 i 原始数据；I_{il} 为原始数据 I_i 所在分级的下限；I_{ih} 为原始数据 I_i 所在分级的上限。

根据单个评估指标分值，使用加权求和法分别计算得到人口压力、土地利用、城镇污染排放、农村面源排放、水资源利用、流域外部压力 6 个分项指数的分值。

$$E_j = \sum_1^n w_{ji} \times V_{ji} \tag{4-30}$$

式中，E_j 为第 j 个分项指标的分值；w_{ji} 为第 j 个分项指标中第 i 个评估指标的权重；V_{ji} 为第 j 个分项指标中第 i 个评估指标的分值；n 为第 j 个分项指标中评估指标的个数。

根据各分项指标分值，使用加权求和法计算得到生态环境压力专项指标的分值。根据所得分值对生态环境压力专项指标进行等级归类，得到流域人类活动对江河生态环境压力的综合评估结果。

$$C = \sum_1^n w_j \times E_j \tag{4-31}$$

式中，C 为专项指标的分值；w_j 为第 j 个分项指标的权重；E_j 为第 j 个分项指标的分值；n 为分项指标的个数。

流域人类活动对江河生态环境的压力分为五级：轻微、较轻、一般、较重和严重（表 4-3）。

表 4-3　流域人类活动对江河生态环境的压力等级说明

等级	表征状态	指标特征	分值
一级	轻微	社会经济压力很小，对江河生态环境影响轻微	(80，100]
二级	较轻	存在一定的社会经济压力，对江河生态环境影响较轻	(60，80]
三级	一般	社会经济压力较大，对江河生态环境影响明显	(40，60]
四级	较重	社会经济压力大，对江河生态环境影响较重	(20，40]
五级	严重	社会经济压力很大，对江河生态环境影响严重	[0，20]

4.3.14　生态系统健康评估

1. 评估指标分值计算

1）水质综合状况 B1

水质综合得分 B1-1：

$$\text{B1-1}=\sum_{1}^{\text{所有水质等级}n}\frac{\text{第}n\text{类水质等级的断面数量}}{\text{所有监测断面数量}}\times\text{第}n\text{类水质等级权重} \tag{4-32}$$

2）物理栖息地综合状况 B2

年生态基流满足率 B2-1：

4～9 月

$$\text{B2-1}=\frac{\text{基准年月(丰水期)实际流量}}{\text{最小生态基流量}}\times 100\% \tag{4-33}$$

10 月到次年 3 月

$$\text{B2-1}=\frac{\text{基准年月(枯水期)实际流量}}{\text{最小生态基流量}}\times 100\% \tag{4-34}$$

连通性 B2-2：

$$\text{B2-2}=\frac{\text{闸坝个数}}{\text{河段长度}} \tag{4-35}$$

自然岸线比例 B2-3：

$$\text{B2-3}=\frac{\text{自然岸线长度}}{\text{河流总长度}\times 2}\times 100\% \tag{4-36}$$

河岸带植被覆盖度 B2-4：

$$\text{B2-4}=\frac{\text{河岸带植被面积}}{\text{河岸带总面积}}\times 100\% \tag{4-37}$$

湿地面积占总面积比例 B2-5：专家打分。

3）水生生物综合状况 B3

藻类完整性 B3-1：

$$\text{B3-1}=\frac{\text{固着藻类密度BI值}+\text{总分类单元数BI值}+\text{BP指数BI值}}{3} \tag{4-38}$$

大型底栖动物完整性 B3-2：

$$\text{B3-2}=\frac{\text{总分类单元数BI值}+\text{BMWP指数BI值}+\text{BP指数BI值}}{3} \tag{4-39}$$

鱼类完整性 B3-3：

$$\text{B3-3}=\frac{\text{物种数BI值}+\text{耐污类群相对丰度BI值}+\text{BP指数BI值}}{3} \tag{4-40}$$

水生植物完整性 B3-4：

$$B3\text{-}4=\frac{\text{本地物种分类单元数百分比BI值}+\text{外来入侵物种入侵指数BI值}}{2} \quad (4\text{-}41)$$

各项指标计算完成后根据赋分标准，确定评估指标类型，运用公式计算得到评估指标的分值。评估指标分值均在 0～100。评估指标类型分为 3 种，其分值计算方法如下：

$$V_i=\frac{1}{2}\left(V_{il}+V_{ih}\right) \quad (4\text{-}42)$$

评价值的固定值的指标如下。

越大越好型指标为

（1）分段指标：

$$V_i=V_{il}+\frac{V_{ih}-V_{il}}{I_{ih}-I_{il}}\times\left(I_i-I_{il}\right),\quad I_i\in\left(I_{il},I_{ih}\right] \quad (4\text{-}43)$$

（2）无上限指标：

$$V_i=80+\frac{\left(I_i-I_{il}\right)}{I_{il}}\times 10,\quad I_i\in\left(I_{il},+\infty\right) \quad (4\text{-}44)$$

越小越好型指标为

（1）分段指标：

$$V_i=V_{il}+\frac{V_{ih}-V_{il}}{I_{ih}-I_{il}}\times\left(I_{ih}-I_i\right),\quad I_i\in\left(I_{il},I_{ih}\right] \quad (4\text{-}45)$$

（2）无上限指标：

$$V_i=20-\frac{\left(I_i-I_{il}\right)}{I_{il}}\times 10,\quad I_i\in\left(I_{il},+\infty\right) \quad (4\text{-}46)$$

式中，V_i 为评估指标 i 的分值；V_{il} 为评估指标 i 所在类别标准下限分值；V_{ih} 为评估指标 i 所在类别标准上限分值；I_i 为评估指标 i 原始数据；I_{il} 为原始数据 I_i 所在分级的下限；I_{ih} 为原始数据 I_i 所在分级的上限。

2. 分项指标分值

根据单个评估指标分值，使用加权求和法计算得到人口压力分项指标的分值。

$$E_j=\sum_{1}^{n}w_{ji}\times V_{ji} \quad (4\text{-}47)$$

式中，E_j 为第 j 个分项指标的分值；w_{ji} 为第 j 个分项指标中第 i 个评估指标的权重；V_{ji} 为第 j 个分项指标中第 i 个评估指标的分值；n 为第 j 个分项指标中评估指标的个数。

3. 分项指标等级划分

分项指标等级划分标准如表 4-4 所示。

表 4-4　等级划分

等级	表征状态	指标特征	分值
一级	健康	相对而言没有人类的干扰，所有期望出现的种类，包括耐受性极差的种类都存在，有平衡的营养结构	（80，100］

续表

等级	表征状态	指标特征	分值
二级	亚健康	由于耐受性极差种类的消失，种类丰度、某些种类的数量略低于期望值，营养结构显示出某种压力低	(60，80]
三级	一般	环境恶化的信号增加，包括耐受性差的种类消失，较少的种类和通常的种类数据下降，杂食性物种和耐受性强种类的频度增加使营养结构偏斜，顶级物种可能罕见	(40，60]
四级	较差	少数种类，包括杂食性种类、耐受性强的种类、适应多种栖息地的种类等占据优势，有极少顶级捕食者	(20，40]
五级	极差	除耐受性强的杂食性种类外，其他种类较少	[0，20]

4.3.15　生态服务功能评估

1. 评估指标分值计算

1）饮用水服务功能 C1

集中式饮用水源地水质达标率：

$$\text{C1-1}=\frac{\text{所有断面达标频次之和}}{\text{全年所有断面监测总频次}}\times 100\% \tag{4-48}$$

2）水源涵养功能 C2

水源涵养指数：

$$\text{C2-1}=\text{滩涂湿地和沼泽覆盖率}\times 0.5+\text{林地覆盖率}\times 0.35+\text{草地覆盖率}\times 0.15 \tag{4-49}$$

3）水环境净化功能 C3

径污比：

$$\text{C3-1}=\frac{Q_{\text{径}}}{Q_{\text{入}}} \tag{4-50}$$

式中，$Q_{\text{径}}$ 为河道设计流量，根据 10 年中最枯月径流量确定；$Q_{\text{入}}$ 为污水入河量。

数据来源：相关数据主要来自环保统计数据、水文年鉴数据、水利普查数据。

4）生物多样性功能 C4

珍稀物种生境代表性 C4-1：专家打分。

外来物种入侵 C4-2：专家打分。

5）水产品供给功能 C5

单位水域面积捕捞量 C5-1：

$$\text{C5-1}=\frac{\text{捕捞量}}{\text{捕捞水域面积}} \tag{4-51}$$

鱼龄 C5-2：专家打分。

6）保护区功能 C6

自然保护区级别 C6-1：专家打分。

各项指标计算完成后根据赋分标准，确定评估指标类型，运用公式计算得到评估指标的分值。评估指标分值均在 0～100。评估指标类型分为 3 种，其分值计算方法如下：

$$V_i = \frac{1}{2}\left(V_{il} + V_{ih}\right) \tag{4-52}$$

评价值的固定值的指标如下。

越大越好型指标为

（1）分段指标：

$$V_i = V_{il} + \frac{V_{ih} - V_{il}}{I_{ih} - I_{il}} \times \left(I_i - I_{il}\right), \quad I_i \in \left(I_{il}, I_{ih}\right] \tag{4-53}$$

（2）无上限指标：

$$V_i = 80 + \frac{\left(I_i - I_{il}\right)}{I_{il}} \times 10, \quad I_i \in \left(I_{il}, +\infty\right) \tag{4-54}$$

越小越好型指标为

（1）分段指标：

$$V_i = V_{il} + \frac{V_{ih} - V_{il}}{I_{ih} - I_{il}} \times \left(I_{ih} - I_i\right), \quad I_i \in \left(I_{il}, I_{ih}\right] \tag{4-55}$$

（2）无上限指标：

$$V_i = 20 - \frac{\left(I_i - I_{il}\right)}{I_{il}} \times 10, \quad I_i \in \left(I_{il}, +\infty\right) \tag{4-56}$$

式中，V_i 为评估指标 i 的分值；V_{il} 为评估指标 i 所在类别标准下限分值；V_{ih} 为评估指标 i 所在类别标准上限分值；I_i 为评估指标 i 原始数据；I_{il} 为原始数据 I_i 所在分级的下限；I_{ih} 为原始数据 I_i 所在分级的上限。

2. 分项指标分值

根据单个评估指标分值，使用加权求和法计算得到人口压力分项指标的分值。

$$E_j = \sum_{1}^{n} w_{ji} \times V_{ji} \tag{4-57}$$

式中，E_j 为第 j 个分项指标的分值；w_{ji} 为第 j 个分项指标中第 i 个评估指标的权重；V_{ji} 为第 j 个分项指标中第 i 个评估指标的分值；n 为第 j 个分项指标中评估指标的个数。

3. 分项指标等级划分

分项指标等级划分标准如表 4-5 所示。

表 4-5 分项指标等级划分

等级	表征状态	指标特征	分值
一级	极高功能	江河生态系统服务功能非常重要，能够充分发挥	(80，100]
二级	高功能	江河生态系统服务功能很重要，能够满足人类需求	(60，80]

续表

等级	表征状态	指标特征	分值
三级	中等功能	江河生态系统服务功能存在一定程度受损现象，基本满足人类需求	(40，60]
四级	较低功能	江河生态系统服务功能存在部分缺失现象	(20，40]
五级	低功能	江河生态系统服务功能受损严重，无法满足人类需求	[0，20]

4.3.16　生态风险评估

1. 评估指标分值计算

1）突发风险 D1

化学品临界比值 D1-1：

$$\text{D1-1} = \frac{q_1}{Q_1} + \frac{q_2}{Q_2} + \cdots + \frac{q_n}{Q_n} \tag{4-58}$$

生产工艺过程 D1-2：

计算方法为采用评分法对企业生产工艺过程进行评估，根据企业风险单元调查表，参照《企业突发环境事件风险评估指南（试行）》的方法，生产工艺评价按表 5 分别赋值计分，相加确定单元危险度。按分值分为五个级别：0～5 分、5～10 分、10～20 分、20～30 分、30～40 分。

暴露人口数量 D1-3：

计算方法为暴露人口数量的分级标准参考了《企业突发环境事件风险评估指南（试行）》及相应研究论文的规定。参照敏感环境保护目标调查表，将企业周边 5km 的居住区、医疗卫生、文化教育、科研、行政办公等机构人口总数分为五个级别：0～0.1 万人、0.1 万～1 万人、1 万～5 万人、5 万～10 万人、>10 万人。

敏感环境目标 D1-4：

计算方法为对不同环境敏感区进行赋值，然后叠加作为该指标分值。按分值分为五个级别：0～5 分、5～10 分、10～15 分、15～20 分、>20 分。

安全管理与风险防范 D1-5：

计算方法为按照企业安全管理与风险防范调查表进行评估，每“是”一项得 1 分，“否”得 0 分，满分为 80 分。按分值分为五个等级：75～80 分、70～75 分、65～70 分、60～65 分和 55～60 分。

陆运和航运运输风险 D1-6：

计算方法为参考《集中式饮用水水源环境保护指南（试行）》对流动风险源进行评价。总分值 R 作为最终指标分类依据。$R=f1+f2+f3$，R 分为五级：0～3 分、3～7 分、7～9 分、9～15 分和>15 分。

2）累积风险指标 D2

有毒有害有机物类 D2-1：

$$Q_{\mathrm{O}}=\frac{C_{\mathrm{o1}}}{S_{\mathrm{o1}}}+\frac{C_{\mathrm{o2}}}{S_{\mathrm{o2}}}+\cdots+\frac{C_{\mathrm{o}n}}{S_{\mathrm{o}n}} \tag{4-59}$$

重金属类 D2-2：

$$Q_{\mathrm{M}}=\frac{C_{\mathrm{M1}}}{S_{\mathrm{M1}}}+\frac{C_{\mathrm{M2}}}{S_{\mathrm{M2}}}+\cdots+\frac{C_{\mathrm{M}n}}{S_{\mathrm{M}n}} \tag{4-60}$$

矿山非金属类 D2-3：

$$Q_{\mathrm{N}}=\frac{C_{\mathrm{N1}}}{S_{\mathrm{N1}}}+\frac{C_{\mathrm{N2}}}{S_{\mathrm{N2}}}+\cdots+\frac{C_{\mathrm{N}n}}{S_{\mathrm{N}n}} \tag{4-61}$$

2. 分项指标分值

根据单个评估指标分值，使用加权求和法计算得到人口压力分项指标的分值。

$$E_j=\sum_{1}^{n} w_{ji}\times V_{ji} \tag{4-62}$$

式中，E_j为第 j 个分项指标的分值；w_{ji}为第 j 个分项指标中第 i 个评估指标的权重；V_{ji}为第 j 个分项指标中第 i 个评估指标的分值；n 为第 j 个分项指标中评估指标的个数。

3. 分项指标等级划分

分项指标等级划分标准如表 4-6 所示。

表 4-6　分项指标等级划分

等级	表征状态	指标特征	分值
一级	极高功能	江河生态系统服务功能非常重要，能够充分发挥	(80，100]
二级	高功能	江河生态系统服务功能很重要，能够满足人类需求	(60，80]
三级	中等功能	江河生态系统服务功能存在一定程度受损现象，基本满足人类需求	(40，60]
四级	较低功能	江河生态系统服务功能存在部分缺失现象	(20，40]
五级	低功能	江河生态系统服务功能受损严重，无法满足人类需求	[0，20]

4.3.17　生态安全评估

选择加权求和法作为模型基本算法。

（1）方案层用式（4-63）计算：

$$B_i=\sum_{j=1}^{n}\left(x_{ij}\times w_j\right) \tag{4-63}$$

式中，B_i为第 i 个方案层的计算结果；x_{ij}为第 i 个方案层的第 j 个指标值；w_j为第 i 个方案层的第 j 个指标的权重。

（2）目标层即生态安全指数（ESI）用式（4-64）计算，其结果是一个 0～100 的数值：

$$\mathrm{ESI}=\frac{1}{n}\sum_{i=1}^{n} B_i \tag{4-64}$$

式中，ESI 为生态安全指数；B_i 为第 i 个方案层的值。

（3）权重确定。

基于重新筛选后的评估指标体系，需要重新确定指标权重，即判断矩阵，可采用专家咨询的方法进行评判。根据 AHP 方法可得出每个专家的评价指标权重，然而专家之间的判断结果往往存在较大的不一致性，并存在专家偏好影响，因此引入多准则群体决策模型得出一个更具客观性的综合判断矩阵。

（4）生态安全评估标准及等级。

以 ESI 作为江河现状与标准状态的纵向对比结果，反映各江河相对标准状态的偏离程度。以 ESI=100 为无偏离状态，ESI 越小，江河就越不安全（表 4-7）。

表 4-7　江河生态安全评估标准

等级	代表颜色	分值
安全	蓝色	(80，100]
较安全	绿色	(60，80]
一般	黄色	(40，60]
不安全	红色	(20，40]
很不安全	黑色	[0，20]

4.4　面向文本分析的大数据挖掘技术

4.4.1　语义分析–关键字

1. TextRank 算法

TextRank 算法是一种用于文本的基于图的排序算法。其基本思想来源于谷歌的 PageRank 算法，通过把文本分割成若干组成单元（单词、句子）并建立图模型，利用投票机制对文本中的重要成分进行排序，仅利用单篇文档本身的信息即可实现关键词提取、文摘（Onan et al.，2016；Xia，2017）。和 LDA（latent Dirichlet allocation）、HMM（hidden Markov model）等模型不同，TextRank 算法不需要事先对多篇文档进行学习训练，其因简捷有效而得到广泛应用。

TextRank 一般模型可以表示为一个有向有权图 $G=(V, E)$，由点集合 V 和边集合 E 组成，E 是 $V\times V$ 的子集。图中任两点 V_i 和 V_j 之间边的权重为 w_{ji}，对于一个给定的点 V_i，In（V_i）为指向该点的点集合，Out（V_i）为点 V_i 指向的点集合。点 V_i 的得分定义如下：

$$\mathrm{WS}(V_i)=(1-d)+d\cdot\sum_{V_j\in \mathrm{In}(V_i)}\frac{w_{ji}}{\sum_{V_k\in \mathrm{Out}(V_j)}w_{jk}}\mathrm{WS} \tag{4-65}$$

式中，d 为阻尼系数，取值范围为 0～1，代表从图中某一特定点指向其他任意点的概率，一般取值为 0.85。使用 TextRank 算法计算图中各点的得分时，需要给图中的点指定任意的初值，并递归计算直到收敛，即图中任意一点的误差率小于给定的极限值时就可以达到收敛，一般该极限值取 0.0001。

2. 基于 TextRank 的关键词提取

关键词抽取的任务就是从一段给定的文本中自动抽取出若干有意义的词语或词组。TextRank 算法是利用局部词汇之间关系（共现窗口）对后续关键词进行排序，直接从文本本身抽取。其主要步骤如下：

（1）把给定的文本 T 按照完整句子进行分割，即

$$T = \left[S_1, S_2, \cdots, S_m\right] \tag{4-66}$$

（2）对于每个句子 $S_i \in T$，进行分词和词性标注处理，并过滤掉停用词，只保留指定词性的单词，如名词、动词、形容词，即 $S_i = \left[t_{i,1}, t_{i,2}, \cdots, t_{i,n}\right]$，其中 $t_{i,j} \in S_j$ 是保留后的候选关键词。

（3）构建候选关键词图 $G=（V，E）$，其中 V 为节点集，由步骤（2）生成的候选关键词组成，然后采用共现（co-occurrence）关系构造任两点之间的边，两个节点之间存在边仅当它们对应的词汇在长度为 K 的窗口中共现，K 表示窗口大小，即最多共现 K 个单词。

（4）在构建好候选关键词图后，采用迭代传播的方法计算各节点的权重，直至收敛。

（5）对节点权重进行倒序排序，从而得到最重要的 T 个单词，并作为候选关键词。

（6）由步骤（5）得到最重要的 T 个单词，在原始文本中进行标记，若形成相邻词组，则组合成多词关键词。例如，文本中有句子“Matlab code for plotting ambiguity function”，如果“Matlab”和“code”均属于候选关键词，则组合成“Matlab code”加入关键词序列。

4.4.2　语义分析–摘要

自动摘要算法通常用于搜索相关性评分。其主要思想是对 Query 进行语素解析，生成语素 q_i；然后，对于每个搜索结果 D，计算每个语素 q_i 与 D 的相关性得分；最后，将 q_i 相对于 D 的相关性得分进行加权求和，从而得到 Query 与 D 的相关性得分。

一般性公式如下：

$$\text{Score}\left(Q, d\right) = \sum_{i}^{n} W_i \cdot R\left(q_i, d\right) \tag{4-67}$$

式中，Q 表示 Query；q_i 表示 Q 解析之后的一个语素；d 表示一个搜索结果文档；W_i 表示语素 q_i 的权重；$R（q_i，d）$ 表示语素 q_i 与文档 d 的相关性得分。

定义 W_i，以 IDF①为例，公式如下：

$$\text{IDF}\left(q_i\right) = \log_2 \frac{N - n\left(q_i\right) + 0.5}{n\left(q_i\right) + 0.5} \tag{4-68}$$

式中，N 为索引中的全部文档数；$n（q_i）$ 为包含 q_i 的文档数。

语素 q_i 与文档 d 的相关性得分 $R（q_i，d）$ 的计算公式如下：

---

① IDF 代表“Inverse Document Frequency”（逆文档频率），是一种用于衡量单词在文档集合中重要性的指标。

$$R\left(q_t,d\right)=\frac{f_i\cdot\left(k_1+1\right)}{f_i+K}\cdot\frac{qf_i\cdot\left(k_2+1\right)}{qf_i+k_2}$$
$$K=k_1\cdot\left(1-b+b\cdot\frac{\mathrm{dl}}{\mathrm{avgdl}}\right) \tag{4-69}$$

式中，k_1、k_2、b 为调节因子，通常根据经验设置，一般 k_1=2，b=0.75；f_i 为 q_i 在 d 中的出现频率；qf_i 为 q_i 在 Query 中的出现频率；dl 为文档 d 的长度；avgdl 为所有文档的平均长度。

参数 b 的作用是调整文档长度对相关性影响的大小。b 越大，文档长度对相关性得分的影响越大，反之越小。而文档的相对长度越长，K 值将越大，则相关性得分会越小。这可以理解为，当文档较长时，包含 q_i 的机会越大，因此同等 f_i 的情况下，长文档与 q_i 的相关性应该比短文档与 q_i 的相关性弱。

综上，公式可总结为

$$\mathrm{Score}\left(Q,d\right)=\sum_i^n \mathrm{IDF}\left(q_i\right)\cdot\frac{f_i\cdot\left(k_1+1\right)}{f_i+k_1\cdot\left(1-b+b\cdot\frac{\mathrm{dl}}{\mathrm{avgdl}}\right)} \tag{4-70}$$

从式（4-70）可以看到，通过使用不同的语素分析方法、语素权重判定方法，以及语素与文档的相关性判定方法，可以衍生出不同的搜索相关性得分计算方法，这就为我们设计算法提供了较大的灵活性。

4.4.3　语义分析–综合应用

综合应用是把文本中包含的信息进行结构化处理，基于逐步积累的水环境分词词典，采用基于规则和统计相结合的分词技术，在内容中检索地理位置信息，通过电子地图进行定位，同时提供按筛选条件对查看内容进行分类展示的功能。

4.5　大数据挖掘封装技术

4.5.1　封装技术路线

数据挖掘工具封装技术采用网络地址和接口封装技术，采用 Web Service 作为数据封装交换接口。总体交换方法为：由数据提供方提供 Web Service 接口发布数据，由数据需求方调用 Web Service 接口获得数据。

Web Service 使用的一些关键信息统一如下：

1）字符集

使用的字符集应符合《信息交换用汉字编码字符集基本集》（GB 2312—1980）规定。

2）命名空间

XML 描述使用的命名空间为 http://www.mep.gov.cn/EnvironmentalProtection。

3）XML

XML 使用 XML1.0。

4）WSDL

网络服务描述语言使用 WSDL2.0/W3C。

5）SOAP

简单对象访问协议使用 SOAP1.2/W3C。

6）错误原因编码

错误原因编码见表 4-8。

表 4-8　错误原因编码表

编码	原因
001	服务不存在
002	数据不存在
003	数据信息过期
004	数据容量过大
005	数据格式有误
006	权限超限
007	数据库错误
008	网络连接错误
009	数字证书过期
999	其他错误

7）接口参数要求

接口参数要求见表 4-9。

表 4-9　接口参数要求

数据要求	说明	摘要信息
字符串	包含字符串类型、整型、浮点型等	（1）对于空字符串使用传输，不使用 null； （2）字符串的说明解释中，要包含具体的数据类型、长度等信息，如浮点型，保留小数位后多少等
对象类型	一般以 json 格式进行传输	按照标准 json 格式约束
错误信息	按照错误标识来进行区分	返回的信息中除表明错误类别外，还需要进行错误信息的反馈，以文本的形式反馈
时间	所有的输入、输出的时间格式	（1）时间为字符串格式； （2）默认格式要求为 2018-5-23 12：12：12
特殊字符	禁止传入参数中带有 sql 或其他敏感的字符表示	敏感字符如：‘（单引号）；\（斜线）等
命名规范	变量名、方法名首字母小写，如果名称由多个单词组成，每个单词的首字母都要大写	（1）名称只能由字母、数字、下划线、$符号组成； （2）不能以数字开头； （3）名称不能使用 Java 中的关键字； （4）坚决不允许出现中文及拼音命名

4.5.2　封 装 要 求

根据流域水环境数据挖掘模型的运行需要，应用组件对象模型技术，将数据挖掘模型中的逻辑实现与数据接口分离，保证在接口标准统一的大数据平台中，实现数据挖掘模型核心算法的动态加载，并且标准化输出数据挖掘结果，实现流域水环境数据挖掘模型的工具化，并按类别进行封装。

1. 工具包封装的基本要求

（1）可以独立运行且集成。

（2）明确输入输出内容，必填信息有哪些。

（3）可以处理单点位数据或同时批量处理多点位数据。

（4）工具有基本的数据的图形化展示效果。

（5）工具计算出的数据具有可独立提取、可解读的特性。

2. 目标平台的要求

（1）能够集成工具到平台中，作为资源进行调配，且能下载或直接调用使用。

（2）能够组织有一定关联的工具所需要的数据信息，并提供展示及下载功能。

（3）能够对工具的数据结果进行集成并且作为资源进行使用。

（4）能够对符合条件的数据集进行效果展示。

3. 工具包集成要求

要求可集成的工具类型有：①接口封装技术集成；②网络地址封装技术集成。

要求可解析展示数据资源中带经纬度的点位信息或行政区划信息，通过地图进行展示，其他信息暂不可解析。

4.5.3　挖掘工具封装技术

1. 接口封装技术

以河流水质评价工具为例，其封装了地表水河流水质等级评价标准算法，提供了河流水质评价接口及示例应用。

1）接口设计

服务地址：http://39.106.187.49:9090/SectionWaterQuality/Assessment。

请求参数及返回结果参数说明分别见表4-10、表4-11。

表4-10　请求参数

参数名	含义	说明
app_key	应用标识	不能为空
sectionType	断面类型	R-河流；L-湖库

续表

参数名	含义	说明
sectionData	水质数据	断面水质数据字符串，多个指标项以英文逗号分隔，包括 21 项水质指标，单位 mg/L（pH 除外），指标顺序为镉、pH、高锰酸盐指数、砷、锌、溶解氧、硫化物、氰化物、铜、氨氮、五日生化需氧量、汞、总磷、铬（六价）、石油类、氟化物、铅、挥发酚、硒、阴离子表面活性剂和化学需氧量 数据示例如下： "S_PH：7.63，S_DO：11.04，S_CODMn：2.65，S_CODCr：5.9，S_BOD5：1.25，S_NH3N：0.336，S_TP：0.14，S_Cu：0.0005，S_Zn：0.025，S_F：0.25，S_Se：0.0015，S_As：0.0036，S_Hg：0.0000025，S_Cd：0.00005，S_Cr6：0.002，S_Pb：0.0005，S_Cn：0.002，S_V_phen：0.0028，S_Ois：0.005，S_An_SAA：0.025，S_S：0.0025"

调用示例：

```
$. ajax（{
type："POST"，
contentType："application/json"，
url："http：//39.106.187.49：9090/SectionWaterQuality/Assessment"，
dataType：'json'，
async：false，
data：'{app_key："111"，sectionType："R"，
sectionData：" S_PH：7.63，S_DO：11.04，S_CODMn：2.65，S_CODCr：5.9，S_BOD5：1.25，S_NH3N：0.336，S_TP：0.14，S_Cu：0.0005，S_Zn：0.025，S_F：0.25，S_Se：0.0015，S_As：0.0036，S_Hg：0.0000025，S_Cd：0.00005，S_Cr6：0.002，S_Pb：0.0005，S_Cn：0.002，S_V_phen：0.0028，S_Ois：0.005，S_An_SAA：0.025，S_S：0.0025"}'，
success：function（result）{
//……
}
}）；
```

表 4-11　返回结果参数说明

参数名	含义	说明
status	状态	200-OK：服务器成功返回用户请求的数据； 401-Unauthorized：未授权； 403-Forbidden：表示用户得到授权，但访问被禁止； 404-NOT FOUND：用户发出的请求地址无效； 500-INTERNAL SERVER ERROR：调用服务发生错误
result	结果	Josn 格式字符串

返回结果示例：{"status"：200，"result"：{"S_PHText"："I 类"，"S_DOText"："I 类"，"S_CODMnText"："II 类"，"S_CODCrText"："I 类"，"S_BOD5Text"："I 类"，"S_NH3NText"："II 类"，"S_TPText"："III 类"，"S_CuText"："I 类"，"S_ZnText"："I 类"，"S_FText"："I 类"，"S_SeText"："I 类"，"S_AsText"："I 类"，"S_HgText"："I 类"，"S_CdText"："I 类"，"S_Cr6Text"："I 类"，"S_PbText"："I 类"，"S_CnText"："I 类"，"S_V_phenText"："III 类"，"S_OisText"："I 类"，"S_An_SAAText"："I 类"，"S_SText"："I 类"，"section_gradeText"："III 类"}}

2）界面设计

河流水质评价界面设计如图 4-3 所示。

2. 网络地址封装技术

以长江经济带区域水环境承载力评估功能网络地址封装为例。

1）网络地址调用示例

格式：http://114.115.174.184：8042/CWCI/Index1。其挖掘工具包调用参数说明见表 4-12。

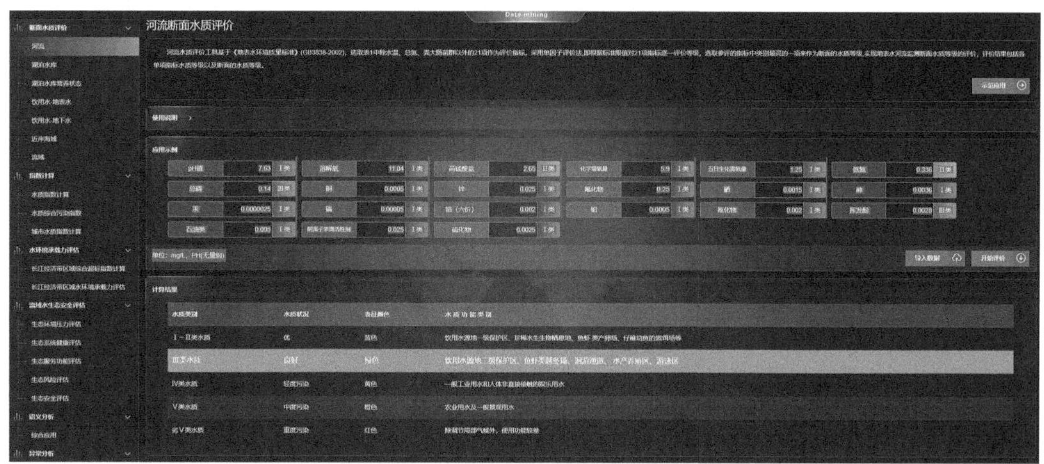

图 4-3　河流水质评价界面设计

表 4-12　挖掘工具包调用参数说明

功能	功能地址	功能说明
长江经济带区域水环境承载力评估功能	http://114.115.174.184：8042/CWCI/Index1	长江经济带区域水环境承载力评估功能

说明：这是长江经济带区域水环境承载力评估功能网络地址，参数是 CWCI/Index1。

2）界面设计

长江经济带区域水环境承载力评估界面设计如图 4-4 所示。

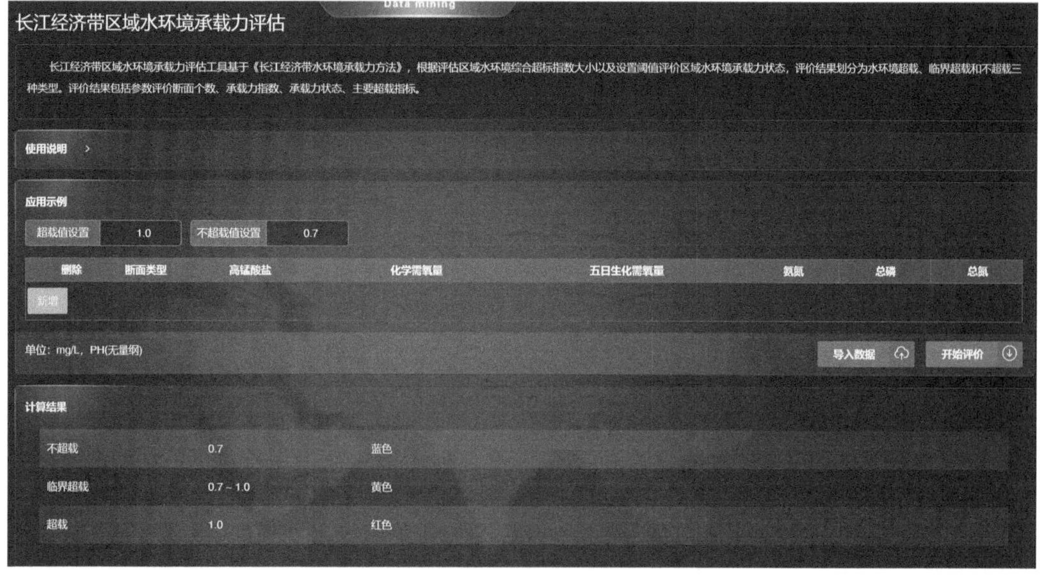

图 4-4　长江经济带区域水环境承载力评估界面设计

参 考 文 献

崔妍, 包志强. 2016. 关联规则挖掘综述. 计算机应用研究, 33(2): 330-334.

刘红岩, 陈剑, 陈国青. 2002. 数据挖掘中的数据分类算法综述. 清华大学学报(自然科学版), 6: 727-730.

詹志明, 尹文君. 2016. 环保大数据及其在环境污染防治管理创新中的应用. 环境保护, 44(6): 44-48.

Deng W Y, Zheng Q H, Chen L, et al. 2010. Research on extreme learning of neural networks. Chinese Journal of Computers, 33(2): 279-287.

Han J, Kamber M, Pei J. 2006. Data Mining: Concepts and Techniques. San Francisco: Morgan Kaufmann Publishers.

Onan A, Korukoglu S, Bulut H. 2016. Ensemble of keyword extraction methods and classifiers in text classification. Expert Systems with Applications, 57: 232-247.

Song Y Y, Lu Y. 2015. Decision tree methods: Applications for classification and prediction. Shanghai Archives of Psychiatry, 27(2): 130-135.

Sun J G, Liu J, Zhao L Y. 2008. Clustering algorithms research. Journal of Software, 19(1): 48-61.

Xia T. 2017. Extracting keywords with modified textrank model. Data Analysis and Knowledge Discovery, 1(2): 28-34.

第 5 章　流域水文–水质–水生态耦合模拟技术

5.1　耦合模拟技术需求分析及建模总体思路

5.1.1　耦合模拟技术需求分析

建立陆面水量–水质–生态耦合系统模型，是定量研究陆面水资源系统水量变化、水质变化、生态系统变化以及它们之间相互关系的重要内容，也是量化研究可持续水资源管理的重要基础内容和难点问题。在流域管理中，分布式水文面源过程模型已经发展得比较成熟了，但是污染物进入水体后的演变和迁移转化过程仍然无法细致地描述与刻画。对于水生生态系统而言，水体污染物的时空分布是决定水生生态系统健康的关键，因此水生态的模拟是建立在水体污染物浓度准确模拟的基础上的。虽然一维或多维水动力学模型可以全面地描述水体中的水动力–水质过程，但难以获得适用于输入非点源污染的数据。首先，生态系统是一个复杂的系统，由于流域的复杂性，存在不同类型、不同水文环境的影响，如何根据流域特点选择合适的水文、水质及水生态模型是流域水环境模拟面临的难题；其次，不同模型参数需求、模拟功能、模拟效果、运行效率均有所不同，如何为不同的模型提供有效的输入数据及参数率定方法，以及采用何种方式将不同时空尺度的模拟耦合在一起也是流域水环境模拟面临的重要问题。

维持水生生态系统健康，关键在于流域管理。《水污染防治行动计划》中提出的“强化源头控制，水陆统筹”水环境管理要求，就是要以流域水系统环境演变为解析对象，通过治理流域的面源污染问题解决水生态环境问题。因此，如何通过嵌套多种陆域水文–水质模型，构建流域水文、水质集合模拟工具，进而耦合适用于不同类型水体的水动力模型，形成流域水系统环境模拟的核心模块框架，实现从流域到水体的动态模拟，为水生生态系统的模拟提供背景场是目前面临的困难。为全面综合实现流域水环境模拟，亟须水文–水质–水生态多模型耦合。

5.1.2　建模总体思路

基于流域下垫面特征选择适宜的流域水文水质模型，对陆域产汇流及污染物运移过程进行模拟，采用均分插值算法对区间入流量、城市点源污染物及流域面源污染物模拟值进行时间尺度扩展，为水动力学模型提供输入数据及边界条件。针对不同水体的特点，以一维河网水动力水质模型为核心，将流域产汇流、面源产污、城市排污口点源排放作为水体多维水动力水环境模拟系统的外边界；获取基于水动力学模型的污染物分布格局与水体的实时监测数据，采用水生态统计模型对物种多样性等指标进行评估（图 5-1）。

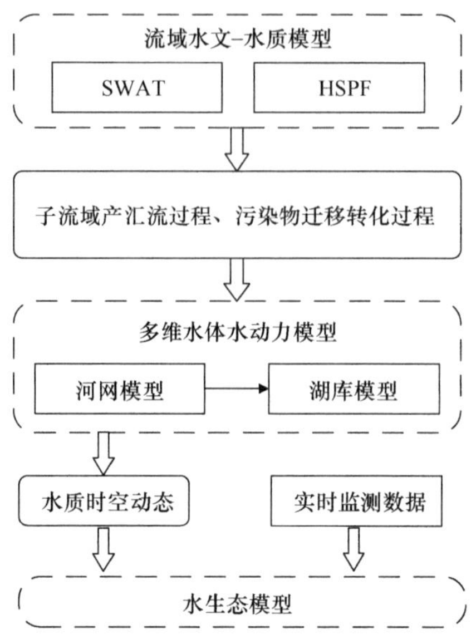

图 5-1 水文–水质–水生态耦合建模思路图

5.2 多维多尺度模型数据库

5.2.1 数据库结构及特色

流域多模集合模拟系统的数据库构建是在剖析水环境多模耦合系统的输入/输出数据需求、划分数据来源层次及类型的基础上，建立不同类型模型间的数据映射转换关系，开发模型数据转化接口标准，研发动态降尺度算法，实现陆域模型输出数据到水体模型输入数据的转化，完成多模系统与数据仓库的立体对接。其特色在于：

（1）多尺度的流域地表信息数据库。陆域水文模型和水体水动力学模型对驱动数据的要求存在较大差异，为满足不同模型的模拟需求，针对不同的模拟对象，构建满足多维时间尺度和空间分辨率的流域地表信息数据库。

（2）标准化模型数据转化接口。针对不同模型参数的特点，建立不同类型模型间的数据映射转换关系，为方便快捷的调用模型参数提供便利。

基于平台的 GIS 开发环境，研发了自定义制图功能，实现计算结果一键成图，并可对已完成的 GIS 图进行保存，调阅查看。相关标准可查阅《流域水环境管理大数据业务系统接口规范》《流域空间信息表达的可视化符号规范》《流域水环境管理大数据存储与交换技术规范》《流域水环境管理大数据平台数据资源目录》，标准化模型数据转化接口有效提升了模型应用效率。

5.2.2　模型驱动及验证数据库

多模集合模拟系统的模型驱动及验证数据库包括数字高程数据、气象数据（如日降水、日平均气温、日最高最低气温、相对湿度等）、水文数据及水质数据，具体情况见表 5-1。

表 5-1　数据来源及基本信息

序号	数据类型	数据内容	分辨率	时间	用途
1	数字高程数据	—	30m×30m	—	基础数据
2	气象数据	降雨、气温、风速、日照、辐射、露点温度、蒸发量	日尺度、小时尺度	2007～2016 年	气象输入数据
3	水文数据	流量	日尺度、小时尺度	2007～2016 年	模型率定及验证
4	水质数据		日尺度、小时尺度		

1. 多维数字高程数据库

数字高程数据库包括研究流域的 30m×30m 和 1∶5 万地形图。其中，30m×30m 的数据来自地理空间数据云网站，覆盖研究流域的陆地部分。流域的河道和湖泊的水下地形数据分辨率则基于 1∶5 万地形图。

2. 多尺度气象数据库

气象数据是 SWAT、HSPF 等常用流域水文水质模型以及水动力学模型的驱动数据。气象数据库包括降雨、气温、风速、日照、辐射、露点温度、蒸发量的日尺度数据和小时尺度数据。根据模型对气象数据的不同需求，选择不同气象要素和不同时间尺度的数据。日尺度气象数据来源于中国气象数据网站上公开的气象站点数据，在实测日数据缺少的情况下采用天气发生器对数据进行插补。小时尺度的数据通过将日尺度数据进行时间离散化来获取，如 HSPF 模型所需的气象数据的时间离散化是通过 WDMUtil 程序完成的。至于水动力学模型，它则使用内置的降尺度模块来处理。流域气象要素的空间格局通过手动分配空间距离最近的气象站点，以该站点的气象数据作为驱动数据进行模型运行。

3. 水文水质数据库

流域水文水质数据库主要包括流域主要干流及支流的日尺度和小时尺度的径流数据，水质数据库包括流域主要干流及支流的污染物的点源数据和非点源数据。点源数据主要包括河道污染物浓度数据，非点源污染物数据主要是指农业施肥数据，在不同农作物生长阶段分配氮磷使用量。

5.2.3　模型参数库

1. 土地利用/覆被数据库

土地利用/覆被数据是反映地区一定时期的土地表面要素的分布状态、地表特征及动态变化，以及人类对土地的开发、利用、改造、规划和管理等的数据资料。应用 ENVI5.1

软件对研究区所需的影像进行几何校正、辐射定标、大气纠正等预处理。参照《土地利用现状分类》（GB/T 21010—2007）标准，对研究区的土地利用类型进行分类，将处理分类后得到的土地利用图转化成模型所支持的格式的土地利用类型图，并建立土地利用属性表。多模集合模拟系统中所采用的流域陆面水文模型主要为HSPF和SWAT，因此针对这两种模型的需求，开发土地利用类型转换矩阵，如表5-2和表5-3所示。

表5-2 HSPF模型土地重分类信息

原始编码	原有土地利用类型名称	重分类下土地利用名称	不透水面积比例/%
51-53	城乡、工矿、居民用地	城乡、工矿、居民用地	50
11-12	耕地	耕地	0
21-33	林地、草地	林地	0
41-46	水域	水域	0
61-67	未利用土地	未利用土地	0

表5-3 SWAT模型土地利用类型数据重分类信息

原始编码	原始名称	重分类编码	重分类名称	SWAT代码
11	水田	1	耕地	AGRL
12	旱田			
21	有林地	2	林地	FRST
22	灌木林			
23	疏林地			
24	其他林地			
31	高覆盖度草地	3	草地	PAST
32	中覆盖度草地			
33	低覆盖度草地			
41	河渠	4	水域	WATR
42	湖泊			
43	水库坑塘			
44	永久性冰川雪地			
45	滩涂			
46	滩地			
51	城镇用地	5	城乡、工矿、居民用地	URHD
52	农村居民点			
53	其他建设用地			
61	沙地	6	未利用土地	UINS
62	戈壁			
63	盐碱地			
64	沼泽地			
65	裸土地			
66	裸岩石质地			
67	其他			
99	海洋	9	—	

2. 土壤数据库

HSPF 模型和 SWAT 模型所对应的土壤相关模块全部采用美制土壤分类标准，而我国一直沿用模仿苏联卡钦斯基制土壤分类方法，通过建立两者间的对应关系，将现有资料标准转换为美制的标准（表 5-4）。土壤数据库的原始数据来源于世界土壤数据库（HWSD），包括土壤沙土、黏土、粉粒的粒径栅格数据。

表 5-4　HSPF 模型土壤质地分类转化表

美制		现有资料标准	
名称	标准/mm	名称	标准/mm
黏粒（clay）	<0.002	黏粒	<0.001
粉沙（silt）	0.002～0.05	细粉沙	0.001～0.005
沙粒（sand）	0.05～2.0	中粉沙	0.001～0.01
石、砾（rock）	>2.0	粗粉沙	0.01～0.05
		沙砾	0.05～1

SWAT 模型中需要输入的土壤参数及定义见表 5-5。根据该土壤类型图属性表中的 Value 值查找 HWSD.mdb—HWSD_DATA 表，获得研究区 Value 值对应的变量，从 SU_SYM90 表中查找对应的土壤名称。根据土壤属性和土壤名称将属性相近的土壤进行归类，最终对研究区的土壤类型进行划分。

表 5-5　土壤属性数据库参数表

变量名	参数定义	获取来源
SNAM	土壤名称	模型自带
NLAYERS	土壤层数	2 层
HYDGRP	土壤水文学分组（A，B，C，D）	计算水利传导系数
SOL_ZMX	土壤剖面最大根系深度（mm）	HWSD 为 1000mm
ANION_EXCL	阴离子交换孔隙度	模型默认值为 0.5
SOL_CRK	土壤最大可压缩量	模型默认值为 0.5
TESTURE	土壤层结构	由 SPAW 计算确定
SOL_Z	土壤底层到土壤表层的深度（mm）	上层：300mm；下层：1000mm
SOL_BD	土壤湿密度（mg/m^3 或 g/cm^3）	由 SPAW 计算确定
SOL_AWC	土壤层有效含水量（mm）	由 SPAW 计算确定
SOL_K	饱和水力传导系数（mm/h）	由 SPAW 计算确定
SOL_CBN	土壤层中有机碳含量（%）	从 HWSD 中查找
CLAY	黏土含量（%）	从 HWSD 中查找
SILT	壤土含量（%）	从 HWSD 中查找
SAND	砂土含量（%）	从 HWSD 中查找
ROCK	砾石含量（%）	从 HWSD 中查找
SOL_ALB	地表反射率	默认值为 0.01
USLE_K	土壤侵蚀因子	由公式计算
SOL_EC	电导率（dS/m）	默认值为 0

（1）土壤名称（SNAM）、土壤层数（NLAYERS）、土壤剖面最大根系深度（SOL_ZMX）、土壤底层到土壤表层的深度（SOL_Z）、土壤层中有机碳含量（SOL_CBN）、黏土含量（CLAY）、壤土含量（SILT）、砂土含量（SAND）、砾石含量（ROCK）均可从世界土壤数据库（HWSD）获取。

（2）阴离子交换孔隙度（ANION_EXCL）、土壤最大可压缩量（SOL_CRK）、地表反射率（SOL_ALB）、电导率（SOL_EC）采用 SWAT 模型自带的默认值。

（3）土壤水文学分组（HYDGRP）的确定：在 SWAT 模型运行过程中，对于径流的模拟研究是通过 SCS 径流曲线模型实现的，而土壤水文学分组则是该模型的重要参数之一。美国自然资源保护委员会根据土壤的入渗率特征，将土壤划分为 A～D 四类，具体分类标准见表 5-6，土壤的渗透率计算方法参见如下两个经验公式［式（5-1）、式（5-2）］：

$$X = (20Y)^{1.8} \tag{5-1}$$

$$Y = \frac{P_{\text{sand}}}{10} \times 0.03 + 0.002 \tag{5-2}$$

式中，X 为渗透系数；Y 为土壤平均颗粒直径（mm）；P_{sand} 为砂土含量百分比（%）。

计算出渗透系数之后，根据渗透系数对应的值确定土壤水文学分组，如表 5-6 所示。

表 5-6　土壤水文学分组划分标准

土壤水文学分组	土壤水文性质	渗透系数
A	土壤渗透性较强，导水能力强	7.26～11.43
B	土壤渗透性中等，导水能力中等	3.81～7.26
C	土壤渗透性较差，导水能力较弱	1.27～3.81
D	土壤渗透性很差，导水能力很弱	0～1.27

（4）土壤层结构（TESTURE）的确定，土壤湿密度（SOL_BD）、土壤层有效含水量（SOL_AWC）、饱和水力传导系数（SOL_K）的计算。利用美国农业部开发的 SPAW 软件的 SWC 模块，输入黏土含量（CLAY）、砂土含量（SAND）、有机物含量（organic matter）、盐度（salinity）、砾石含量（grave）即可得到土壤层结构（TESTURE）、土壤湿密度（SOL_BD）、土层可利用有效水（SOL_AWC）、饱和水力传导系数（SOL_K）的数值。软件操作界面如图 5-2 所示。

（5）土壤侵蚀因子（USLE_K）的计算。土壤侵蚀因子可以通过 Williams 于 1995 年提出的方程计算得到，公式如下：

$$K_{\text{usle}} = f_{\text{csand}} \cdot f_{\text{cl-si}} \cdot f_{\text{orgc}} \cdot f_{\text{hisand}} \tag{5-3}$$

$$f_{\text{csand}} = 0.2 + 0.3 \times \exp\left[-0.256 \times m_{\text{s}} \cdot \left(1 - \frac{m_{\text{silt}}}{100}\right)\right] \tag{5-4}$$

$$f_{\text{cl-si}} = \left(\frac{m_{\text{silt}}}{m_{\text{silt}} + m_{\text{clay}}}\right)^{0.3} \tag{5-5}$$

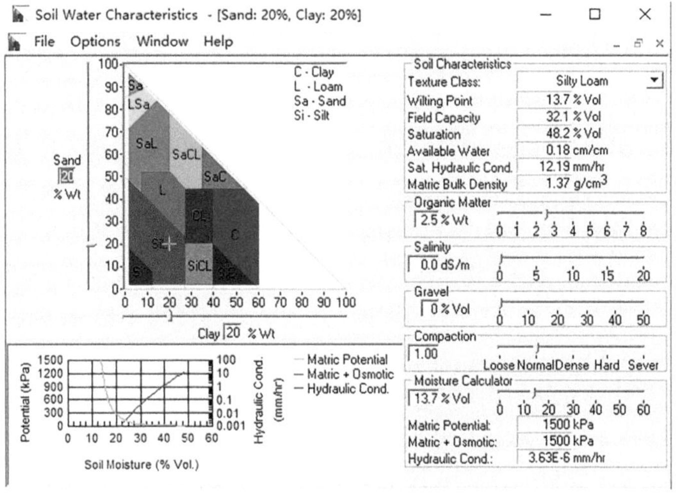

图 5-2　SPAW 软件操作界面

$$f_{\text{orgc}} = 1 - \frac{0.25 \times p_{\text{orgc}}}{p_{\text{orgc}} + \exp\left(3.72 - 2.95 \times p_{\text{orgc}}\right)} \tag{5-6}$$

$$f_{\text{hisand}} = 1 - \frac{0.7 \times \left(1 - \dfrac{m_{\text{s}}}{100}\right)}{\left(1 - \dfrac{m_{\text{s}}}{100}\right) + \exp\left[-5.51 + 22.9 \times \left(1 - \dfrac{m_{\text{s}}}{100}\right)\right]} \tag{5-7}$$

式中，f_{csand} 为粗糙砂土土壤侵蚀因子；$f_{\text{cl-si}}$ 为黏壤土土壤侵蚀因子；f_{orgc} 为土壤有机质因子；f_{hisand} 为高沙土壤侵蚀因子；m_{silt} 为粉粒含量百分数；m_{s} 为砂粒含量百分数；m_{clay} 为黏粒含量百分数；p_{orgc} 为有机碳含量百分数。

5.3　多维流域水文水质模型

多维流域水文水质模型主要对流域陆域的生态水文过程进行模拟。针对不同尺度的流域，筛选并确定各自适用的水文水质模型，对流域水文过程及污染物迁移过程进行模拟，并为水动力学模型提供输入数据。多维流域水文水质模型主要包括 HSPF 模型和 SWAT 模型。SWAT 模型是一个适用范围较广的水文水质模型，然而对于尺度较大且水文资料缺乏的流域，可以基于可控输入参数相对较少的 HSPF 模型，提出将模型参数及流域物理属性并行移植的方法，实现对缺资料地区的全流域水文模拟。

5.3.1　HSPF 模型

HSPF 模型是由美国 EPA 开发的水文模型，其开发语言为 Fortran77，适用于较大流域范围内自然和人工条件下水文水质过程的连续模拟（Bicknell et al.，2001）。HSPF 模型自研发以来，以强大的水文模型为基础，模拟精度较高，因此广泛应用于流域水文模拟研究，包括气候及土地利用变化对流域产流的影响，流域点源或者非点源污染负荷的确定，泥沙、营养物质、杀虫剂传输模拟以及各种流域管理措施对河流水质的影响等方面的研究（Kourgialas et al.，2010；Lopez et al.，2013；Xie et al.，2017）。HSPF 模型的内部主模块包括透水地段水文水质模拟模块（PERLND）、不透水地段水文水质模拟模块（IMPLND）以及地表水体模拟模块（RCHRES），辅助模块包括序列数据转换模块（COPY）、序列数据写入模块（PLTGEN）、序列数据运行模块（GENER）以及优化管理模块（BMP），使用者通过运行和修改“SA”间接操作模块，并使其在各模块中独立运行。

PERLND 模块：PERLND 模块的适用地段是目标流域透水部分，水不停地沿坡面流和以其他方式汇入河流或水库中，从而实现该地段水、颗粒沉积物、化学污染物、有机物质的运移。该模块主要子模块包括积雪消融子模块（SNOW）、水文子模块（PWATER）、地表土壤侵蚀沉积物子模块（SEDMNT）、多种水质变化模拟子模块（PQUAL）及一些农业化学子模块，而其他子模块则体现了一些辅助功能，如空气温度设定和修正（ATEMP）子模块不仅用于融雪和土壤温度计算，还生成了土壤温度子模块（PSTEMP）所需数据，而这些空气、土壤的温度数据是估算河川径流出口流量温度的关键参数，并且对模拟水中不同化学物质反应速率，估算出口水含氧量、二氧化碳含量起着重要作用。

IMPLND 模块：不透水地段很少有水分渗透，积雪虽会融水，降雨也能积水，但均只储存于地表面，并最终蒸发，或形成坡面流流出该地段；沉淀物、化学物、有机物或最终残留地表，或沿坡面流向更低处汇集。

RCHRES 模块：RCHRES 模块用于模拟单一开放式河流、封闭式渠道或湖泊、水库等水体。通常，将模拟的河段或水库称为一个 RCHRES，它是一个拥有入口和出口两个点对象作为界限的区域对象。这也是 BASINS 系统划分子流域所生成的子区中，河流均为单一河段的原因之一。在 RCHRES 中，水流以及其他化学元素、杂质均为单向流动，入口物质一部分到达出口，余下的滞留；出口接纳的物质既包括入口水流挟带的，也包括该子流域经溶解、冲刷重新加入的。该复杂过程充斥着全部 RCHRES，各 RCHRES 不仅相互作用，而且首尾连接成为一体，展现了整个流域特征。

1. 水文模拟

HSPF 模型中的总水量平衡方程如下：

$$P + \mathrm{SWI} + \mathrm{GWI} = \mathrm{ET} + \mathrm{SWO} + \mathrm{GWO} + \mathrm{CS} \tag{5-8}$$

式中，P 为总降水量；SWI 为总地表水入流量；GWI 为总地下水入流量；ET 为总蒸发量；SWO 为总地表水出流量；GWO 为总地下水出流量；CS 为地下水蓄积改变量。

1）下渗及壤中流运算机制

HSPF 模型关于流域水文模拟的核心在于下渗和壤中流运算机制，模型运用上、下土壤层和地下水 3 个含水层的蓄积描述土壤水和地下水剖面状态，壤中流滞蓄和坡面流滞蓄则是临时性蓄积。落地雨直接向下渗透至下土壤层的过程称为直接下渗；经历地表滞蓄的下渗水在上土壤层形成蓄积和壤中流滞蓄，再通过垂直运动下渗至下土壤层的过程称为滞后下渗。HSPF 模型最大特点是考虑了下渗、壤中流、坡面漫流在流域面积上分布的不均匀性，并假定下渗容量和壤中流容量均为线性变化（图 5-3）。

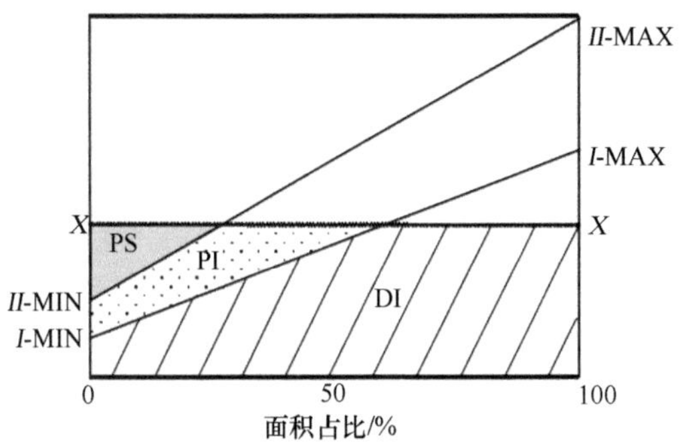

图 5-3　HSPF 模型的下渗和壤中流

其中，参数 X 表示某一落地雨强度，是经植物截留后单位时刻地表降水，也是区内下渗和壤中流的直接水源。横轴表示达到 X 的区域占地段总面积的比例，纵轴用距离来指示下渗、落地雨和壤中流的强度。参数 I 表示直接下渗至下土壤层水的量，参数 II 表示下渗水量总和，由于区内土壤下渗和成流的能力相对稳定，因此 I 和 II 均与面积比例呈线性关系，并在 0 和 100%达到极值。若将水平线 X 与横轴间的矩形看作总水量，则 PS 表示地表滞蓄增量（潜在表层流出量），PI 表示壤中流滞蓄增量（潜在壤中流量），DI 表示直接下渗量。PS 部分形成坡面漫流，部分补充上土壤层蓄积；PI 部分形成壤中流，部分向下土壤层渗透。

2）土壤柱假设

为了更好地模拟丰水缓坡透水地段土壤水过程，1996 年 Hydrocomp 和 Aqua Terra 在原有 HSPF 模型的基础上提出了“土壤柱假设”，该假设虚拟了一个垂直方向依土层特性差异人为划分为不同层面的柱体，该柱体仅追溯到土壤活跃水的最大作用深度，并通过确定各类水蓄积的层位、深度和特性及划定饱和区深度，来完成续增下渗水的分配。不同层面土壤水分下渗和蒸散发特性不同，且均存在季节性变化，HSPF 模型运用“influence depth”（影响深度）描绘土壤水的最大作用深度，该深度以上的土壤水称为“hydrologically active water”（活跃水）。不同层面土壤水分下渗和蒸散发特性不同，且均存在季节性变化。按绑定土壤微粒方式不同，壤中水分为电荷引力作用下的吸湿水（adhesion water）、毛细引力作用下的毛管水（cohesion water）和重力作用下的重力水（gravitational water）；吸湿水与毛管水的壤中萎蔫指数和潜在储量不同，无抑制的重力水则流向下层不饱和区。模型孔隙度分为微孔（micropores）、大孔（macropores）及受地表外力干扰而成的巨孔（larger than macropores），据此又将土壤水分为微孔水（PCW）、大孔水（PGW）及巨孔水（UPGW）。毛管水属于微孔水，位于下土壤层；重力水属于大孔水，形成于上土壤层和壤中流（图 5-4）。

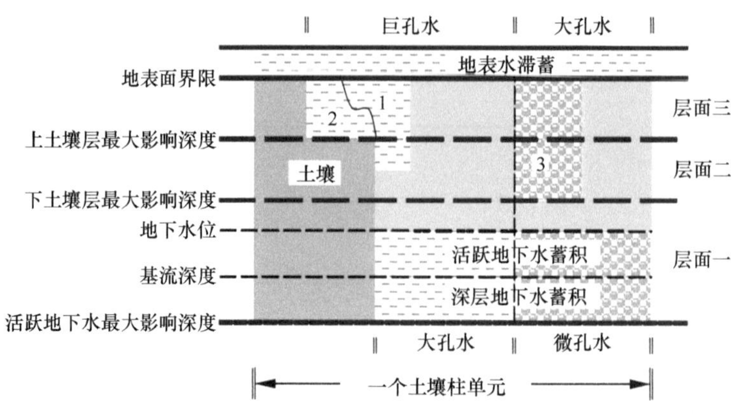

图 5-4　HSPF 模型的土壤柱假设

依据地表面、上土壤层影响深度和下土壤层影响深度将土壤圆柱分为四个层面：

（1）当地下水位处于层面一时，饱和水与不饱和水没有相互作用，该区域地下水构成了地下水积蓄的一部分；地下水既有微孔水又有大孔水。该部分潜在孔隙空间（可能土壤水含量）“PS”的计算公式如下：

$$\mathrm{PS}=\mathrm{PCW}+\mathrm{PGW} \tag{5-9}$$

（2）当地下水位处于层面二时，地下水不断上升，开始与下土壤层水发生交互，并依据下土壤层湿润程度进行蓄积和壤中流再分配；地下水为微孔水并受蒸散发作用影响。潜在孔隙空间的计算公式如下：

$$\mathrm{PS}=\left(1-\frac{\mathrm{LZS}}{2.5\mathrm{LZSN}}\right)\mathrm{PCW}+\mathrm{PGW} \tag{5-10}$$

（3）当地下水位处于层面三时，地下水滞留不再向下渗透至下土壤层，而是分配给上土壤层、壤中流和地下水蓄积；地下水为大孔隙水。潜在孔隙空间计算公式如下：

$$\mathrm{PS}=\left(1-\frac{\mathrm{LZS}}{2.5\mathrm{LZSN}}\right)\mathrm{PCW}+\left(1-\frac{\mathrm{UZS}+\mathrm{IFWS}}{4\mathrm{UZSN}+\mathrm{IFWSC}}\right)\mathrm{UPGW} \tag{5-11}$$

式中，LZS 代表下土壤层水蓄积；LZSN 代表下土壤层标准水蓄积；UZS 代表上土壤层水蓄积；UZSN 代表上土壤层标准水蓄积；IFWS 代表壤中流滞蓄；IFWSC 代表壤中流标准水蓄积。

（4）当地下水位达到地表时，土壤饱和，额外水分分配给地表水滞留和坡面漫流，其中地表水滞留于植物截流消耗殆尽时以潜在速率蒸散发，坡面漫流或重新形成地表水汇聚，或向下游流出该地段。

2. 水质模拟

HSPF 模型水质模拟主要包括泥沙模拟及氮磷营养盐模拟两大部分。水体中的泥沙主要来源于流域的土壤侵蚀和泥沙搬迁，土壤侵蚀是土壤物质在降雨径流作用下分离和输移的过程，HSPF 模型对泥沙的模拟采用机理性的土壤侵蚀模型，将土壤侵蚀过程分为两部分：泥沙与土壤基质之间的吸附与分离过程及泥沙在地表的搬迁过程。泥沙吸附过程发生在无雨期，分离过程发生在降雨期，泥沙分离方程为

$$\mathrm{DET}=\mathrm{DELT60}\times(1-\mathrm{CR})\times\mathrm{SMPF}\times\mathrm{KRER}\times(\mathrm{RAIN}/\mathrm{DELT60})\times\mathrm{JRER} \tag{5-12}$$

式中，DET 为由降雨引起的土壤泥沙分离；DELT60 为小时数/时间间隔；CR 为由雪和其他覆盖的土地百分数；SMPF 为人为影响因子；KRER 为泥沙分离方程系数；RAIN 为降水量；JRER 为泥沙分离方程指数。

降雨对透水地面土壤的剥蚀以及对不透水地面的冲刷是水体泥沙的两个主要来源。对于透水地面，泥沙的模拟过程包括降雨引起泥沙从母壤的分离及地表径流对泥沙的挟带和传输两个过程，降落到土壤上的雨点动能能够产生可能被地表径流挟带走的微粒。用于模拟泥沙剥蚀和迁移过程的数学方程是基于 Meyer 和 Wischmeier 所提出的土壤表面受降水侵蚀的算法。泥沙搬迁过程发生在坡面流产生过程中，搬迁采用分离泥沙颗粒的冲刷和吸附在土壤中颗粒的冲蚀两种模拟方法，搬迁方程和冲蚀方程分别为

$$\mathrm{STCAP}=\mathrm{DELT60}\times\mathrm{KSER}\times(\mathrm{SURO}/\mathrm{DELT60})\times\mathrm{JSER} \tag{5-13}$$

$$\mathrm{SCRSD}=\mathrm{DELT60}\times\mathrm{KGER}\times(\mathrm{SURO}/\mathrm{DELT60})\times\mathrm{JGER} \tag{5-14}$$

式中，KSER 为泥沙冲刷方程系数；JSER 为泥沙冲刷方程指数；KGER 为泥沙冲蚀方程系数；JGER 为泥沙冲蚀方程指数。

5.3.2　SWAT 模型

SWAT（soil and water assessment tool）模型是由美国农业部农业研究中心开发的半分布式流域水文模型（Malik et al.，2021）。SWAT 模型具有很强的物理基础，适用于具有不同土壤、土地利用方式和管理条件下的复杂流域，可预测长期土地管理对水、泥沙和农业污染物的影响。该模型自 20 世纪 90 年代开发以来，经历了不断的扩展和完善，目前已在流域水量平衡、长期地表径流以及日平均径流模拟等方面得到了广泛的应用；在农业非点源污染、泥沙产量、农药输移等方面的研究中得到了大量的应用，实用性非常强。

SWAT 模型主要由水文过程、土壤侵蚀子和水质等子模块组成，水沙综合性能较强。SWAT 包括子流域、水库、池塘和河道 4 个部分，子流域由气象、水文、作物生长、土壤、泥沙迁移、养分状况（N、P）、农药/杀虫剂施用、农药管理措施 8 个组件构成，涵盖了 701 个方程和 1013 个变量。SWAT 模型是长周期分布式流域水文模型，可预测不同土壤种类、土地利用类型和管理措施下的流域内不同分区产流产污情况，已经逐渐成为水资源水环境保护管理规划中不可或缺的工具，通常用于评估复杂流域内土地管理模式对水流、泥沙和农业营养物的长期影响。SWAT 模型主要包括三个子模型：水文过程的子模型、土壤侵蚀子模型和污染负荷子模型。基于非点源污染的产生机理，SWAT 模型利用这三个模块模拟水文循环过程与污染负荷迁移转换过程。

1. 水文模块

SWAT 模型中水循环过程主要分为陆地产汇流以及河道汇流两个阶段，陆地产汇流包括降雨、截留、地表径流、蒸散发、土壤下渗、壤中流、地下径流等水文过程，主要控制子流域水、沙、营养物等向主河道运移；而河道汇流是指子流域中的径流、泥沙、营养物等沿着河网向流域出口汇流的过程（Merriman et al.，2018）。

考虑到流域下垫面和气候条件的空间异质性，SWAT 模型首先对数字高程模型（DEM）进行填挖处理，生成河流河网；通过设置流域最小汇水面积阈值，确定并划分相应的子流域。其次，基于每个子流域的土壤类型、土地利用类型和坡度的异同性，进一步划分出不同的水文响应单位（HRU）。最后，以每个子流域内的 HRU 为独立的响应单元并进行产汇流计算，各子流域产流量沿着河流河网汇流至流域出口。图 5-5 为 SWAT 模型 HRU 中从降雨到径流形成的水循环模拟过程，而水量平衡方程式［式（5-15）］始终是贯穿整个流域水文循环过程的主要驱动力。

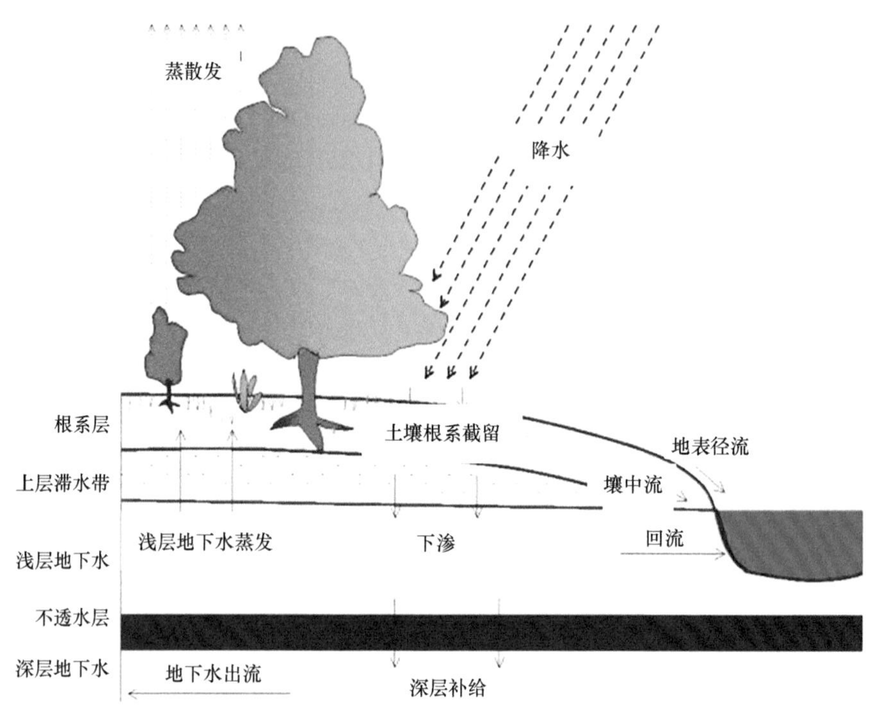

图 5-5 SWAT 模型水文循环示意图

流域水文模块包括水文循环陆地过程及水文循环汇流过程，其中水文循环陆地过程共包含气象模块、水文模块、土壤侵蚀模块、产沙模块、植被生长模块、污染物质模块、杀虫剂模块及农业管理模块等，控制每个子流域径流、泥沙、污染物等向主河道汇入；水文循环汇流过程包含河道汇流模块和水库汇流模块，控制流域河网内的径流、泥沙等向流域总出水口的输移过程（图 5-6），其所依据的水量平衡方程如式（5-15）：

$$\mathrm{SW}_t = \mathrm{SW}_0 + \sum_{i=1}^{t} (R_{\mathrm{day}} - Q_{\mathrm{surf}} - E_{\mathrm{a}} - W_{\mathrm{seep}} - Q_{\mathrm{gw}}) \tag{5-15}$$

式中，SW_0 为第 i 天的土壤初始含水量（mm）；R_{day} 为第 i 天的降水量；Q_{surf} 为第 i 天的表面径流量（mm）；E_{a} 为第 i 天的土壤蒸发量和植物蒸腾量（mm）；W_{seep} 为第 i 天的渗流量（mm）；Q_{gw} 为第 i 天的地下水量（mm）。

1）气象过程

水文循环的气象过程向模型提供了降雨与能量，控制水量平衡总的输入，包含太阳辐射、最高/最低气温、降水量、相对湿度、风速等变量。实测数据缺失的情况下由模型的天气发生器自动生成：日降水量通过一阶马尔可夫模型比较生成随机数与实测输入的逐月雨–晴概率来判断，日以下时间步长的降水量可通过双指数函数来确定，每日最高/最低气温与太阳辐射根据连续性方程生成正态分布，日均风速通过修正指数方程来确定。

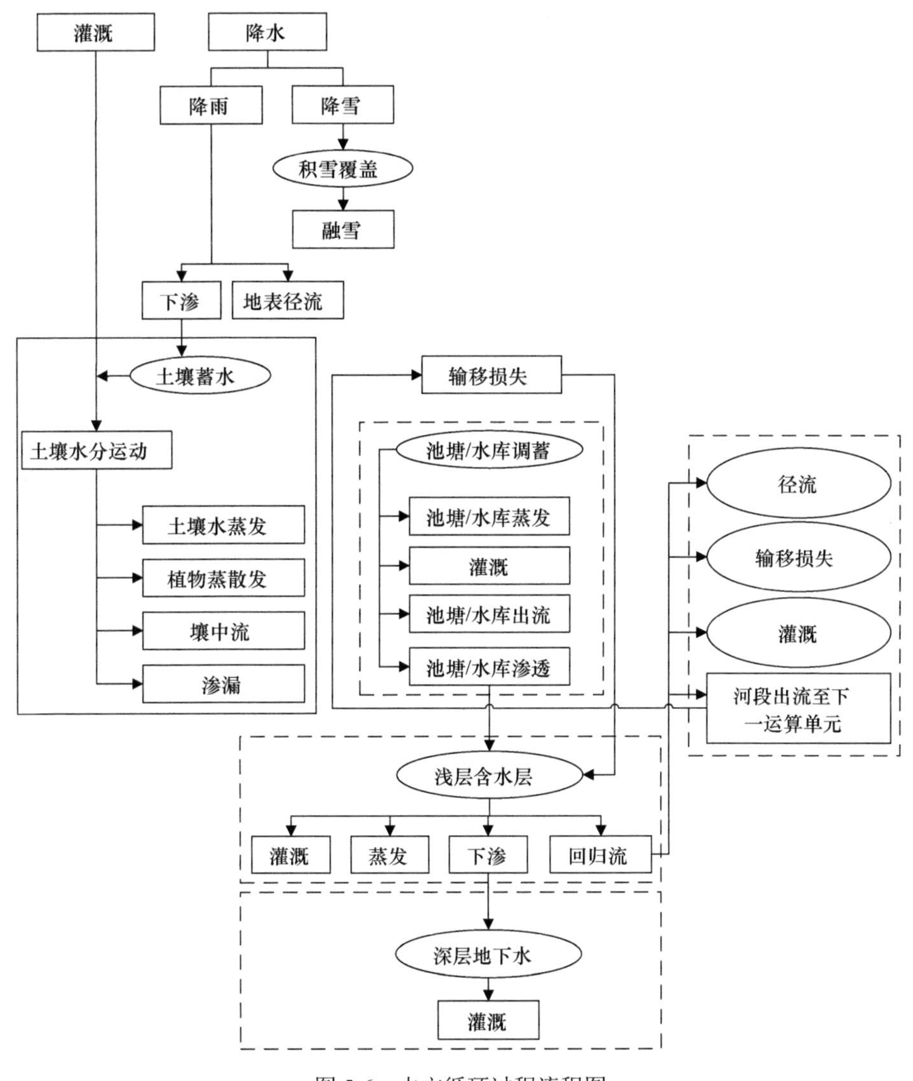

图 5-6　水文循环过程流程图

气象过程的水文响应单元/子流域的模型命令串如图 5-7 所示。

2）水文循环过程

水文循环过程为由气象过程输入水分，一部分被冠层截留，一部分到达土壤表面或渗入土壤剖面或形成地表径流，渗入土壤剖面的水分经过蒸散发等过程和地表径流一起汇入地表水系统。

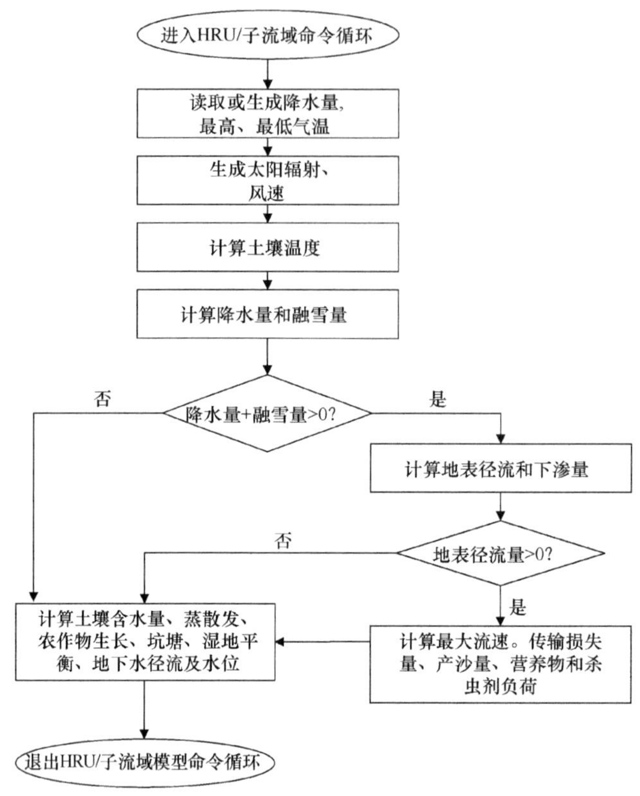

图 5-7 气象过程水文响应单元/子流域模型命令串

A. 地表径流

分布式非点源模型一般提供两种方式计算地表径流，一种是 SCS（curve number method）径流曲线，另一种为 Green&Ampt 产流模型。当模型降水过程资料较为缺乏、降水总量数据资料丰富时，采用 SCS 径流曲线模型模拟地表径流，SCS 模型是由美国农业部(USDA)的土壤保护局[Soil Conservation Service，现称为自然资源保护局(Natural Resources Conservation Service)] 开发的。它根据降雨和径流的数量关系，同时结合小流域的实验观测资料进行统计相关分析建立小流域暴雨计算模型，该模型涉及许多下垫面参数，其数值取决于流域土地利用、土壤类型、土壤湿度、地表覆盖率等特征。其产流计算公式为

$$Q_{\mathrm{surf}} = \frac{(R_{\mathrm{day}} - I_{\mathrm{a}})^2}{R_{\mathrm{day}} - I_{\mathrm{a}} + S} \tag{5-16}$$

式中，Q_{surf} 为超渗雨量（mm）；R_{day} 为当天雨深（mm）；I_{a} 为产流前地面填注量、植物截留量、下渗量等出损量（mm）；S 为滞留参数（mm）。

产流前地面填注量、植物截留量、下渗量等出损量 I_{a} 的公式为

$$I_a = 0.2S \tag{5-17}$$

滞留参数的公式为

$$S = \frac{25400}{\mathrm{CN}} - 254 \tag{5-18}$$

式中，CN 为无量纲参数，反映流域降雨前期特征，可通过查找不同土地利用类型、土壤类型表获得（表 5-7）。

表 5-7　SCS 曲线数

土地利用	土地利用措施	水文条件	A	B	C	D
休耕地	裸土	—	77	87	91	94
	作物残留物覆盖	差	76	85	90	93
		好	74	83	88	90
条耕作物	行播	差	72	81	88	90
		好	67	78	85	89
	利用作物残茬的行播	差	71	80	87	90
		好	64	75	82	85
	等高耕作	差	70	79	84	88
		好	65	75	82	86
	利用作物残茬的等高耕作	差	69	78	83	87
		好	64	74	81	85
	等高耕作&梯田	差	66	74	80	82
		好	62	71	78	81
	利用作物残茬的等高耕作&梯田	差	65	73	79	81
		好	61	70	77	80
小谷物作物	行播	差	65	76	84	88
		好	63	75	83	87
	利用作物残茬的行播	差	64	75	83	86
		好	60	72	80	84
	等高耕作	差	63	74	82	85
		好	61	73	81	84
	利用作物残茬的等高耕作	差	62	73	81	84
		好	60	72	80	83
	等高耕作&梯田	差	61	72	79	82
		好	59	70	78	81
	利用作物残茬的等高耕作&梯田	差	60	71	78	81
		好	58	69	77	80
密植、播撒豆类植物或轮耕	行播	差	66	77	85	89
		好	58	72	81	85
	等高耕作	差	64	75	83	85
		好	55	69	78	83
	等高耕作&梯田	差	63	73	80	83
		好	51	67	76	80

综上，可得 SCS 径流曲线方程：

$$Q_{\text{surf}} = \frac{\left(R_{\text{day}} - 0.2S\right)^2}{R_{\text{day}} + 0.8S} \tag{5-19}$$

仅当 $R_{\text{day}} > I_{\text{a}}$，即 $0.2S$，产生地表径流。

同时模型引入 CN 值的土壤水分校正，由正常条件下的 CN 值计算干旱及湿润条件下的 CN 值。

$$\text{CN}_1 = \text{CN}_2 - \frac{20 \times \left(100 - \text{CN}_2\right)^2}{100 - \text{CN}_2 + \exp\left[2.533 - 0.0636 \times \left(100 - \text{CN}_2\right)\right]} \tag{5-20}$$

$$\text{CN}_3 = \text{CN}_2 \times \exp\left[0.0636 \times \left(100 - \text{CN}_2\right)\right] \tag{5-21}$$

B. 蒸散发

蒸散发过程为地球表面液态或固态水转化为水汽的过程，包含冠层截留蒸散发、潜在蒸散发、实际蒸散发和植物蒸腾、土壤水蒸发。

（1）冠层截留蒸散发：冠层截留蒸散发通过将部分降雨截留到冠层，从而降低降雨侵蚀能量。分布式非点源模型可模拟植物冠层的最大截留量，其是关于叶面积的指数函数：

$$\text{can}_{\text{day}} = \text{can}_{\max} \frac{\text{LAI}}{\text{LAI}_{\max}} \tag{5-22}$$

式中，can_{day} 为植物冠层截留的最大水量（mm）；$\text{can}_{\max}$ 为冠层最为繁茂时所截流的最大量（mm）；LAI 为叶面积指数；$\text{LAI}_{\max}$ 为最大叶面积指数。

若蒸散发小于植物冠层的截流量 E_{can}，则

$$E_{\text{a}} = E_{\text{can}} = E_0 \tag{5-23}$$

$$E_{\text{INT}(f)} = E_{\text{INT}(i)} - E_{\text{can}} \tag{5-24}$$

式中，E_{a} 为流域蒸发量（mm）；E_{can} 为冠层蒸发量（mm）；E_0 为潜在蒸发量（mm）；$E_{\text{INT}(f)}$ 为冠层最终含水量（mm）；$E_{\text{INT}(i)}$ 为冠层初始含水量（mm）。

若蒸散发 E_0 大于植被冠层截流量 E_{INT} 时，则

$$E_{\text{can}} = E_{\text{INT}(i)} \tag{5-25}$$

$$E_{\text{INT}(f)} = 0 \tag{5-26}$$

（2）潜在蒸散发：潜在蒸散发为由完全遮盖地面、高度相同且从不缺水的低矮草类所散发的水量，一般采用 Penman-Monteith 方法、Priestley-Taylor 方法及 Hargreaves 方法进行蒸散发模拟计算。

Penman-Monteith 方法蕴含维持蒸发能量、水汽输送长度、空气动力学、表面抗阻的因子，公式如下：

$$\lambda_{\mathrm{E}} = \frac{\Delta \cdot (H_{\mathrm{net}} - G) + \rho \cdot c_{\mathrm{p}} \left(e_{\mathrm{z}}^{0} - e_{\mathrm{z}}\right)/r_{\mathrm{a}}}{\Delta + \gamma \cdot (1 + \gamma_{\mathrm{c}}/\gamma_{\mathrm{a}})} \tag{5-27}$$

式中，λ_{E} 为潜热通量密度[MJ/(m²·d)]；Δ 为饱和水汽压–温度关系曲线的斜率(kPa/℃)；H_{net} 为净辐射量［MJ/（m²·d)]；G 为热量通量密度［MJ/（m²·d)]；ρ 为空气密度 kg/m³；c_{p} 为恒压下特定热量［MJ/（kg·℃)]；e_{z}^{0} 为饱和水汽压（kPa)；e_{z} 为水汽压（kPa)；γ_{a} 为扩散阻抗（s/m)；γ 为湿度常数（kPa/℃)；γ_{c} 为冠层阻抗（s/m)。

Priestley-Taylor 方法公式如下：

$$\lambda E_0 = \alpha_{\mathrm{pet}} \frac{\Delta}{\Delta + \gamma} (H_{\mathrm{net}} - G) \tag{5-28}$$

式中，λ 蒸散发潜热（MJ/kg)；E_0 为潜在蒸散发量（mm/d)；H_{net} 为湿度常数（kPa/℃)；Δ 表示饱和水汽压–温度关系曲线的斜率（kPa/℃)；G 为热量通量密度［MJ/（m²·d)]。

Hargreaves 方法公式如下：

$$\lambda E_0 - = 0.0023 H_0 \left(T_{\max} - T_{\min}\right) 0.5 \left(\overline{T}_{\mathrm{av}} + 17.8\right) \tag{5-29}$$

式中，λ 蒸散发潜热(MJ/kg)；E_0 为潜在蒸散发量$(\mathrm{mm/d})$；H_0 为地外辐射[MJ/(m²·d)]；$T_{\max}$ 为某天最高气温（℃)；$T_{\min}$ 为某天最低气温（℃)；$\overline{T}_{\mathrm{av}}$ 为某天平均气温（℃)。

（3）实际蒸散发：潜在蒸散发总量确定之后，可通过计算冠层截留雨量、最大散发量及植物蒸腾、土壤蒸腾等过程，计算实际蒸散发量。

蒸散量计算公式如下：

$$\text{当}\ 0 \leqslant \mathrm{LAI} < 3.0 \qquad E_{\mathrm{t}} = \frac{E_0 \cdot \mathrm{LAI}}{3.0} \tag{5-30}$$

$$\text{当}\ \mathrm{LAI} \geqslant 3.0 \qquad E_{\mathrm{t}} = E_0 \tag{5-31}$$

式中，LAI 为叶面积指数；E_{t} 为日最大蒸腾量（mm)；E_0 为潜在蒸发量（mm)。

土壤蒸腾计算公式如下：

$$E_{\mathrm{soil},z} = E_{\mathrm{s}} \frac{z}{z + \exp(2.347 - 0.00713 \times z)} \tag{5-32}$$

$$E_{\mathrm{soil,ly}} = E_{\mathrm{soil},z\mathrm{l}} - E_{\mathrm{soil},z\mathrm{u}} \tag{5-33}$$

$$E_{\mathrm{soil,ly}} = E_{\mathrm{soil},z\mathrm{l}} - E_{\mathrm{soil},z\mathrm{u}} \times \mathrm{esco} \tag{5-34}$$

式中，z 为地表以下深度（mm)；$E_{\mathrm{soil},z}$ 为 z 深度处蒸发所需水量（mm)；$E_{\mathrm{soil,ly}}$ 为 ly 层蒸发需水量（mm)；$E_{\mathrm{soil},z\mathrm{l}}$ 为土壤下层蒸发需水量（mm)；$E_{\mathrm{soil},z\mathrm{u}}$ 为土壤上层蒸发需水量（mm)；esco 为土壤蒸发系数。

C. 土壤水

蒸散发过程为地球表面液态或固态水转化为水汽的过程，包含冠层截留蒸散发、潜在蒸散发、实际蒸散发和植物蒸腾、土壤水蒸发。土壤水分可通过植物吸收、土壤蒸发而损失，也可渗透补给含水层，或侧向运动补给地表水。不同水分条件下各质地土壤的含水量如表 5-8 所示。

表 5-8　各质地土壤含水量

土壤质地	黏粒含量	含水量		
		饱和含水量	田间持水量	永久枯萎点
沙土	3	0.40	0.06	0.02
壤土	22	0.50	0.29	0.05
黏土	47	0.60	0.41	0.20

土壤有效含水量（available water content，AWC）为田间持水量（field capacity，FC）减永久凋萎点（permanent wilting point）的水量，公式如下：

$$\mathrm{AWC}=\mathrm{FC}-\mathrm{WP} \tag{5-35}$$

永久萎蔫点的体积含水量公式如下：

$$\mathrm{WP}_{\mathrm{ly}}=0.40\frac{m_{\mathrm{c}}\cdot\rho_{\mathrm{b}}}{100} \tag{5-36}$$

式中，$\mathrm{WP}_{\mathrm{ly}}$为所占土壤总体积分数的凋萎系数；$m_{\mathrm{c}}$为黏粒含量（%）；$\rho_{\mathrm{b}}$为土壤层容重（$\mathrm{mg/m^3}$）。

从上层土壤渗透到下层的水量通过存储演算方程来计算：

$$w_{\mathrm{prec,ly}}=\mathrm{SW}_{\mathrm{ly,excess}}\left[1-\exp\left(\frac{-\Delta t}{\mathrm{TT}_{\mathrm{perc}}}\right)\right] \tag{5-37}$$

式中，$w_{\mathrm{prec,ly}}$为某天从上层渗透到下层的水量（mm）；$\mathrm{SW}_{\mathrm{ly,excess}}$为土层可渗透量（mm）；$\Delta t$为时间步长（h）；$\mathrm{TT}_{\mathrm{perc}}$为渗透时间（h）。

其中，旁通水流计算公式为

$$w_{\mathrm{crk,btm}}=0.5\mathrm{crk}\cdot\frac{\mathrm{crk}_{\mathrm{ly=nm}}}{\mathrm{depth}_{\mathrm{ly=nm}}} \tag{5-38}$$

式中，$w_{\mathrm{crk,btm}}$为旁通水流水量（mm）；crk 为土层总干裂裂隙量（mm）；$\mathrm{crk}_{\mathrm{ly=nm}}$为某天最深土层干裂裂隙量（mm）；$\mathrm{depth}_{\mathrm{ly=nm}}$为最深土层深度（mm）。

若上层土壤水分向下层渗透受到相关限制，将达到饱和形成滞水面，计算公式如下：

$$w_{\mathrm{perc,btm}}=w_{\mathrm{perc,btm.orig}}\frac{\mathrm{depth_{diff}}}{\mathrm{depth_{diff}}+\exp\left(8.833-2.598\mathrm{depth_{diff}}\right)} \tag{5-39}$$

式中，$w_{\mathrm{perc,btm}}$为土壤剖面渗出水量（mm）；$\mathrm{depth_{diff}}$为土壤不透水层到土壤底部的距离（m）。

侧向流是降雨垂直渗透到不透水层上蓄积形成滞水面，计算公式为

$$\mathrm{Q}_{\mathrm{lat}} = \left(Q'_{\mathrm{lat}} + Q_{\mathrm{latstor},i-1}\right)\left[1 - \exp\left(\frac{-1}{\mathrm{TT}_{\mathrm{lag}}}\right)\right] \tag{5-40}$$

式中，$\mathrm{Q}_{\mathrm{lat}}$ 为汇入主河道的侧向流水量（mm）；Q'_{lat} 为子流域中的侧向流量（mm）；$Q_{\mathrm{latstor},i-1}$ 为前一天存储的侧向流量（mm）；$\mathrm{TT}_{\mathrm{lag}}$ 为侧向流运动时间（天）。

D. 地下水

地下水通过下渗和地表水体渗漏获得补给，然后汇入河流，导致地下水的减少。分布式非点源模型用于模拟这种地下水的补给过程，以及汇入子流域河段中的浅层含水层和河段的承压深层含水层。

依照水量平衡方程，浅层含水层计算公式如下：

$$aq_{\mathrm{shi},i} = aq_{\mathrm{sh},i-1} + w_{\mathrm{rchrg,sh}} - Q_{\mathrm{gw}} - w_{\mathrm{revap}} - w_{\mathrm{pump,sh}} \tag{5-41}$$

式中，$aq_{\mathrm{shi},i}$ 为第 i 天浅层含水层的储水量（mm）；$aq_{\mathrm{sh},i-1}$ 为第 i–1 天浅层含水层的储水量(mm)；$w_{\mathrm{rchrg,sh}}$ 为第 i 天浅层含水层的补给量(mm)；Q_{gw} 为第 i 天地下水径流量(mm)；w_{revap} 为因水分不足进入土壤的水量(mm)；$w_{\mathrm{pump,sh}}$ 为第 i 天浅层含水层的抽水量(mm)。

浅层和深层含水层的补给是通过渗透、旁通水流到达土壤最底部，然后穿过包气带的，计算公式如下：

$$w_{\mathrm{rchrg},i} = \left[1 - \exp\left(-1/\delta_{\mathrm{gw}}\right)\right] \cdot W_{\mathrm{seep}} + \exp\left(-1/\delta_{\mathrm{gw}}\right) \cdot w_{\mathrm{rchrg},i-1} \tag{5-42}$$

式中，$w_{\mathrm{rchrg},i}$ 为第 i 天含水层补给量（mm）；δ_{gw} 为上覆地层排水时间（天）；W_{seep} 为第 i 天通过土壤剖面底部流出的总水分通量（mm/d）；$w_{\mathrm{rchrg},i-1}$ 为第 i–1 天含水层补给量（mm）。

综上，流域地下水的径流量为

$$Q_{\mathrm{gw}} = \frac{8000K_{\mathrm{sat}}}{L_{\mathrm{gw}}^2} h_{\mathrm{wthl}} = \frac{8000\mu}{10} \cdot \frac{10K_{\mathrm{sat}}}{\mu \cdot L_{\mathrm{gw}}^2} h_{\mathrm{wtbl}} = 800\mu \cdot \alpha_{\mathrm{gw}} \cdot h_{\mathrm{wtbl}} \tag{5-43}$$

式中，Q_{gw} 为第 i 天进入河道的地下水补给量(mm)；K_{sat} 为含水层的渗透系数(mm/d)；L_{gw}^2 为地下水分跨到主河道的距离（m）；h_{wthl} 为潜水面埋深（m）；μ 为含水层给水度(m/m)；α_{gw} 为基流退水常数。

3）汇流过程

河道汇流过程即径流、泥沙、营养物质等向主河道的汇流。河道汇流过程采用基于动力波模型变形的变动存储系数模型或马斯京根法计算，如式（5-44）所示：

$$V_{\mathrm{stored}} = K \cdot q_{\mathrm{out}} + K \cdot X \cdot \left(q_{\mathrm{in}} - q_{\mathrm{out}}\right) \tag{5-44}$$

式中，V_{stored} 为总蓄水量(mm)；q_{in} 为汇入主河道流量(mm)；q_{out} 为出流量(mm)；K 为时间常数（s）；X 为综合权重因子。

2. 土壤侵蚀模块

侵蚀指通过雨滴、地表径流等侵蚀力所引起的土壤颗粒剥离、搬运以及沉积。较为强烈的侵蚀能带走植物生长所需的氮磷营养物质，降低土壤肥力。分布式非点源模型通常采用修正的通用土壤流失方程（modified universal soil loss equation，MUSLE）来计算侵蚀量，其用径流因子提高产沙量模拟精度，并可用于次暴雨事件中，修正的通用土壤流失方程如下：

$$\text{sed}=11.8\left(Q_{\text{surf}}\cdot q_{\text{peak}}\cdot \text{area}_{\text{hru}}\right)^{0.56}\cdot K_{\text{USLE}}\cdot C_{\text{USLE}}\cdot P_{\text{USLE}}\cdot \text{LS}_{\text{USLE}}\cdot \text{CFRG} \tag{5-45}$$

式中，sed 为土壤产沙量（t）；Q_{surf} 为地表径流量（mm/hm^2）；q_{peak} 为洪峰流量（m^3/s）；area_{hru} 为 HRU 面积（hm^2）；K_{USLE} 为土壤侵蚀因子；C_{USLE} 为农业管理因子；P_{USLE} 为水土保持因子；LS_{USLE} 为地形因子；GFRG 为粗碎屑因子。

1）土壤可蚀性因子

部分土壤种类由于自身特性相较其他土壤种类更易遭受侵蚀，土壤可蚀性因子可描述这种侵蚀能力的差异性。分布式非点源模型采用的土壤可蚀性因子计算方程考虑了土壤中粉粒和沙粒都小于粒径分布 70%的情况。

$$K_{\text{USLE}}=\frac{0.00021\times M^{1.14}\left(12-\text{OM}\right)+3.25\times\left(c_{\text{soilstr}}-2\right)+2.5\times\left(c_{\text{perm}}-3\right)}{100} \tag{5-46}$$

式中，K_{USLE} 为土壤可蚀性因子；M 为颗粒尺度参数；OM 为土壤有机质含量（%）；c_{soilstr} 为土壤分类结构代码；c_{perm} 为土壤坡面渗透性。

其中，c_{soilstr} 土壤分类结构按照非常细颗粒、细颗粒、中等颗粒、粗颗粒、非常粗颗粒进行划分（表 5-9）。

表 5-9 土壤结构等级划分 （单位：mm）

大小等级	结构类型			
	片状	棱柱状或柱状	块状	团粒状
非常细	<1	<10	<5	<1
细	1～2	10～20	5～10	1～2
中等	2～5	20～50	10～20	2～5
粗	5～10	50～100	20～50	5～10
非常粗	>10	>100	>50	>10

土壤可蚀性因子 K 的可选计算方程为

$$K_{\text{USLE}}=f_{\text{csand}}\cdot f_{\text{cl-si}}\cdot f_{\text{orgC}}\cdot f_{\text{hisand}} \tag{5-47}$$

式中，f_{csand} 为粗糙砂土质地高可蚀性因子；$f_{\text{cl-si}}$ 为黏壤土低可蚀性因子；f_{orgC} 为高有机质土壤的可蚀性减少因子；f_{hisand} 为高砂质土壤的可蚀性减少因子。

$$f_{\text{csand}}=0.2+0.3\times\exp\left[-0.256\times m_{\text{s}}\left(1-\frac{m_{\text{silt}}}{100}\right)\right] \tag{5-48}$$

$$f_{\text{cl-si}} = \left(\frac{m_{\text{silt}}}{m_{\text{c}} + m_{\text{silt}}} \right)^{0.3} \tag{5-49}$$

$$f_{\text{orgC}} = 1 - \frac{0.25 \times \rho_{\text{orgC}}}{\rho_{\text{orgC}} + \exp\left(3.72 - 2.95 \times \rho_{\text{orgC}}\right)} \tag{5-50}$$

$$f_{\text{hisand}} = 1 - \frac{0.7 \times \left(1 - \frac{m_{\text{s}}}{100}\right)}{\left(1 - \frac{m_{\text{s}}}{100}\right) + \exp\left[-5.51 + 22.9\left(1 - \frac{m_{\text{s}}}{100}\right)\right]} \tag{5-51}$$

式中，m_{s}为土壤沙粒（0.05～2.00 mm）含量（%）；m_{silt}为土壤粉粒（0.002～0.05 mm）含量（%）；m_{c}为土壤黏粒（粒径＜0.002 mm）含量（%）；ρ_{orgC}为土壤层有机碳含量（%）。

2）覆盖、管理措施因子

分布式非点源模型的覆盖、管理措施因子为耕作地土壤损失量与清理完耕作物的土壤损失量的比值，随着植物生长阶段的不同，该比值相应发生变化。采用以下方程逐日更新覆盖、管理措施因子：

$$C_{\text{USLE}} = \exp\left\{\left[\ln 0.8 - \ln\left(C_{\text{USLE,mm}}\right)\right]\exp\left(-0.00115\text{rsd}_{\text{surf}}\right) + \ln\left(C_{\text{USLE,mm}}\right)\right\} \tag{5-52}$$

式中，C_{USLE}为植被覆盖下土壤的最小覆盖、管理措施因子值；rsd_{surf}为表面土壤的植物残留量（kg/hm^2）。

通过式（5-53），根据已知年平均 C 值估计最小 C 因子：

$$C_{\text{USLE,mm}} = 1.463 \times \ln\left(C_{\text{USLE,aa}}\right) + 0.1034 \tag{5-53}$$

式中，$C_{\text{USLE,mm}}$为已知平均 C 值。

3）水土保持措施因子

水土保持措施因子 P_{USLE}为特定水土保持措施下（等高耕作、等高条植及等高耕作梯田）与顺坡耕种的土壤流失量比值。等高条植及等高耕作梯田的 P_{USLE}分别如表 5-10、表 5-11 所示。

表 5-10　等高条植的 P_{USLE} 值

土地坡度	农耕规划		产沙量计算	
	等高 P 因子	条植 P 因子	定级河道的草场排水口	陡峭反坡梯田的地下排水口
1%～2%	0.60	0.30	0.12	0.05
3%～8%	0.50	0.25	0.10	0.05
9%～12%	0.60	0.30	0.12	0.05
13%～16%	0.70	0.35	0.14	0.05
17%～20%	0.80	0.40	0.16	0.06
21%～25%	0.90	0.45	0.18	0.06

表 5-11　等高耕作梯田的 P_{USLE} 值

土地坡度	P_{USLE} 值			条带宽度/m	坡长最大值/m
	A	B	C		
1%～2%	0.30	0.45	0.60	40	244
3%～5%	0.25	0.38	0.50	30	183
6%～8%	0.25	0.38	0.50	30	122
9%～12%	0.30	0.45	0.60	24	73
13%～16%	0.25	0.52	0.70	24	49
17%～20%	0.40	0.60	0.80	18	37
21%～25%	0.45	0.68	0.90	15	30

注：A 表示每隔 4 年进行一次轮作，先种植行列作物，然后是小麦和草地，接着连续种植草地 2 年；B 表示进行为期 4 年的轮作，包括 2 年的行列作物、冬季谷物和草地种植，以及 1 年的草地；C 表示在轮作中，行列作物和冬季谷物交替种植。

4）地形因子

地形因子表示与长 22.1 m，平均坡度为 9%，其他条件都一致的连续休耕 2 年以上的单位地块土壤流失量比值，表示地表径流输沙能力的强弱，计算公式如下：

$$\mathrm{LS_{USLE}}=\left(\frac{\mathrm{L_{hill}}}{22.1}\right)^{m}\times\left(65.41\times\sin^{2}\alpha_{\mathrm{hill}}+4.56\times\sin^{2}\alpha_{\mathrm{hill}}+0.065\right)\qquad(5\text{-}54)$$

式中，$\mathrm{L_{hill}}$ 为坡长（m）；m 为坡长指数；α_{hill} 为坡角。

坡长指数 m 由式（5-55）得到：

$$m=0.6\times\left[1-\exp\left(-35.835\times\mathrm{slp}\right)\right]\qquad(5\text{-}55)$$

式中，slp 为水文响应单元 HRU 坡度（%）。

α_{hill} 与 slp 之间关系如式（5-56）所示：

$$\mathrm{slp}=\arctan\alpha_{\mathrm{hill}}\qquad(5\text{-}56)$$

5）粗糙度因子

土壤粗糙度因子 CFRG 通过式（5-57）计算：

$$\mathrm{CFRG}=\exp\left(-0.053\times\mathrm{rock}\right)\qquad(5\text{-}57)$$

式中，rock 为土壤中第一层岩石量所占百分比（%）。

3. 污染负荷模块

1）氮循环模块

氮循环包括水、大气及土壤等，分布式非点源模型可精确模拟土壤剖面和浅层含水层中的氮循环过程。氮元素通过大气氮沉降、共生细菌固氮作用及氮肥施用进入土壤，通过植物吸收、土壤淋溶、微生物反硝化及侵蚀作用从土壤中流失。模型可模拟三种有机氮库及无机矿质态氮（NH_4^+、NO_3^-）。

A. 矿化作用

将有机氮通过微生物的硝化作用（氨化作用）转化为植物可利用的无机氮的过程称为矿化作用，计算公式如式（5-58）所示：

$$N_{\text{mina,ly}} = \beta_{\min} \cdot \left(\gamma_{\text{tmp,ly}} \cdot \gamma_{\text{sw,ly}}\right)^{1/2} \cdot \text{orgN}_{\text{act,ly}} \quad (5\text{-}58)$$

式中，$N_{\text{mina,ly}}$ 为腐殖质有机氮库的矿化量（kg/hm^2）；$\beta_{\min}$ 为腐殖质有机氮库的矿化速率系数；$\gamma_{\text{tmp,ly}}$ 为营养物循环温度因子；$\gamma_{\text{sw,ly}}$ 为营养循环水因子；$\text{orgN}_{\text{act,ly}}$ 为有机氮库的氮量（kg/hm^2）。

残留物有机氮库的矿化量如式（5-59）所示：

$$N_{\text{min f,ly}} = 0.8\delta_{\text{ntr,ly}} \cdot \text{orgN}_{\text{frsh,ly}} \quad (5\text{-}59)$$

式中，$N_{\text{min f,ly}}$ 为新生有机氮库的矿化量（kg/hm^2）；$\delta_{\text{ntr,ly}}$ 为腐殖质有机氮库的衰变速率系数；$\text{orgN}_{\text{frsh,ly}}$ 为有机氮库氮量（kg/hm^2）。

B. 硝化作用

土壤中硝化细菌将 NH_4^+ 氧化成 NO_2^-，再氧化成 NO_3^- 的过程称为硝化作用，计算公式如式（5-60）所示：

$$N_{\text{nitf,ly}} = \frac{\text{fr}_{\text{nit,ly}}}{\text{fr}_{\text{nit,ly}} + \text{fr}_{\text{vol,ly}}} \cdot N_{\text{nit/vol,ly}} \quad (5\text{-}60)$$

氨基通过挥发作用从氨基库中迁移氮量，其过程可以用式（5-61）表示：

$$N_{\text{vol,ly}} = \frac{\text{fr}_{\text{vol,ly}}}{\text{fr}_{\text{nit,ly}} + \text{fr}_{\text{vol,ly}}} \cdot N_{\text{nit/vol,ly}} \quad (5\text{-}61)$$

式中，$N_{\text{nitf,ly}}$ 为 NH_4^+ 氧化成 NO_3^- 的氨量（kg/hm^2）；$N_{\text{vol,ly}}$ 为 NH_4^+ 转化成 NH_3 的挥发量（kg/hm^2）；$\text{fr}_{\text{nit,ly}}$ 为受硝化作用影响的估算分数；$\text{fr}_{\text{vol,ly}}$ 为通过挥发作用影响的估算分数；$N_{\text{nit/vol,ly}}$ 为硝基总量（kg/hm^2）。

C. 反硝化作用

通过硝化细菌将硝酸盐在缺氧状况下还原成 N_2O、N_2 的过程即反硝化作用。通过上述反硝化作用反应造成氮量损失的公式如式（5-62）所示：

$$\begin{cases} N_{\text{denit,ly}} = \text{NO}_{3\text{ly}}\left[1 - \exp\left(-\beta_{\text{denit}} \cdot \gamma_{\text{tmp,ly}} \cdot \text{orgC}_{\text{ly}}\right)\right] & \gamma_{\text{sw,ly}} \geqslant \gamma_{\text{sw,thr}} \\ N_{\text{denit,ly}} = 0 \quad \gamma_{\text{sw,ly}} \geqslant \gamma_{\text{sw,thr}} \end{cases} \quad (5\text{-}62)$$

式中，$N_{\text{denit,ly}}$ 为反硝化损失氮量（kg/hm^2）；$\text{NO}_{3\text{ly}}$ 为土层中硝酸盐量（kg/hm^2）；β_{denit} 为反硝化作用速率系数；$\gamma_{\text{tmp,ly}}$ 为营养物循环温度因子；$\gamma_{\text{sw,ly}}$ 为营养循环水因子；orgC_{ly} 为土层中的有机碳（%）；$\gamma_{\text{sw,thr}}$ 为因子临界值。

D. 大气沉降作用

氮可以通过大气沉降的方式，根据干沉降和湿沉降的机理沉积到水陆表面。闪电可使大气中的 N_2 与氧气发生反应生成氧化亚氮（N_2O），再氧化为二氧化氮（NO_2），随降雨形成硝酸进入土壤，通过降雨进入土壤的硝酸盐量如式（5-63）所示：

$$\text{NO}_{3\text{rain}} = 0.01 R_{\text{NO}_3} \cdot R_{\text{day}} \quad (5\text{-}63)$$

式中，NO_{3rain} 为通过降雨进入土壤的硝酸盐量（kg/hm²）；R_{NO_3} 为雨中的硝酸盐量（kg/hm²）；R_{day} 为某天降水量（mm）。

通过降雨进入土壤的氨基量如式（5-64）所示：

$$NH_{4rain} = 0.01 R_{NH_4} \cdot R_{day} \tag{5-64}$$

式中，NH_{4rain} 为通过降雨进入土壤的氨基量（kg/hm²）；R_{NH_4} 为雨中的氨基量（kg/hm²）；R_{day} 为某天降水量（mm）。

2）磷迁移转化

分布式非点源模型可模拟土壤剖面和浅层含水层中的磷循环过程。磷元素通过土壤母质岩石风化、含磷化肥和含磷粪肥等施用进入土壤，通过植物吸收、侵蚀作用从土壤中流失。模型可模拟三种有机磷库及三种无机磷库。

对于表层 10mm 土壤层，将初始有机磷库含量设为土壤表面残留物初始量的 0.03%，公式如下：

$$\mathrm{orgP}_{\mathrm{frsh,surf}} = 0.0003\mathrm{rsd}_{\mathrm{surf}} \tag{5-65}$$

式中，$\mathrm{orgP}_{\mathrm{frsh,surf}}$ 为新生有机库中磷含量（ppm）；$\mathrm{rsd}_{\mathrm{surf}}$ 为土壤表层残留物含量（kg/hm²）。

A. 矿化作用

将有机磷通过微生物转化为可利用无机磷的过程称为矿化作用，计算公式如式（5-66）所示：

$$P_{\mathrm{mina,ly}} = 1.4\beta_{\min} \cdot \left(\gamma_{\mathrm{tmp,ly}} \cdot \gamma_{\mathrm{sw,ly}}\right)^{1/2} \cdot \mathrm{orgP}_{\mathrm{act,ly}} \tag{5-66}$$

式中，$P_{\mathrm{mina,ly}}$ 为有机磷库的矿化量（kg/hm²）；$\beta_{\min}$ 为腐殖质有机磷库矿化速率系数；$\gamma_{\mathrm{tmp,ly}}$ 为营养物循环温度因子；$\gamma_{\mathrm{sw,ly}}$ 为营养循环水因子；$\mathrm{orgP}_{\mathrm{act,ly}}$ 为有机磷库的氮量（kg/hm²）。

有机磷库的矿化量计算公式如式（5-67）所示：

$$P_{\mathrm{dec,ly}} = 0.2\delta_{\mathrm{ntr,ly}} \cdot \mathrm{orgP}_{\mathrm{frsh,ly}} \tag{5-67}$$

式中，$P_{\mathrm{dec,ly}}$ 为新生磷库的矿化量（kg/hm²）；$\delta_{\mathrm{ntr,ly}}$ 为腐殖质有机磷库的衰变速率系数；$\mathrm{orgP}_{\mathrm{frsh,ly}}$ 为有机磷库磷量（kg/hm²）。

B. 吸附作用

溶解态磷库、活性态无机磷库与吸附态无机磷库间存在快速平衡状态，在溶解态与活性态间的运移量由式（5-68）所示：

$$\begin{cases} P_{\mathrm{sol/act,ly}} = 0.1\left(P_{\mathrm{solution,ly}} - \min P_{\mathrm{act,ly}} \dfrac{\mathrm{pai}}{1-\mathrm{pai}}\right) & P_{\mathrm{solution,ly}} > \min P_{\mathrm{act,ly}} \dfrac{\mathrm{pai}}{1-\mathrm{pai}} \\ P_{\mathrm{sol/act,ly}} = 0.6\left(P_{\mathrm{solution,ly}} - \min P_{\mathrm{act,ly}} \dfrac{\mathrm{pai}}{1-\mathrm{pai}}\right) & P_{\mathrm{solution,ly}} < \min P_{\mathrm{act,ly}} \dfrac{\mathrm{pai}}{1-\mathrm{pai}} \end{cases} \tag{5-68}$$

式中，$P_{\text{sol/act,ly}}$ 为溶解态与活性态之间转移的磷量（kg/hm²）；$P_{\text{solution,ly}}$ 为溶液中磷量（kg/hm²）；$P_{\text{act,ly}}$ 为活性态无机库磷量（kg/hm²）；pai 为磷可利用指数。当 $P_{\text{sol/act,ly}}$ 为正值时，磷转移到活性态无机库，当 $P_{\text{sol/act,ly}}$ 为负值时，磷转移到溶解态无机库。

C. 淋溶作用

磷通过淋溶作用在土壤中迁移，由于磷的迁移转换速率低，模型只考虑从表层 10mm 到第一层的淋溶作用，该层淋溶的可溶性磷损失量如式（5-69）所示：

$$P_{\text{perc}} = \frac{P_{\text{solution,surf}} \cdot w_{\text{perc,surf}}}{10\rho_{\text{b}} \cdot \text{depth}_{\text{surf}} \cdot k_{\text{d,perc}}} \tag{5-69}$$

式中，P_{perc} 为从表层 10 mm 迁移到第一层土壤层的磷量（kg/hm²）；$P_{\text{solution,surf}}$ 为表层中磷量（kg/hm²）；$w_{\text{perc,surf}}$ 为从表层 10 mm 迁移到第一层土壤层的水量（mm）；ρ_{b} 为表层 10 mm 土层容重（Mg/m³）；$\text{depth}_{\text{surf}}$ 为土壤表层深度；$k_{\text{d,perc}}$ 为磷渗透系数（cm/s）。

5.4　水动力学模型

围绕影响流域水环境问题的自然和人类活动因子及其与水系统的互动关系，针对不同水体与陆域面源污染和点源污染的关系，分别构建多维（一维、二维）的水动力水质模型。在此基础上，构建多维水动力水质模型，建立干支流河网一维、湖泊/水库二维的多维耦合水动力水质模型，以一维河网水动力水质模型为核心，将流域产汇流、面源产污、城市排污口点源排放作为河网水动力水质耦合模拟的外边界，提出基于动态自适应网格的嵌套方法，实现与二维湖库水动力水质模型的实时交互，在此基础上，研发水体多维水动力水环境模拟系统。

针对复杂的水动力学问题，本书构建了一套适用于复杂地形条件的二维水动力水质模拟模型。为了满足计算效率的需求，本书基于重点河段的地形特点提出了动态自适应正方形结构网格方法。与目前常用的非结构网格或贴体网格相比，这种方法具有精度高、计算效率高的特点。同时，它也避免了非结构网格在壁面处产生虚假流动的问题，以及贴体网格变化后交角与数值解有关的问题。此外，该方法能够自动生成细网格，以捕捉复杂地形和水流状态，而在地形和流态简单平缓的地方则使用粗网格覆盖。在水流状态由复杂转为简单后，细网格会自动变粗。因此，网格随着水力条件的变化而动态调整，从而达到了计算精度和时间的最佳结合。

在典型流域自主研发的干支流河道一维水动力水质模型和湖泊/水库二维水动力水质模型大幅提升了模拟效率和精度。针对多维耦合模拟在交界面附近的数值精度降低、计算失稳的问题，本书研发了随水动力场和污染浓度梯度动态变化的自适应网格划分方法，提出了“一维河网–二维河道–二维湖库”的嵌套耦合方式，“二维河道”为“一维河网”和“二维湖库”的重叠区域，采用粗网格一体化划分二维河道和二维湖库，遵守“2∶1”原则动态划分精细网格，以确保质量和动量守恒，在此基础上开发了河湖多维嵌套动力模拟模块 BNU-SWP，计算效率提升 300%以上。

5.4.1　干支流河道一维水动力水质模型

通过构建数学模型的方式解决实际中的河流模拟问题是非常复杂的，靠单一学科领域或理论成果难以完成。基于水动力–水质集成的一维水质水量耦合模型交叉运用水力学、水质和水文学等相关理论、方法，综合考虑多个方面的因素研究河流水动力过程和水质变化规律，对解决河流水污染防治问题具有较大的实用价值和理论意义。

河网一维–二维水动力水质模型是基于实测河道断面资料进行建模的。对于河道，采用河网一维水动力水质模型进行模拟，并针对关键的河段采用二维水动力水质模型进行模拟。通过二维模型可以得到水流的详细流场模拟结果，而一维模拟则可以为二维模拟提供上下边界条件。本研究将流域区间入流、流域面源污染、城市点源污染以及通江湖泊水位作为外边界条件，以此进行模拟。这样的模型可以对流域河网的污染负荷进行空间模拟和负荷估算，可以模拟河道内各关键断面的总氮、总磷负荷量，以及各种污染负荷在河道沿程上的空间分布情况。

河网一维–二维水动力水质模型可以为水环境水生态分析提供二维水动力流场；考虑流域区间入流和面源排放、城市江城关系、湖泊江湖关系，可模拟不同流域社会经济发展情景下，河道和通江湖泊的水量和水质变化，为河道水量–水质模拟以及综合调控提供科学工具。

1. 模型架构

水质水量耦合包括“紧密耦合”和“松散耦合”两种方式，区别在于是否联立求解湍流方程和浓度方程，是否同时计算流场和浓度场。由于实际河流中的污染物一般来说浓度都比较低，对水流的水力特性影响不大，所以基于水动力–水质集成的一维水质水量耦合模型采用松散耦合模式，先计算流场，再根据流场计算结果求解浓度场。

模型由两个部分组成：水动力模拟和水质模拟，具体可以划分为四个模块：①水动力计算；②水质计算；③区间过程估算；④闸坝调控。实际上，四个模块都有完整的结构，都可以作为一个单独的模型来运行，但是基于水动力–水质集成的一维水质水量耦合模型使四个模块之间相互调用，紧紧联系，形成一个多功能的综合性模型，以解决复杂的河流模拟问题。整个模型的输入包括地形、水位、流量、水质、水动力参数、水质参数、水文参数，输出主要有水位、流量、流速、水质。水动力计算模块需要输入地形和水文（水位或流量）数据，计算出单一河段的流场，调用闸坝调控模块后可以算出全河段流场，再引入区间过程估算模块的区间入流量估算以修正水位流量数据，提高水动力计算结果的精度。水质计算模块需要输入水质数据，结合水动力计算模块的流场结果后可以求出全河段浓度场分布，再调动区间过程估算模块的区间污染负荷估算以修正水质数据，从而进一步提高水质模拟精度。

2. 水动力模块

水动力模型是通过上、下游控制断面等提供的初始条件和边界条件，计算出河段流场，也就是河段各个断面位置的面积、湿周、水位、流量、水深、流速等水力要素。其主要包括圣维南方程组的离散求解、初始条件的确定、水动力参数率定和模型验证等内容。

1）控制方程

圣维南方程组（Saint-Venant equations）是描述一维明渠非恒定渐变流运动的基本方程，包括连续性方程和运动方程，根据选取的基本变量不同可以表示成多种形式。本书以流量 Q 和水位 Z 为基本变量，考虑旁侧出入流量，采用以下形式的圣维南方程组：

$$\begin{cases}\dfrac{\partial A}{\partial t}+\dfrac{\partial Q}{\partial x}=q\\[2ex]\dfrac{\partial Q}{\partial t}+2\dfrac{Q}{A}\dfrac{\partial Q}{\partial x}+[gA-B(\dfrac{Q}{A})^2]\dfrac{\partial Z}{\partial x}=(\dfrac{Q}{A})^2\left.\dfrac{\partial A}{\partial x}\right|_Z-g\dfrac{Q^2n^2}{AR^{4/3}}\end{cases} \tag{5-70}$$

式中，A 为面积（m^2）；t 为时间（s）；Q 为流量（m^3/s）；x 为流程（m）；q 为单位流程上的侧向流（m^2/s），正值表示流入；g 为重力加速度，取 $9.81\mathrm{m/s}^2$；B 为水面宽度（m）；Z 为水位（m）；n 为糙率，无量纲；R 为湿周（m）。

式（5-70）中第一个式子是连续性方程，反映了水流的连续介质假设，体现了质量守恒；第二个式子是动量方程，是非恒定流重力、压力、阻力和惯性力之间的关系，反映了牛顿第二定律，体现了动量守恒。

河网中河道交汇的节点叫汊点。根据质量守恒定律，汊点位置的流量计算采用式（5-71）：

$$\sum Q_j=\frac{\mathrm{d}V}{\mathrm{d}t} \tag{5-71}$$

式中，Q_j 为第 j 条河流进入汊点的流量（m^3/s）；V 为汊点蓄水量（m^3）。

对于汊点的水位，根据伯努利定律，采用以下动力衔接条件：

$$E_j=Z_j+\frac{u_j^2}{2g}=\cdots=E \tag{5-72}$$

式中，E_j 为第 j 条河流的总水头（m）；Z_j 为第 j 条河流的水位（m）；u_j 为第 j 条河流的流速（m/s）；g 为重力加速度（$\mathrm{m/s}^2$）；E 为汊点位置总水头（m）。

2）离散格式

采用较为常用的 Preissmann 四点偏心格式对式（5-70）进行离散。这一格式针对矩形网格中间的某个点 M 将因变量的微分变为差分。M 点位于空间步长的正中心，在时间步长上，偏向已知时层 $\theta\Delta t$，偏向未知时层 $(1-\theta)\Delta t$，其中 θ 为权重因子，如图 5-8 所示。

以流量 Q 为例，Preissmann 四点偏心格式具体形式如下：

$$\left.\frac{\partial Q}{\partial x}\right|_M\approx\frac{\theta Q_{i+1}^{j+1}+(1-\theta)Q_{i+1}^{j}-\theta Q_i^{j+1}-(1-\theta)Q_i^j}{\Delta x_i} \tag{5-73}$$

$$\left.\frac{\partial Q}{\partial t}\right|_M\approx\frac{Q_{i+1}^{j+1}+Q_i^{j+1}-Q_{i+1}^{j}-Q_i^j}{2\Delta t} \tag{5-74}$$

$$Q_M\approx\theta\frac{Q_i^{j+1}+Q_{i+1}^{j+1}}{2}+(1-\theta)\frac{Q_i^j+Q_{i+1}^j}{2} \tag{5-75}$$

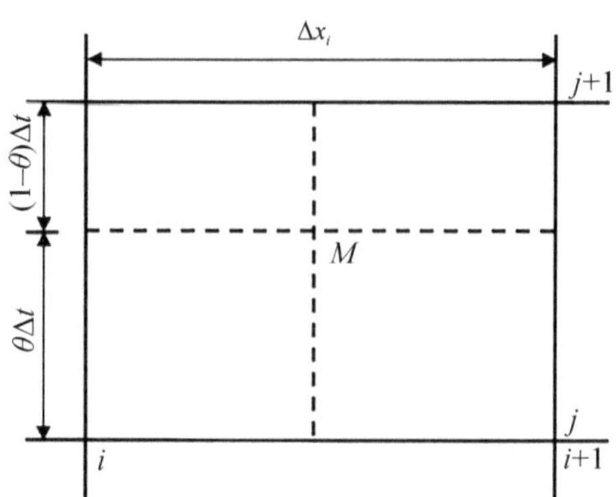

图 5-8　四点偏心格式的网格图

式中，i 为距离；j 为时间；θ为权重因子。

水位 Z 的离散方式同上。

Preissmann 四点偏心格式是隐式差分格式，可以从理论上证明无条件稳定，但由于原始资料等多个因素的限制，空间步长要适当，时间步长也不能取太长。稳定性受权重因子θ的影响较大，过小或者过大的θ都会使计算的稳定性变差。根据经验，θ一般取 0.7～0.75 稳定性较好，精度较高。

将式（5-73）～式（5-75）代入式（5-70），得到连续性方程和动量方程的差分格式：

$$a_{1i}z_i^{j+1} - c_{1i}Q_i^{j+1} + a_{1i}z_{i+1}^{j+1} - c_{1i}Q_{i+1}^{j+1} = e_{1i} \tag{5-76}$$

$$a_{2i}z_i^{j+1} + c_{2i}Q_i^{j+1} - a_{2i}z_{i+1}^{j+1} + d_{2i}Q_{i+1}^{j+1} = e_{2i} \tag{5-77}$$

其中：

$$a_{1i}=1$$

$$c_{1i} = 2\theta\frac{\Delta t}{\Delta x_i}\frac{1}{B_M}$$

$$e_{1i} = Z_i^j + Z_{i+1}^j - \frac{1-\theta}{\theta}c_{1i}(Q_{i+1}^j - Q_i^j) + q\frac{2\Delta t}{B}$$

$$a_{2i} = 2\theta\frac{\Delta t}{\Delta x_i}(\frac{Q_M^2}{A_M^2}B_M - gA_M)$$

$$c_{2i} = 1 - 4\theta\frac{\Delta t}{\Delta x_i}\frac{Q_M}{A_M}$$

$$d_{2i} = 1 + 4\theta\frac{\Delta t}{\Delta x_i}\frac{Q_M}{A_M}$$

$$e_{2i} = \frac{1-\theta}{\theta}a_{2i}(Z_{i+1}^j - Z_i^j) + (d_{2i} - 4\theta\frac{\Delta t}{\Delta x_i}\frac{Q_M}{A_M})Q_{i+1}^j + (c_{2i} + 4\theta\frac{\Delta t}{\Delta x_i}\frac{Q_M}{A_M})Q_i^j$$
$$+ 2\Delta t\frac{Q_M^2}{A_M^2}\frac{A_{i+1}(Z_M) - A_i(Z_M)}{\Delta x_i} - 2\Delta t\frac{gn^2Q_M|Q_M|}{A_M^{7/3}B_M^{4/3}}$$

需要注意的是，系数 e_{2i} 中的 Q_M 含有未知层的流量 Q_i^{j+1} 和 Q_{i+1}^{j+1}，所以求解方程时需要进行多次迭代计算。

3）初始条件确定

在求解圣维南方程组之前，除了需要提供上、下游控制断面等边界条件（水位、流量或水位流量关系），还需要提供初始条件，即各断面初始时刻的水位（或水深）和流量（或流速）。对于一般底坡较小的河道，初始水位可以给个假定值，如与控制站点的初始水位相同。然而，对于山区性质的河流或水位变幅较大的河段，假设初始水位有时可能无法使模型运行。因此，本研究采用恒定流模拟的方法生成初始条件，这在很大程度上可以避免模型难以启动的问题。

考虑明渠恒定渐变流方程：

$$\begin{cases} \dfrac{\partial Q}{\partial x} = q \\ \dfrac{\partial Z}{\partial x} + \dfrac{1}{gA}\dfrac{\partial}{\partial x}(\dfrac{Q^2}{A}) - \dfrac{Q^2 n^2}{A^2 R^{4/3}} = 0 \end{cases} \tag{5-78}$$

式中，Q 为流量（m^3/s）；x 为流程（m）；q 为单位流程上的侧向流，正值表示流入（m^2/s）；g 为重力加速度，取 $9.81m/s^2$；A 为断面面积（m^2）；Z 为水位（m）；n 为糙率，无量纲；R 为湿周（m）。

以差分近似代替微分，离散后得到以下方程：

$$Z_1 = Z_2 + \frac{\bar{Q}^2 n^2}{\bar{A}^2 \bar{R}^{4/3}}\Delta x + \frac{1}{g\bar{A}}(\frac{Q_2{}^2}{A_2} - \frac{Q_1{}^2}{A_1}) \tag{5-79}$$

其中，$\bar{A} = (A_1 + A_2)/2$；$\bar{Q} = (Q_1 + Q_2)/2$；$\bar{R} = (R_1 + R_2)/2$。

用二分法多次试算和循环反复，可对该方程进行求解。

4）控制方程计算

在实际计算时，将全河段划分为 N+1 个断面，每个断面有 Q 和 Z 两个未知数，一共有 2（N+1）个未知数。N+1 个断面有 N 个子河段，而每个子河段可以建立式（5-80）和式（5-81）这样的两个方程（i=0，…，N–1），所以全河段一共 2N 个方程，再从上下游控制站补充两个边界条件就可以求解方程。补充方程的形式如下：

$$a_0 z_0^{j+1} + c_0 Q_0^{j+1} = e_0 \tag{5-80}$$

$$a_N z_N^{j+1} + c_N Q_N^{j+1} = e_N \tag{5-81}$$

若上游控制断面提供的边界条件是流量，则 a_0=0，c_0=1，$e_0 = Q$；若提供的边界条件是水位，则 a_0=1，c_0=0，$e_0 = Z$。若下游控制断面提供的边界条件是流量，则 a_N=0，c_N=1，$e_N = Q$；若提供的边界条件是水位，则 a_N=1，c_N=0，$e_N = Z$。

结合式（5-78）～式（5-81），方程组的系数矩阵如下：

$$\begin{pmatrix} a_0 & c_0 & & & & & & & & \\ a_{11} & -c_{11} & a_{11} & c_{11} & & & & & & \\ a_{21} & c_{21} & -a_{21} & d_{21} & & & & & & \\ & & a_{12} & -c_{12} & a_{12} & c_{12} & & & & \\ & & a_{22} & c_{22} & -a_{22} & d_{22} & & & & \\ & & \cdots & \cdots & \cdots & \cdots & & & & \\ & & & & a_{1,N-1} & -c_{1,N-1} & a_{1,N-1} & c_{1,N-1} & & \\ & & & & a_{2,N-1} & c_{2,N-1} & -a_{2,N-1} & d_{2,N-1} & & \\ & & & & & & & a_N & d_N \end{pmatrix} \begin{pmatrix} Z_1 \\ Q_1 \\ Z_2 \\ Q_2 \\ Z_3 \\ \cdots \\ Q_{N-1} \\ Z_N \\ Q_N \end{pmatrix} = \begin{pmatrix} e_0 \\ e_{11} \\ e_{21} \\ e_{12} \\ e_{22} \\ \cdots \\ e_{1,N-1} \\ e_{2,N-1} \\ e_N \end{pmatrix}$$

根据系数矩阵，通过消元，可以将方程形式转化成一种标准形式，再采用消元法求解。以上游边界提供流量、下游边界提供水位为例，式（5-80）可以转化成如下形式：

$$Q_i = P_i + R_i Z_i \tag{5-82}$$

式中，由于是第一个断面，所以 i=0；$P_0=e_0/c_0$，$Q_0=-a_0/c_0$；由于上游给定的边界条件是流量，事实上 $P_0=Q$，$Q_0=0$ 。

将式（5-82）代入式（5-76）和式（5-77），则得到以下一组方程：

$$\begin{cases} Z_i = L_{i+1} + M_{i+1} Z_{i+1} \\ Q_{i+1} = P_{i+1} + R_{i+1} Z_{i+1} \end{cases} \tag{5-83}$$

其中：

$$L_{i+1} = \frac{d_{2i}(e_{1i} + c_{1i}P_i) - c_{1i}(e_{2i} - c_{2i}P_i)}{d_{2i}(a_{1i} - c_{1i}R_i) - c_{1i}(a_{2i} + c_{2i}R_i)}$$

$$M_{i+1} = -\frac{a_{1i}d_{2i} + a_{2i}c_{1i}}{d_{2i}(a_{1i} - c_{1i}R_i) - c_{1i}(a_{2i} + c_{2i}R_i)}$$

$$P_{i+1} = \frac{(e_{2i} - c_{2i}P_i)(a_{1i} - c_{1i}R_i) - (e_{1i} + c_{1i}P_i)(a_{2i} + c_{2i}R_i)}{d_{2i}(a_{1i} - c_{1i}R_i) - c_{1i}(a_{2i} + c_{2i}R_i)}$$

$$R_{i+1} = \frac{a_{1i}(a_{2i} + c_{2i}R_i) + a_{2i}(a_{1i} - c_{1i}R_i)}{d_{2i}(a_{1i} - c_{1i}R_i) - c_{1i}(a_{2i} + c_{2i}R_i)}$$

对于最后一个断面，显然有

$$\begin{cases} Z_{N-1} = L_N + M_N Z_N \\ Q_N = P_N + R_N Z_N \end{cases} \tag{5-84}$$

由于下游 Z_N 已知，采用双消去法的“求逆”过程逆推回去就可以完成方程的一次求解运算。再将上述过程进行 5～10 次迭代，从而解决系数矩阵中 e_{2i} 含有未知层流量的问题。

3. 水质计算模块

水质计算模块以环境水力学为基础，侧重于污染物在水体中的输移、扩散和转化。该模块根据水动力计算模块的流场模拟结果，在输入边界的水质数据后，可以模拟污染物随时间和空间迁移转化的规律。由于研究河段较长，两岸的入河排污口众多，所以水质模型的正确建立很大程度上取决于基础数据的全面性和真实性。

1）污染物迁移转化

水环境中污染物可以分成两大类：保守物质和非保守物质。保守物质随水流运动而改变空间位置，并通过不断向周围分散而稀释，降低了初始浓度，但在水体中的总量不会减少，如部分高分子有机物和重金属。非保守物质除了具有保守物质随水流运动和分散作用的特点外，还会因为自身衰减或者在环境因素作用下发生反应而减少总量。污染物进入河流后一般有三个阶段的混合过程：垂向混合、横向混合和纵向混合，分别指污染物朝水深方向、对岸方向和下游方向的混合。

自然界中水流的运动是非常复杂的，有多个不同的流态。在这样复杂的流场中，污染物发生迁移转化也有多种方式。其中，迁移转化的物理过程主要包括：分子扩散（molecular diffusion）、随流扩散（advection diffusion）、紊动扩散（turbulent diffusion）、剪切流离散（dispersion of shear flow）、对流扩散（convection diffusion）和物理吸附（physical adsorption）；化学过程有化学吸附（chemical adsorption）和氧化还原反应（redox reaction）；生物过程主要是生物降解（biodegradation）。实际上，天然水体中污染物的这些迁移转化过程不会以单一的方式进行，而是多种方式同时存在，各个过程交织在一起。此外，床沙质在河床和水流中的交换，浊度改变导致光照强度的变化等因素都会影响污染物的迁移和转化过程。

2）河流水质方程

与河流不同横断面之间的平均污染物浓度偏差相比，长河段横断面上各点的污染物浓度偏差要小得多，所以垂向和横向浓度梯度往往可以忽略，只考虑河流纵向上的污染物浓度变化，即一维水质模拟问题。一维河流水质方程如下：

$$\frac{\partial C}{\partial t}+u\frac{\partial C}{\partial x}=M\frac{\partial^2 C}{\partial x^2}+KC+S \tag{5-85}$$

式中，C 为污染物浓度（mg/L）；t 为时间（s）；u 为断面平均流速（m/s）；x 为流程（m）；M为综合扩散系数，以剪切流离散为主（m^2/s）；K 为综合衰减系数，以一级反应为主（d^{-1}）；S 为外源项［mg/（$m^3 \cdot s$）］。

对于河流汊点，考虑如下的污染负荷平衡方程：

$$\sum Q_j C_j = C\frac{\mathrm{d}V}{\mathrm{d}t} \tag{5-86}$$

式中，Q_j 为第 j 条河流进入汊点的流量（m^3/s）；C_j 为第 j 条河流进入汊点的污染物浓度（mg/L）；V 为汊点蓄水量（m^3）；C 为汊点污染物浓度（mg/L）。

3）水质方程求解

采用有限差分法对式（5-85）进行离散，结合初始条件和边界条件，再利用水动力模块的流场计算结果进行驱动，就可以求解水质方程得到浓度场分布。对空间步长 x 采用向前差分格式，对时间步长 t 采用向后差分格式，对 x 的二阶导数采用中心差分格式，该隐格式离散的格式如图 5-9 所示。

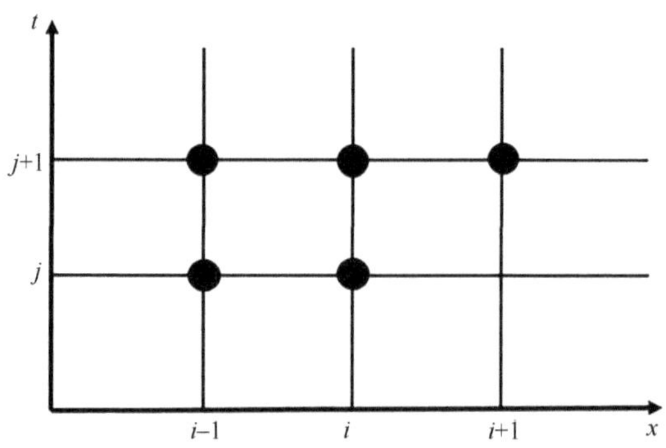

图 5-9　隐格式离散的格式图

该隐格式的差分形式如下：

$$\frac{\partial C}{\partial x} \approx \frac{C_i^{j+1} - C_{i-1}^{j+1}}{\Delta x_{i-1}} \tag{5-87}$$

$$\frac{\partial C}{\partial t} \approx \frac{C_i^{j+1} - C_i^{j}}{\Delta t} \tag{5-88}$$

$$\frac{\partial^2 C}{\partial x^2} = \frac{C_{i+1}^{j+1} - 2C_i^{j+1} + C_{i-1}^{j+1}}{\Delta x_{i-1}\Delta x_i} \tag{5-89}$$

$$C = \frac{C_i^{j+1} + C_{i-1}^{j}}{2} \tag{5-90}$$

式中，C 为污染物浓度（mg/L）。将式（5-87）～式（5-90）代入式（5-85）得到离散后的水质差分方程：

$$\frac{C_i^{j+1} - C_i^{j}}{\Delta t} + u_i \frac{C_i^{j+1} - C_{i-1}^{j+1}}{\Delta x_{i-1}} = M \frac{C_{i+1}^{j+1} - 2C_i^{j+1} + C_{i-1}^{j+1}}{\Delta x_{i-1}\Delta x_i} - K \frac{C_i^{j+1} + C_{i-1}^{j}}{2} + S_i \tag{5-91}$$

将式（5-91）整理后得到：

$$\alpha_i C_{i-1}^{j+1} + \beta_i C_i^{j+1} + \gamma_i C_{i+1}^{j+1} = \delta_i \quad (i = 1, n) \tag{5-92}$$

其中：

$$\alpha_i = -\frac{M}{\Delta x_{i-1}\Delta x_i} - (1+f)\frac{u_i}{2\Delta x_{i-1}}$$

$$\beta_i = \frac{1}{\Delta t} + \frac{2M}{\Delta x_{i-1}\Delta x_i} + \frac{K}{2} + f\frac{u_i}{\Delta x_{i-1}}$$

$$\gamma_i = -\frac{M}{\Delta x_{i-1}\Delta x_i} + (1-f)\frac{u_i}{2\Delta x_{i-1}}$$

$$\delta_i=(\frac{1}{\Delta t}-\frac{u_i}{\Delta x_{i-1}})C_i^j+(\frac{u_i}{\Delta x_{i-1}}-\frac{K}{2})C_{i-1}^j+S_i$$

式中，f 主要依据迎风格式，按照河流流向确定，顺向为 1，逆向为–1。当 i=1 时，边界条件为

$$\beta_1C_1^{j+1}+\gamma_1C_2^{j+1}=\delta'=\delta_1-\alpha_1C_0^{j+1} \tag{5-93}$$

当 i=n 时，以传递边界为下边界条件：

$$C_{i+1}^{j+1}=2C_i^{j+1}-C_{i-1}^{j+1}$$

则

$$\alpha_n{}'C_{n-1}^{j+1}+\beta_n{}'C_n^{j+1}=\delta_n \tag{5-94}$$

其中：

$$\alpha_n{}'=\alpha_n-\gamma_n$$

$$\beta_n{}'=\beta_n+2\gamma_n$$

当 i=2，…，n–1 时，

$$\alpha_iC_{i-1}^{j+1}+\beta_iC_i^{j+1}+\gamma_iC_{i+1}^{j+1}=\delta_i \tag{5-95}$$

综上，微分方程形成了如下的三对角矩阵：

$$\begin{pmatrix}\beta_1 & \gamma_1 & & & & & \\ \alpha_2 & \beta_2 & \gamma_2 & & & & \\ & \alpha_3 & \beta_3 & \gamma_3 & & & \\ & & \cdots & \cdots & \cdots & & \\ & & & & \alpha_{n-1} & \beta_{n-1} & \gamma_{n-1} \\ & & & & & \alpha_n{}' & \beta_n{}'\end{pmatrix}\begin{pmatrix}C_1^{j+1}\\ C_2^{j+1}\\ C_3^{j+1}\\ \cdots\\ C_{n-1}^{j+1}\\ C_n^{j+1}\end{pmatrix}=\begin{pmatrix}\delta_1{}'\\ \delta_2\\ \delta_3\\ \\ \delta_{n-1}\\ \delta_n\end{pmatrix}$$

对该矩阵采用追赶法求解。

当 i=1 时，

$$C_1^{j+1}=\frac{\delta'}{\beta_1}-\frac{\gamma_1}{\beta_1}C_2^{j+1}=g_1-w_1C_2^{j+1} \tag{5-96}$$

当 i=2，…，n–1 时，

$$C_i^{j+1}=\frac{\delta_i-\alpha_ig_{i-1}}{\beta_i-\alpha_iw_{i-1}}-\frac{\gamma_i}{\beta_i-\alpha_iw_{i-1}}C_{i+1}^{j+1}=g_i-w_iC_{i+1}^{j+1} \tag{5-97}$$

当 i=n 时，

$$C_n^{j+1}=\frac{\delta_n-\alpha_n{}'g_{n-1}}{\beta_n{}'-\alpha_n{}'w_{n-1}}=g_n \tag{5-98}$$

显然，采用追赶法，先按 i=1，n 的顺序计算出系数 g_i 和 w_i，再按 i=n，…，1 的顺序求逆过程，就可以解出第 j+1 层未知层的 C_i。再对时间 t 进行多次迭代，可以解出各时间层的污染物浓度值。

4）区间过程估算模块

由于研究河段较长，很多较小的河道、取水口或排污口等改变了某个河段区间的水量和水质，但又缺乏有效的监测数据，所以影响了模型计算结果。为提高模型精度，需要研究相应的模型，估算进入或排除河段的水量和污染负荷。

区间过程估算模块是基于马斯京根法建立的，反映了水量平衡和物质守恒的原理。考虑马斯京根法的两个方程：

$$\frac{1}{2}(I_1+I_2)\Delta t-\frac{1}{2}(O_1+O_2)\Delta t=W_1-W_2 \tag{5-99}$$

$$W=K[xI+(1-x)O] \tag{5-100}$$

式中，W_1、W_2为计算时段初、末的槽蓄量（m^3）；I_1、I_2为计算时段初、末的入流量（m^3/s）；O_1、O_2为计算时段初、末的出流量（m^3/s）；x为流量权重因子，河槽调蓄作用越大则x越小；Δt为马斯京根流量演算时段长（h）；K为稳定流情况下的河段传播时间。

联立式（5-99）和式（5-100），得到流量演算公式：

$$O_2=C_0I_2+C_1I_1+C_2O_1 \tag{5-101}$$

其中：

$$C_0=\frac{\frac{1}{2}\Delta t-Kx}{K-Kx+\frac{1}{2}\Delta t}$$

$$C_1=\frac{\frac{1}{2}\Delta t+Kx}{K-Kx+\frac{1}{2}\Delta t}$$

$$C_2=\frac{K-Kx-\frac{1}{2}\Delta t}{K-Kx+\frac{1}{2}\Delta t}$$

需要注意的是，马斯京根法是基于河道汇流为线型系统的假设，为满足该假设需要保证$2K(1-x)\geqslant\Delta t\geqslant 2Kx$和$\Delta t\approx K$。研究长河段时，宜将长河段划分为若干个小河段进行连续演算。

从水量平衡原理出发，基于马斯京根法可以估算区间入流量，然后再分配到汇入干流的小河道上，计算公式如下：

$$\mathrm{SQ}=Q_{\mathrm{d}}-\mathrm{QO}_{\mathrm{u}} \tag{5-102}$$

$$\mathrm{QO}_{\mathrm{u}}^t=C_0Q_{\mathrm{u}}^t+C_1Q_{\mathrm{u}}^{t-\Delta t}+C_2\mathrm{QO}_{\mathrm{u}}^{t-\Delta t} \tag{5-103}$$

式中，SQ为区间入流，负值表示出流（m^3/s）；Q_u、Q_d为上、下游控制断面的流量（m^3/s）；QO_u为上游控制断面的入流量在下游控制断面的出流量（m^3/s）；Δt为计算时段长（h）。

从物质守恒的原理出发，基于马斯京根法可以估算区间入河污染负荷，然后再分配到汇入干流的小河道上，计算公式如下：

$$\mathrm{SP} = \mathrm{PA_d} - \mathrm{PAO_u} \tag{5-104}$$

$$\mathrm{PAO}_\mathrm{u}^t = D_0 \mathrm{PA}_\mathrm{u}^t + D_1 \mathrm{PA}_\mathrm{u}^{t-\Delta t} + D_2 \mathrm{PAO}_\mathrm{u}^{t-\Delta t} \tag{5-105}$$

$$\mathrm{PA_u} = C_\mathrm{u} Q_\mathrm{u} \tag{5-106}$$

$$\mathrm{PA_d} = C_\mathrm{d} Q_\mathrm{d} \tag{5-107}$$

其中：

$$D_0 = \frac{\Delta t - 2Kx - \lambda Kx\Delta t}{2K - 2Kx + \Delta t + \lambda K(1-x)\Delta t}$$

$$D_1 = \frac{\Delta t + 2Kx - \lambda Kx\Delta t}{2K - 2Kx + \Delta t + \lambda K(1-x)\Delta t}$$

$$D_2 = \frac{2K - 2Kx - \Delta t - \lambda K(1-x)\Delta t}{2K - 2Kx + \Delta t + \lambda K(1-x)\Delta t}$$

式中，SP 为区间入河污染负荷，负值表示出河污染负荷（g/s）；$\mathrm{PA_u}$、$\mathrm{PA_d}$为上、下游控制断面的污染物对流通量（g/s）；$\mathrm{PAO_u}$为上游控制断面演算至下游控制断面的污染物对流通量（g/s）；Δt 为计算时段长（h）；λ 为污染物生化降解系数（s^{-1}）；D_0、D_1、D_2为马斯京根污染物通量演算系数，其计算式中各变量含义与式（5-101）中 C_0、C_1、C_2计算式中的变量含义相同。

5.4.2　湖泊/水库二维水动力水质模型

采用显式格式计算二维水动力水质控制方程组，计算格式统一、简单；针对计算区域复杂和地形分布不规则的特点，改进二维浅水方程形式，使用水位变量替代水深变量，建立“预和谐”控制方程，即 Pre-balanced shallow water equations；基于预和谐控制方程，以 Godunov 型有限体积法为框架，使用 Runge-Kutta 方法实现时间上的二阶精度，运用 MUSCL 方法实现空间上的二阶精度，并采用 HLLC 近似黎曼解计算界面通量；同时，结合斜率限制器以确保模型的高分辨率特性，并避免在间断或大梯度解附近产生非物理虚假振荡；采用局部修正干湿界面处床底高程的方法处理干湿床问题，简化了计算过程，提高了计算稳定性；采用半隐式格式计算摩阻项，确保了摩阻项在计算过程中不改变流速分量的方向，也避免了小水深引起的速度的不合理极化问题，提高了计算稳定性和准确性；针对显式格式，采用 CFL 稳定条件实现了数值模型的自适应时间步长技术。

1. 控制方程

二维水动力–水质模型的控制方程为

$$\frac{\partial q}{\partial t} + \frac{\partial f}{\partial x} + \frac{\partial g}{\partial y} = s \tag{5-108}$$

$$q=\begin{bmatrix}\eta\\ q_x\\ q_y\\ q_c\end{bmatrix}\qquad f=\begin{bmatrix}q_x\\ uq_x+\dfrac{g}{2}\left(\eta^2-2\eta z_b\right)\\ uq_y\\ uq_c\end{bmatrix}$$

$$g=\begin{bmatrix}q_y\\ vq_x\\ vq_y+\dfrac{g}{2}\left(\eta^2-2\eta z_b\right)\\ vq_c\end{bmatrix}\qquad s=\begin{bmatrix}0\\ -\dfrac{\tau_{bx}}{\rho}-g\eta\dfrac{\partial z_b}{\partial x}\\ -\dfrac{\tau_{by}}{\rho}-g\eta\dfrac{\partial z_b}{\partial y}\\ s_c\end{bmatrix}\qquad(5\text{-}109)$$

式中，t 为时间（s）；g 为重力加速度（m/s^2）；$-\dfrac{\partial z_b}{\partial x}$ 为 x 方向的底坡斜率；$-\dfrac{\partial z_b}{\partial y}$ 为 y 方向的底坡斜率；$\tau_{bx}=\rho C_f u\sqrt{u^2+v^2}$ 为 x 方向的底坡摩阻力；$\tau_{by}=\rho C_f v\sqrt{u^2+v^2}$ 为 y 方向的底坡摩阻力，其中 $C_f=gn^2/h^{1/3}$ 为底坡摩阻系数，n 为 Manning 糙率系数；ρ 为水的密度；q_c 为污染物扩散通量，c 为污染物扩散系数；s_c 为污染物扩散源项。如图 5-10 所示，z_b 为床底高程（m）；h 为水深（m）；η 为水位高程（$\eta=h+z_b$）（m）。

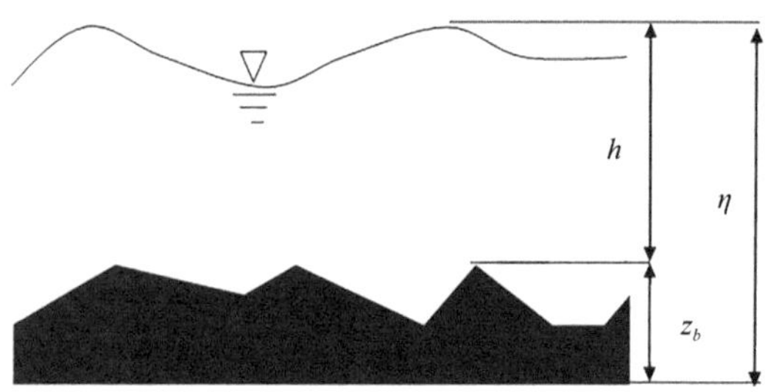

图 5-10　水位、水深、床底高程示意图

2. 动态自适应网格

本模型采用的动态自适应网格（dynamically adaptive but structured grid）可以直接应用有限体积 Godunov-type 格式对二维浅水方程进行数值求解。选择 Godunov-type 格式能够使模型自动捕捉复杂流态，包括水跃等现象。此外，该模型还能够保证在应用到复杂地形时保持平衡解、自动跟踪干湿边界，适用于实际河道模拟。

相邻网格必须满足两倍边长关系（2∶1 原则），即网格的任意边长只能是相邻网格对应边长的 2 倍、1 倍或 1/2。利用笛卡儿基础网格，定义不同等级单元网格的坐标，采用（i，j，i_s，j_s）的格式，（i，j）代表其在背景网格中的坐标，（i_s，j_s）代表其在子网格中的坐标，相邻网格可直接通过原坐标找到，可避免对计算网格重新排序，产生多余的数据结构存储空间（图 5-11）。

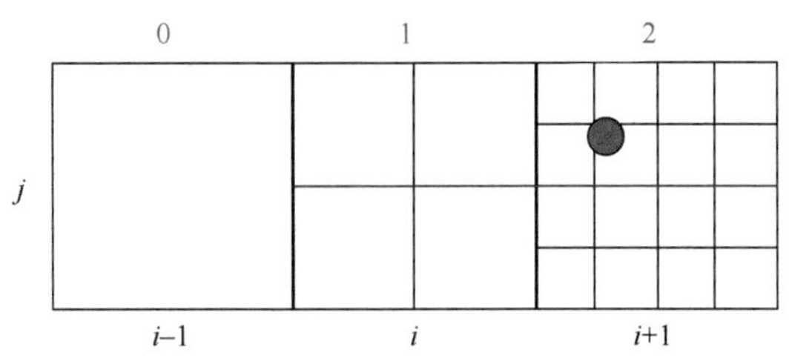

图 5-11　网格规则示意图

根据水动力学特性，定义自适应参数标准。采用平均水面梯度作为网格自适应参数标准，有助于精确捕捉间断和其他复杂的流模式（如超临界流、临界流、亚临界流等），将其代入标准公式计算阈值，判断下一个时间步长内各等级网格的疏密调整变化情况。在模拟中，每一个时间步长都将进行一次判断。通过设置适当的自适应参数值和阈值，实现随水流演进的动态自适应。

3. 控制方程求解

1）有限体积离散

有限体积离散如下：

$$q_{i,j}^{k+1} = q_{i,j}^{k} - \frac{\Delta t}{\Delta x}\left(f_{i+1/2,j} - f_{i-1/2,j}\right) - \frac{\Delta t}{\Delta y}\left(g_{i,j+1/2} - g_{i,j-1/2}\right) + \Delta t s_{i,j} \tag{5-110}$$

式中，上角标 k 为现在的时间步长；下角标 i 和 j 为网格的单元序号；Δt 为时间步长。

对式（5-110）使用二阶 Runge-Kutta 方法实现时间上的二阶精度，可得式（5-111）：

$$q_{i,j}^{k+1} = q_{i,j}^{k} - \frac{1}{2}\Delta t\left[K_{i,j}(q_{i,j}^{k}) + K_{i,j}(q_{i,j}^{*})\right] \tag{5-111}$$

式中，$K_{i,j} = \frac{f_{i+1/2,j} - f_{i-1/2,j}}{\Delta x} + \frac{g_{i,j+1/2} - g_{i,j-1/2}}{\Delta y} - s_{i,j}$ 为 Runge-Kutta 系数；中间流变量为 $q_{i,j}^{*} = q_{i,j}^{k} + \Delta t K_{i,j}(q_{i,j}^{k})$。

2）通量计算

由于积分平均，物理变量在每个单元内部为常数，在整个计算域内形成阶梯状分布，因此在单元界面处物理量存在间断，即界面左、右两侧的物理量不相等，故而在界面处构成了一个局部黎曼问题。通过黎曼问题的求解可得到界面处的对流数值通量。二维浅水方程的对流数值通量计算可转化为界面处一维黎曼问题求解。

由于近似求解黎曼问题的效率较高，且精度完全满足模拟计算的要求，因此近似黎曼求解器获得了广泛的研究和应用。目前，较常用的黎曼求解器主要有：FVS 格式、FDS 格式、Osher 格式、Roe 格式、HLL 格式、HLLC 格式等。由于 HLLC 格式满足熵条件，且在合理计算波速的情况下适应干湿界面计算，因此二维水动力水质模型采用该格式计算二维浅水方程的对流数值通量：

$$f_{i+1/2,j}=\begin{cases} f_{\mathrm{L}} & \text{if} \quad 0\leqslant S_{\mathrm{L}} \\ f_{*\mathrm{L}} & \text{if} \quad S_{\mathrm{L}}\leqslant 0\leqslant S_{\mathrm{M}} \\ f_{*\mathrm{R}} & \text{if} \quad S_{\mathrm{M}}\leqslant 0\leqslant S_{\mathrm{R}} \\ f_{\mathrm{R}} & \text{if} \quad 0\geqslant S_{\mathrm{R}} \end{cases} \tag{5-112}$$

式中，f_{L} 和 f_{R} 分别为接触波左、右侧的数值通量；$f_{*\mathrm{L}}$ 和 $f_{*\mathrm{R}}$ 分别为黎曼解中间区域接触波左、右侧的数值通量；S_{L}、S_{M}、S_{R} 分别为左波、接触波和右波的波速。$f_{*\mathrm{L}}$ 和 $f_{*\mathrm{R}}$ 由式（5-113）计算：

$$f_{*\mathrm{L}}=\begin{bmatrix} f_{1*} \\ f_{2*} \\ f_{1*}\cdot v_{\mathrm{L}} \end{bmatrix},\quad f_{*\mathrm{R}}=\begin{bmatrix} f_{1*} \\ f_{2*} \\ f_{1*}\cdot v_{\mathrm{R}} \end{bmatrix} \tag{5-113}$$

式中，f_{1*} 和 f_{2*} 分别为运用 HLL 格式计算得到的法向数值通量的第一、第二个分量：

$$f_{*}=\frac{S_{\mathrm{R}}f_{\mathrm{L}}-S_{\mathrm{L}}f_{\mathrm{R}}+S_{\mathrm{L}}S_{\mathrm{R}}\left(u_{\mathrm{R}}-u_{\mathrm{L}}\right)}{S_{\mathrm{R}}-S_{\mathrm{L}}} \tag{5-114}$$

此处采用双稀疏波假设并考虑干底情况的方法计算左、右波速近似值：

$$S_{\mathrm{L}}=\begin{cases} u_{\mathrm{R}}-2\sqrt{gh_{\mathrm{R}}} & \text{if} \ h_{\mathrm{L}}=0 \\ \min\left(u_{\mathrm{L}}-\sqrt{gh_{\mathrm{L}}},u_{*}-\sqrt{gh_{*}}\right) & \text{if} \ h_{\mathrm{L}}>0 \end{cases} \tag{5-115}$$

$$S_{\mathrm{R}}=\begin{cases} u_{\mathrm{L}}+2\sqrt{gh_{\mathrm{L}}} & \text{if} \quad h_{\mathrm{R}}=0 \\ \max\left(u_{\mathrm{R}}+\sqrt{gh_{\mathrm{R}}},u_{*}+\sqrt{gh_{*}}\right) & \text{if} \quad h_{\mathrm{R}}>0 \end{cases} \tag{5-116}$$

$$u_{*}=\frac{1}{2}\left(u_{\mathrm{L}}+u_{\mathrm{R}}\right)+\sqrt{gh_{\mathrm{L}}}-\sqrt{gh_{\mathrm{R}}} \tag{5-117}$$

$$h_{*}=\frac{1}{g}\left[\frac{1}{2}\left(\sqrt{gh_{\mathrm{L}}}+\sqrt{gh_{\mathrm{R}}}\right)+\frac{1}{4}\left(u_{\mathrm{L}}-u_{\mathrm{R}}\right)\right]^{2} \tag{5-118}$$

由式（5-119）计算接触波的波速：

$$S_{\mathrm{M}}=\frac{S_{\mathrm{L}}h_{\mathrm{R}}\left(u_{\mathrm{R}}-S_{\mathrm{R}}\right)-S_{\mathrm{R}}h_{\mathrm{L}}\left(u_{\mathrm{L}}-S_{\mathrm{L}}\right)}{h_{\mathrm{R}}\left(u_{\mathrm{R}}-S_{\mathrm{R}}\right)-h_{\mathrm{L}}\left(u_{\mathrm{L}}-S_{\mathrm{L}}\right)} \tag{5-119}$$

以（i+1/2，j）界面为例，（i+1/2，j）界面动量通量 $f_{i+1/2,j}=F(q_{i+1/2,j}^{\mathrm{L}},q_{i+1/2,j}^{\mathrm{R}})$，根据不同的左、右单元水位和床底高程情况，分别确定用于计算数值通量的左、右初始间断值 $q_{i+1/2}^{\mathrm{L}}$ 和 $q_{i+1/2}^{\mathrm{R}}$，从而解决界面处的黎曼问题。此处采用 MUSCL 限制坡度的线性重建法计算界面左、右侧初始间断值，从而达到空间上的二阶精度。

单元格（i+1/2，j）界面左侧数值通量算法如下：

$$\bar{\eta}_{i+1/2,j}^{L}=\eta_{i,j}+\frac{\psi}{2}(\eta_{i,j}-\eta_{i-1,j}),\quad \bar{h}_{i+1/2,j}^{L}=h_{i,j}+\frac{\psi}{2}(h_{i,j}-h_{i-1,j}),$$

$$\bar{q}_{x\,i+1/2,j}^{L}=q_{x\,i,j}+\frac{\psi}{2}(q_{x\,i,j}-q_{x\,i-1,j}),\quad \bar{q}_{y\,i+1/2,j}^{L}=q_{y\,i,j}+\frac{\psi}{2}(q_{y\,i,j}-q_{y\,i-1,j}),$$

$$\bar{z}_{b\ i+1/2,j}^{L} = \bar{\eta}_{i+1/2,j}^{L} - \bar{h}_{i+1/2,j}^{L} \tag{5-120}$$

单元格（i+1/2，j）界面右侧数值通量算法如下：

$$\bar{\eta}_{i+1/2,j}^{R} = \eta_{i+1,j} - \frac{\psi}{2}(\eta_{i+1,j} - \eta_{i,j})，\quad \bar{h}_{i+1/2,j}^{R} = h_{i+1,j} - \frac{\psi}{2}(h_{i+1,j} - h_{i,j})，$$

$$\bar{q}_{x\ i+1/2,j}^{R} = q_{x\ i+1,j} - \frac{\psi}{2}(q_{x\ i+1,j} - q_{x\ i,j})，\quad \bar{q}_{y\ i+1/2,j}^{R} = q_{y\ i+1,j} - \frac{\psi}{2}(q_{y\ i+1,j} - q_{y\ i,j})，$$

$$\bar{z}_{b\ i+1/2,j}^{R} = \bar{\eta}_{i+1/2,j}^{R} - \bar{h}_{i+1/2,j}^{R} \tag{5-121}$$

式中，ψ 为斜率限制公式。其他变量可通过式（5-122）计算得到：

$$\bar{u}_{i+1/2,j}^{L} = \bar{q}_{x\ i+1/2,j}^{L} \Big/ \bar{h}_{i+1/2,j}^{L}，\qquad \bar{v}_{i+1/2,j}^{L} = \bar{q}_{y\ i+1/2,j}^{L} \Big/ \bar{h}_{i+1/2,j}^{L}，$$

$$\bar{u}_{i+1/2,j}^{R} = \bar{q}_{x\ i+1/2,j}^{R} \Big/ \bar{h}_{i+1/2,j}^{R}，\qquad \bar{v}_{i+1/2,j}^{R} = \bar{q}_{y\ i+1/2,j}^{R} \Big/ \bar{h}_{i+1/2,j}^{R} \tag{5-122}$$

需要指出的是，上述方程仅适用于“湿”界面。若计算“干”界面或“干湿”界面，则第一步需计算（i+1/2，j）界面的 z_{bi}+1/2，j。

$$z_{b\ i+1/2,j} = \max(\bar{z}_{b\ i+1/2,j}^{L}，\ \bar{z}_{b\ i+1/2,j}^{R})\ h_{i+1/2,j}^{L} = \max(0,\ \bar{\eta}_{i+1/2,j}^{L} - z_{b\ i+1/2,j})，$$

$$h_{i+1/2,j}^{R} = \max(0,\ \bar{\eta}_{i+1/2,j}^{R} - z_{b\ i+1/2,j}) \tag{5-123}$$

则其他变量为

$$\eta_{i+1/2,j}^{L} = h_{i+1/2,j}^{L} + z_{b\ i+1/2,j}，\quad \eta_{i+1/2,j}^{R} = h_{i+1/2,j}^{R} + z_{b\ i+1/2,j}，$$

$$q_{x\ i+1/2,j}^{L} = \bar{u}_{i+1/2,j}^{L} h_{i+1/2,j}^{L}，\quad q_{x\ i+1/2,j}^{R} = \bar{u}_{i+1/2,j}^{R} h_{i+1/2,j}^{R}，\quad q_{y\ i+1/2,j}^{L} = \bar{v}_{i+1/2,j}^{L} h_{i+1/2,j}^{L}，$$

$$q_{y\ i+1/2,j}^{R} = \bar{v}_{i+1/2,j}^{R} h_{i+1/2,j}^{R} \tag{5-124}$$

图 5-12 展示了一种特殊情况，即水流被建筑物或地形阻挡，在界面（i+1/2，j）上，由式（5-123）和式（5-124）可得：$z_{b\ i+1/2,j} = \bar{z}_{b\ i+1/2,j}^{R}$，$h_{i+1/2,j}^{L} = h_{i+1/2,j}^{R} = 0$，$\eta_{i+1/2,j}^{L} = \eta_{i+1/2,j}^{R} = z_{b\ i+1/2,j}$。所得的界面水位高程为非真实的水位高程。假设将该模型应用于处于平静状态的湖泊，其湿底河床部分为 $u = 0$，$v = 0$ 且 $\eta \equiv \text{constant}$。由式（5-123）和式（5-124）所得（$i$+1/2，$j$）界面的水位高程为 $\eta_{i+1/2,j}^{L} = \eta_{i+1/2,j}^{R} = z_{b\ i+1/2,j}$，取值大于真实的水位高

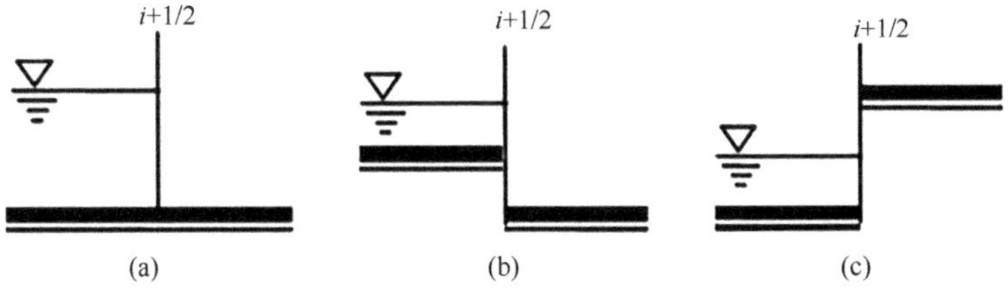

图 5-12　干湿界面的三种情况

（a）左边水位高于右边床底高程；（b）左边水位和床底高程高于右边床底高程；（c）左边水位和床底高程低于右边床底高程

程值 η。而界面（i–1/2，j）水位高程为 $\eta \equiv$ constant，从而导致非物理虚假动量通量，引起平静的水面进入运动状态，即违反了模型的和谐性。

为了保持模型的和谐性，采用干湿界面床底高程的局部修正方法（图 5-13）：

$$\Delta z = \max\left(0,\quad (z_{b\ i+1/2,j} - \overline{\eta}^{L}_{i+1/2,j})\right) \tag{5-125}$$

$$z_{b\ i+1/2,j} \leftarrow z_{b\ i+1/2,j} - \Delta z\ ,\quad \eta^{L}_{i+1/2,j} \leftarrow \eta^{L}_{i+1/2,j} - \Delta z\ ,\quad \eta^{R}_{i+1/2,j} \leftarrow \eta^{R}_{i+1/2,j} - \Delta z \tag{5-126}$$

可得 $\eta^{L}_{i+1/2,j} = \eta^{R}_{i+1/2,j} = z_{b\ i+1/2,j} = \eta$，从而避免了非物理虚假动量通量，保证了模型的和谐性。

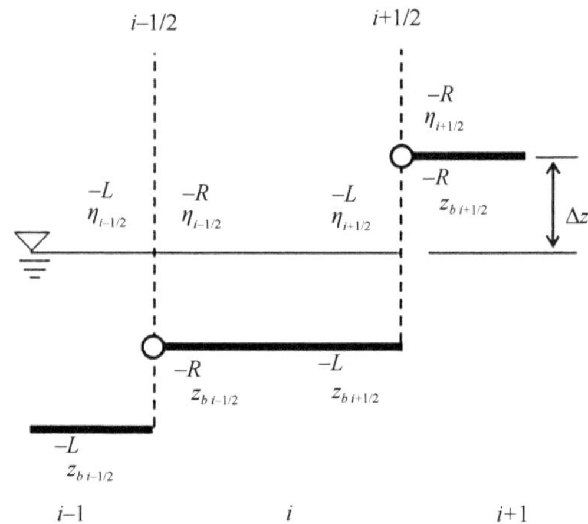

图 5-13　干湿界面床底高程局部修正方法示意图

3）源项计算

A. 底坡项计算

基于改进的“预和谐”浅水方程，建立的和谐模型不需要任何额外校正项，此处采用单元中心型近似方法处理底坡项：

$$-g\eta\frac{\partial z_b}{\partial x} = -g\overline{\eta}\left(\frac{z_{bi+1/2,j} - z_{bi-1/2,j}}{\Delta x}\right) \tag{5-127}$$

式中，$\overline{\eta} = (\eta^{R}_{i-1/2,j} + \eta^{L}_{i+1/2,j})/2$。

B. 摩阻项计算

复杂地形的陡峭坡面使局部区域的水深较小、流速较大。由于水深变量为摩阻项的分母，一般的隐式或半隐式计算格式仍面临一些问题，如产生错误的大流速、改变流速分量的方向等。此处采用隐式格式处理摩阻项，同时引入摩阻项近似的最大值条件限制，以保证摩阻项处理过程中流速分量的方向不被改变。所得常微分方程如下：

$$\frac{\mathrm{d}q}{\mathrm{d}t} = S_f \qquad S_f = \begin{bmatrix} 0 & S_{fx} \end{bmatrix}^{\mathrm{T}} \tag{5-128}$$

式中，$S_{fx}=-\tau_{bx}/\rho$。在 x 方向上，使用 Taylor 级数离散摩阻项，可得

$$S_{fx}^{k+1}=S_{fx}^{k}+\left(\frac{\partial S_{fx}}{\partial q_x}\right)^k\Delta q_x+o(\Delta q_x^2) \tag{5-129}$$

式中，$\Delta q_x=q_x^{k+1}-q_x^k$ 忽略高阶项，代入式（5-129）可得

$$q_x^{k+1}=q_x^k+\Delta t\left(\frac{S_{fx}}{D_x}\right)^k=q_x^k+\Delta tF_x \tag{5-130}$$

式中，$D_x=1-\Delta t\left(\partial S_{fx}/\partial q_x\right)^k$。

当水头接近干湿界面时，水深接近于零，从而引起计算的不稳定。采用摩阻项近似的最大值条件限制，即 F_x 需满足如下条件：

$$F_x=\begin{cases}-q_x^k/\Delta t & \text{if } q_x^k\geqslant 0 \text{ and } F_x<-q_x^k/\Delta t\\ -q_x^k/\Delta t & \text{if } q_x^k\leqslant 0 \text{ and } F_x>-q_x^k/\Delta t\end{cases} \tag{5-131}$$

4）稳定条件

由于采用显式格式求解浅水方程，为保持格式的稳定，时间步长受 CFL 稳定条件的限制：

$$\Delta t=C\cdot\min\left[\frac{\Delta x_{i,j}}{\left|u_{i,j}\right|+\sqrt{gh_{i,j}}},\frac{\Delta y_{i,j}}{\left|v_{i,j}\right|+\sqrt{gh_{i,j}}}\right] \tag{5-132}$$

式中，Δt 为时间步长；$\Delta x_{i,j}$ 和 $\Delta y_{i,j}$ 为计算单元格（i，j）在 x 和 y 方向上的长度；$u_{i,j}$ 和 $v_{i,j}$ 为单元格（i，j）的速度在 x 和 y 方向上的分量；C 为克朗（Courant）数，$0<C<1$，一般情况下，取 $C=0.5$。

5）边界条件

一般情况下，数学模型的边界条件实现方式有两种：镜像单元法和直接计算数值通量法。其中，前者在基于结构网格的数学模型中应用较广，而后者被广泛运用于基于非结构网格的数值模型。本书采用镜像单元法实现边界条件，以 x 方向为例。

固壁边界条件：

$$h_{\mathrm{B}}=h_{\mathrm{I}},\quad u_{\mathrm{B}}=-u_{\mathrm{I}},\quad v_{\mathrm{B}}=v_{\mathrm{I}} \tag{5-133}$$

开边界条件：

$$h_{\mathrm{B}}=h_{\mathrm{I}},\quad u_{\mathrm{B}}=u_{\mathrm{I}},\quad v_{\mathrm{B}}=v_{\mathrm{I}} \tag{5-134}$$

式中，u 和 v 分别为边界处的法向和切向的流速分量；下角标 B 和 I 分别代表边界单元格和边界内单元格。

5.5　水生态模型

生态系统是一个十分复杂的系统，建立精确的数学模型比较困难。基于流域的监测

数据，采用统计学方法，建立水生态系统统计学模型可描述生态系统复杂的非线性关系，模型建立主要依赖于资料，不需要单个实验和识别参数，模型有很强的区域性、可操作性；可以预测未来当输入因子发生变化时生态系统输出因子的变化趋势。水生态系统统计模型把水量、水质及有关变量作为系统输入因子，把生态环境质量综合指标或生态状况指标（如植物分布面积）作为系统输出因子。根据实际监测的水质指标与生物多样性指标，建立生物多样性指数与水质指标间的关联关系。结合构建的大数据平台中的水质监测模块输出的水质指标以及实时监测的水质指标，实现水体物种多样性的动态变化趋势的模拟监测。

5.6　水文–水质–水生态耦合模拟方案

流域多模集合模拟系统包括陆域水文水质模型和水体水动力学模型两大核心模块。陆域水文水质模型重点关注流域植被界面过程的生态水文过程模拟，是研究流域水系统各过程相互作用及反馈的有力工具，然而陆域水文水质模型无法对河道及湖泊的水体状况进行模拟，因此将流域陆域水文水质模型与水体水动力学模型耦合，实现从流域到水体的动态模拟。

流域水环境多模集合模拟工具通过嵌套多种陆域水文水质模型与水体水动力学模型的流域水文、水质、水生态集合模拟工具，实现了对流域水环境的综合模拟（图 5-14）。陆域水文水质模型是在充分考虑流域生态水文过程的基础上，通过流域水循环及物质循环（包括污染物迁移过程）过程的模拟，获取长时间序列的河道水文信息及污染物浓度信息，为水体水动力学模型提供输入及边界条件。水体水动力学模型着眼于流域内水体状况的模拟，以陆域水文水质模型的水文信息和污染物浓度信息为输入及边界条件，采

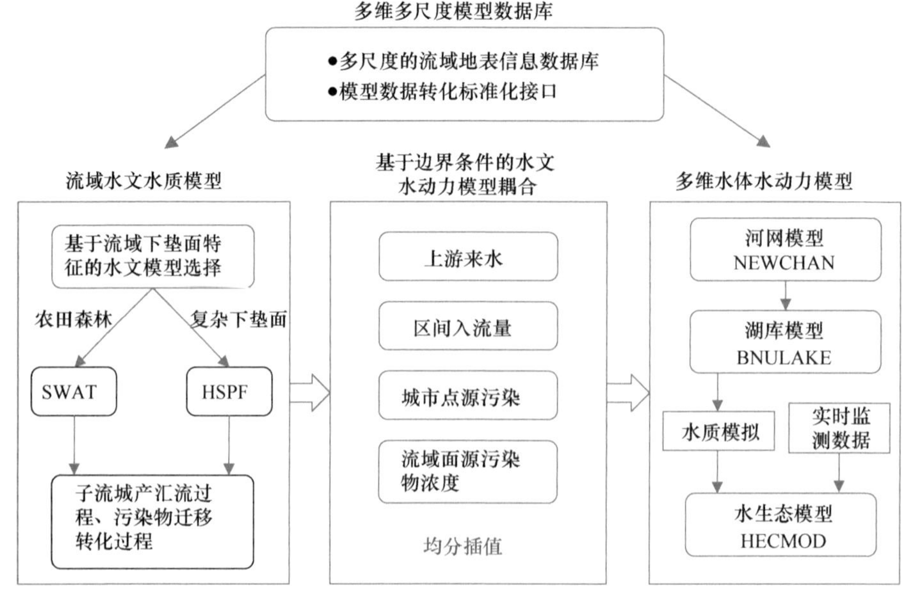

图 5-14　流域多维水文–水质–水生态模型研发思路

用均分插值的方法解决流域水文模型与水体水动力学模型时空尺度不匹配的问题，将流域产汇流、面源产污、城市排污口点源排放作为河网水动力水质耦合模拟的外边界，基于河网一维水动力水质模型，模拟不同情景下污染物在河道内的运移过程，并为关键断面提供水质随时间变化过程线；基于河道二维水动力水质模型，模拟关键河段二维流场的变化及污染物扩散输移过程；基于二维湖泊水动力水质模型，模拟湖泊与河道的水量、水质交换过程，以及污染物在湖泊中的降解转化过程。水生态模型基于水体水动力学模型对水体污染物浓度时空格局的精确模拟，结合水质指标的实时监控，对水体内生物多样性动态进行模拟监测，从而判别水体的健康程度。通过以上耦合模拟形成一个多维嵌套陆域水文、水动力及水环境耦合模拟框架，从而实现水环境从流域到水体再到水生态的动态模拟。

参 考 文 献

Bicknell B R, Imhoff J C, Kittle Jr J L, et al. 2001. Hydrological simulation program-Fortran: HSPF version 12 user's manual.

Kourgialas N N, Karatzas G P, Nikolaidis N P. 2010. An integrated framework for the hydrologic simulation of a complex geomorphological river basin. Journal of Hydrology, 381(3-4): 308-321.

Lopez S R, Hogue T S, Stein E D. 2013. A framework for evaluating regional hydrologic sensitivity to climate change using archetypal watershed modeling. Hydrology and Earth System Sciences, 17(8): 3077-3094.

Malik M A, Dar A Q, Jain M K. 2021. Modelling Streamflow Using the SWAT Model and Multi-site Calibration Utilizing SUFI-2 of SWAT-CUP Model for High Altitude Catchments, Himalaya's. Modeling Earth Systems and Environment, 529: 940-950.

Merriman K, Russell A, Rachol C, et al. 2018. Calibration of a Field-scale Soil and Water Assessment Tool (SWAT) Model with Field Placement of Best Management Practices in Alger Creek, Michigan. Sustainability, 10(3): 851.

Xie H, Shen Z, Chen L, et al. 2017. Time-varying sensitivity analysis of hydrologic and sediment parameters at multiple timescales: Implications for conservation practices. Sci Total Environ. 598: 353-364.

第6章 基于人工智能的水环境模拟技术

6.1 水环境模拟技术需求分析及总体架构

6.1.1 存在的问题和需求

近年来，我国生态环境大数据事业蓬勃发展，在生态系统监测、环境污染监测、气象观测、水文监测、冰冻监测和资源环境遥感监测等方面构建了庞大的监测体系，基本形成一套天空地立体监测系统（程春明等，2015）。这为水环境领域的研究提供了强大的数据基础，也为解决水环境问题带来了新的机遇和挑战。然而，数据资源中蕴涵的知识远远没有得到充分的挖掘和利用，致使“数据爆炸但知识贫乏”，从而收集在大型数据库中的数据变成了“数据坟墓”（李德仁等，2001）。

数据挖掘是信息技术发展的结果，是利用各种分析工具在海量数据中寻找和发现模型与数据间关系的过程，并利用模型和关系对数据的潜在规律做出预测（向先全等，2009）。传统水环境信息挖掘与水环境过程模拟技术已无法满足对海量信息的全面识别和分析，同时也难以深入剖析水环境过程的机制，亟须一种新的方法。在互联网、大数据和5G等新技术的推动下，新一代人工智能技术具备自主学习的信息感知、信息理解、信息处理和判断决策等能力，可以应对多维信息带来的研究困扰（黄欣荣，2019）。

通过对水环境信息的挖掘，逐渐量化了水环境过程的物理机制，进而构建了水环境模型，水环境过程模拟又是对水环境信息的二次挖掘。因此，水环境过程模拟是水环境信息挖掘的重要方法之一。水环境过程综合了水循环及生物地球化学循环等自然过程，包括物理、化学和生物各要素的相互作用，极为复杂（Rode et al.，2010）。水环境过程机理构建的水环境综合数学模型可用于揭示水环境关键过程机理、预测水环境过程演变、诊断水环境安全问题、评估治理或管理措施的影响和效益，以及辅助水环境管理决策等（Arhonditsis et al.，2006）。美国清洁水计划和欧盟《水框架指令》的实施表明（Chapra，2003），流域水环境综合数学模型已成为流域水环境管理不可或缺的手段，健全模型是成功实现流域水环境管理的重要保障。

目前，水环境过程研究逐步从单过程向多过程转变、从单学科到多学科交叉扩展、从局部小尺度向流域尺度过渡（赖锡军，2019）。未来水环境模拟研究应关注流域系统人与水环境耦合模拟研究，傅伯杰等（2018）指出，如何深化自然要素和人文要素作用机理，建立模型预测未来变化是当前面临的挑战。

6.1.2　总 体 架 构

近年来，我国多次发生点源污染突发事件，对人民生命财产和水环境造成了极大的损失。点源污染是引发水环境污染的重要因素，快速精准识别水污染特征、追溯污染来源和预测影响水质变化的行业点源，将对业务部门科学、高效地管理点源污染具有重要的价值，同时可为地区产业结构和水环境的协调发展提供决策支撑。据此，对高危点源污染示警和短期水质预测将有力地填补水环境管理的需求。

以预测引起水质变化的主控行业点源为目标，通过设计利用点源污染、水质监测数据和行业污染知识库为数据集，创新地将智能语音技术中的核心算法引入环境领域，采用交叉相关、关联规则和长短时记忆网络等算法，构建陆水一体化水质模型与人工智能算法联合框架(图 6-1)，实现利用人工智能技术识别影响未来水质变化的主要点源污染。

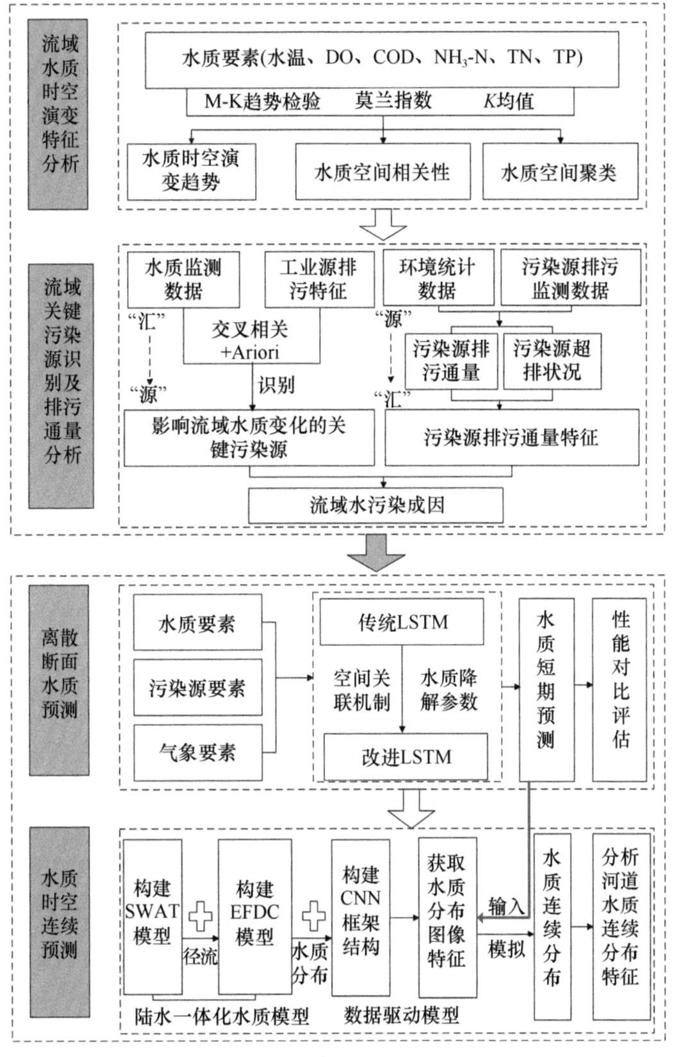

图 6-1　基于人工智能的水环境模拟技术路线图

首先，结合长期水质监测数据与污染源排污统计数据，利用数据挖掘方法识别影响流域水质变化的关键污染源，并对流域污染源的排污特征进行分析。然后，采用水文模型（SWAT）与水动力-水质模型（EFDC）对小清河进行陆水一体化水质模拟，利用水文模型对小清河流域的各子流域进行产汇流计算，并将子流域的径流结果作为水动力模型的流量边界进行输入，同时将点源污染物通量作为水质模型的污染物边界进行输入，进而对小清河干流进行水质模拟，将水质模型模拟产生的污染物（NH_3-N、COD）二维高频图像作为 CNN 模型的输入，并利用神经网络的深度训练学习能力，提取河流水质时空分布特征。最后将计算的离散断面水质预测结果输入训练后的 CNN 模型，进而得到离散断面间的河段水质连续分布，实现水质的二维时空预测。

6.2　流域关键污染源识别

采用“汇—源—汇”的分析结构对流域水污染的成因开展研究，以流域水质状况为污染物的“汇”，以污染源为“源”，通过由“汇”到“源”，再由“源”到“汇”的双向分析过程，解读污染物由离散源汇入流域，最终形成流域综合水质特征的过程机理。通过由“汇”到“源”的分析，筛分出“汇”中潜在的污染源排污特征，进而识别关键污染源；再通过“源”到“汇”分析，解析污染源排污通量，分析污染物由陆域到水域的迁移过程，最终揭示流域水污染成因。

基于此，利用交叉相关（cross correlation）和关联规则（Apriori）算法对频繁出现的高相关性水质指标的强捕捉能力，识别影响流域水质变化的关键污染源；在此基础上，分析流域污染源排污通量过程，深入解析污染物对流域水质的影响。

6.2.1　数据预处理

针对“汇—源”和“源—汇”双向分析过程，采用不同时间尺度和类型的水质数据进行分析，以便精准地获取污染物通量过程的特征。“汇”是流域污染物综合作用的结果，由此分析污染物种类越多，对解析“汇—源”过程越有益。因此，采用目标研究流域（小清河流域）国/省控监测断面（26 个）的多年逐月人工检测水质数据，水质指标为 19 项，分别为 DO、COD、NH_3-N、TP、TN、BOD_5、Cu、Zn、Pb、Cd、As-tot（水体中总砷的浓度）、Se-tot（水体中总硒的浓度）、Hg、Cr^{6+}、F^-、挥发酚、石油、AS、S^{2-}，水质指标单位均为 mg/L，水质指标监测时间为 2008～2018 年。为了保证数据样本质量，对水质数据集进行数据清洗和数据标准化，修正或去除数据中因监测环境、监测设备、数据传输和操作失误等造成的空值、错值和异常值，归一化各水质指标的数值范围。

“源—汇”是污染物动态迁移的过程，既包括污染源年际尺度的污染物入河总量变化，也包括污染源时序连续的污染物日排放特征。COD 与 NH_3-N 既是小清河流域污染严重的污染物，也是变化趋势最为显著的指标，同时它们的空间自相关性最高。在国家水质自动化监测体系中，COD 与 NH_3-N 是各类污染源排口监测的重要水质指标。基于此，采用“山东省 2017 年环境质量调查统计数据”进行不同污染源的年际入河通量分析；采用小清河流域内 390 个污染源的水质自动监测数据进行污染物逐日连续排放特征分析，其中直排入河型点源 36 个，排入污水处理厂型点源 262 个，污水处理厂 92 个，水质指标为 COD 与 NH_3-N，时间尺度为 2018～2020 年逐日数据。

6.2.2　交叉相关算法

交叉相关是样本协方差与标准差的比值。其中，协方差表征不同变量之间的误差，若变量之间的规律相似，则协方差为正（正相关）；若变量之间的规律相反，则协方差为负（负相关）。标准差（standard deviation）反映了样本的离散程度，通过对样本的方差取算术平方根获取。

$$r_{xy} = \frac{S_{xy}}{S_x S_y} \tag{6-1}$$

式中，S_x 和 S_y 分别为样本（x、y）的标准差；S_{xy} 为样本协方差；r_{xy} 为样本相关系数。

$$S_{xy} = \frac{\sum_{i=1}^{n}\left(x_i - \bar{x}\right)\left(y_i - \bar{y}\right)}{n-1} \tag{6-2}$$

$$S_x = \sqrt{\frac{\sum\left(x_i - \bar{x}\right)^2}{n-1}} \tag{6-3}$$

$$S_y = \sqrt{\frac{\sum\left(y_i - \bar{y}\right)^2}{n-1}} \tag{6-4}$$

该方法以相关分析为核心，表征不同要素之间的相互关联程度，进而研究要素之间的依存关系。这种依存关系是由事物间的潜在机理决定的，它是内源机理所引发的外在表现。水质监测指标的变化特征是区域点源污染行为的整体映射。因此，将流域监测的水质指标进行交叉相关，并且将结果绘成相关图谱，用以表达水质各指标间的综合关系。水质相关图谱是对水质特征的抽象素描，不同区域的水质图谱具有不同的特征。

6.2.3　关联规则算法

Apriori 是数据挖掘的一种重要算法，用于从事务数据集中查找频繁项集并推导关联规则（Wu and Vipin，2009），主要包括生成候选集、搜索符合条件的数据项集两个阶段，进而对数据信息进行逐层搜索挖掘频繁项集。据此，该算法可通过扫描不同水质指标间的潜在关系，挖掘出水质指标在流域的分布特征，为识别流域关键污染源提供理论支撑。

Apriori 方法描述如下，令 $I=\{i_1，i_2，\cdots，i_m\}$表示一个项集，D 表示事务集，其中每一个事务 t 是一个项集，即 $t \subseteq I$。每一个事务都有一个唯一标识 TID。如果 $X \subseteq t$，就说事务 t 包括 I 的一个子集 X。关联规则是一种 $X \Rightarrow Y$ 蕴含形式，其中 $X \subset I$，$Y \subset I$ 且 $X \cap Y = \phi$。在事务集 D 中，规则 $X \Rightarrow Y$ 的支持度 $s(0 \leqslant s \leqslant 1)$表示包含 $X \cup Y$ 的事务占全体

事务的百分比；规则 $X \Rightarrow Y$ 的置信度 $c(0 \leqslant c \leqslant 1)$ 是指在包含项集 X 的事务中也包含项集 Y 的事务所占百分比。对于给定的事务集 D，关联规则的挖掘任务是获取 D 中满足最小支持度和最小置信度的规则，则置信度与支持度的公式如下。

$$\text{置信度}(X,Y) = P(X|Y) = \frac{P(XY)}{P(Y)} \tag{6-5}$$

$$\text{支持度}(X,Y) = P(XY) = \frac{\text{number}(XY)}{\text{num}(\text{AllSamples})} \tag{6-6}$$

其计算流程如下：

（1）统计数据库中各 k=1 项集的支持度，并与最小支持度的阈值进行比较，以获得大于最小支持度的项集 L_1；

（2）依据项集 L_1 连接产生下一层候选项集 $C\_(k+1)$，如果 $C\_(k+1)$ 为空集，循环结束，否则进入下一步；

（3）扫描原始事务数据库并计算出每个候选项集的支持度和置信度；

（4）进行剪枝运算，遍历候选项集 $C\_(k+1)$，计算每个候选项集的支持度和置信度，并与最小支持度与最小置信度进行比较，删除不满足条件的候选项，进而产生频繁项集 $L\_(k+1)$；

（5）接着，令 k=k+1，转入步骤（2）。

基于此，为了更精准地捕捉高相关性水质指标在流域分布的特征，本研究基于上述方法构建了详细的计算流程和参数，其中主要步骤如下：①计算流域内各监测断面的水质相关图谱；②依据设定的高相关性阈值（表 6-1），提取各监测站的高相关水质指标组合；③按照设定的支持度和置信度（表 6-1），应用 Apriori 计算水质指标的频繁集项。本研究设定不同的高相关性阈值、支持度和置信度组合，以捕捉最能反映流域污染源与水体污染关联性的临界阈值组合，阈值组合见表 6-1。

表 6-1 阈值组合表

阈值组合	临界高相关系数	支持度	置信度
A	0.3	0.5	0.9
B	0.3	0.6	0.9

6.3 Im-LSTM 水质预测模型

流域水质短期预测是水环境管控的重要决策支持技术，然而传统的水质预测技术（统计学法、水质模型等）存在机理模型建模难、数据实时更新慢、物理方程参数多、计算效率低和较难实现水质短期预测等问题；同时流域面源污染对流域水质影响具有模糊性、难监测性、潜伏性和滞后性等特点（夏军等，2012），对水质短期（7 日）预测影响较小，未考虑非点源污染要素。因此，依托“国家流域水环境管理大数据平台”的实时更新数据资源、海量历史水环境信息和高性能计算机等资源优势，结合目标流域–小清河流域水质时空特征的研究结果，将离散要素的空间关联特征提取机制与污染物降解参数引入传统 LSTM 算法中，得到改进的长短时记忆网络（improved long short term memory network，Im-LSTM），由此实现对流域国（省）控监测断面的水质短期（7 日）预测，最终通过与传统数据挖掘算法进行预测能力的对比评估，论证该方法的优势之处。

6.3.1　模 型 结 构

流域污染物运移过程是水体中水循环过程、生物地球化学循环过程和人类活动等复杂过程的集中表征，包含气温、降水、径流、物理、化学、生物、土地利用等各种要素的相互作用，其内在机理相当繁杂。目前，常用的水质模型有 SWAT、SWMM、HSPF、HYPE、MIKE SHE 等机理模型，这些模型均通过复杂非线性数学物理方程演绎污染物在水体中的输移转化过程，现已成为科学研究和工程规划的重要技术手段。然而，人工智能技术这种“以数据为主要驱动、以结果为优化目标、以网络权重替代机理方程”的分析模式尽管在实践应用中表现突出，但仍很难被研究者接受。

人工智能技术作为数据挖掘分析工具，尚未结合水环境学科特点，未能表征水环境过程中物理、化学和生物等机制，这是人工智能在水环境领域应用的瓶颈，也限制了水环境管理智能化的发展，难以满足实际管理需求。基于此，以人工智能技术为核心驱动，以水质、水文、气象数据为关键传动，以污染物运移规律为重要推动，进而构造出具有水环境特色的人工智能模型框架，使流域监测断面的水质短期预测更精准、更具说服力。

水质预测 AI 模型框架主要分为三个部分（图 6-2），首先采用多元回归方法从月尺度和日尺度定量分析了监测断面水质与自然要素、污染源要素之间的数学关系，进而为模型预测机制提供神经元权重的初始分布状态，同时判断预测结果是否匹配已知统计规律。其次，本研究从两方面对 LSTM 算法进行改进，一方面是在 LSTM 之前增加对要素空间关联特征提取的神经网络，即将不同监测断面水质受水系连通的影响特征进行提取，避免监测断面水质预测封闭在 “自我变化”的圈子里。另一方面是将污染物在水

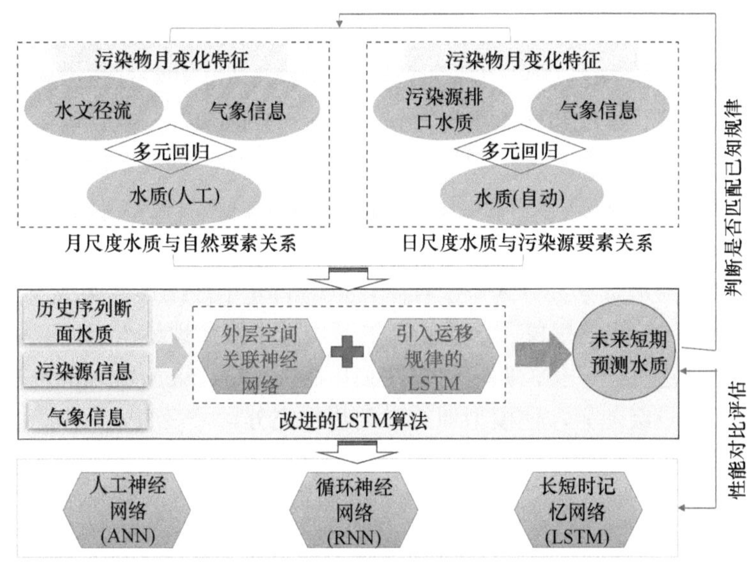

图 6-2　水质预测 AI 模型框架

体中运移的降解系数引入 LSTM 的权重更新机制，使 LSTM 中包含污染物运移部分物理机制。最后，采用传统的数据挖掘算法（人工神经网络、RNN、LSTM）对监测断面水质进行预测，进而与改进的 LSTM 算法（Im-LSTM）计算结果进行对比评估。

6.3.2 模型数据库

人工智能技术开启了大数据时代数据分析、智能管理和自主决策的新篇章，现已应用于医疗、交通等诸多领域，有力推进了国家治理能力现代化和智慧化进程。它通过对多维数据进行监督和非监督的特征学习，能够识别、归纳和推理数据间的潜在特征，以揭示传统方法难以捕捉的动态规律，实现对数据的深度解析。由此，采用流域水文、水质和气象等数据资料作为构建 AI 模型的主要多维数据集。

由表 6-2 可知，模型数据集在空间和时间上存在时空差异性，为规避数据时空尺度差异所引发的预测误差，需要从空间和时间上将数据进行归并统一。以小清河流域为例，在空间上按小清河流域的上、中、下游进行监测站划分，即辛丰站水质监测断面以上为上游，辛丰站至范李站为中游，范李站以下为下游；在时间上将时间范围重叠的数据集进行模型统一输入与特征提取。据此获取的流域水质特征既有不同要素（水文、气象和污染源）之间的关联特征，也有不同时间尺度上的趋势特征，进而使 AI 模型的水质预测更准确。

表 6-2　模型数据集

类别	测站	数量/个	要素指标	时间范围	时间尺度
水文	水文站	4	流量	2006～2015 年	日尺度
水质	监测断面（人工）	26	COD、NH_3-N	2008～2015 年	月尺度
	监测断面（自动）	26	COD、NH_3-N	2018～2020 年	日尺度
	污染源排口（自动）	390	COD、NH_3-N	2018～2020 年	日尺度
气象	气象站	6	降水、蒸发、气温	2008～2020 年	日尺度

水质短期预测 AI 模型是基于 TensorFlow 和 Keras 人工智能计算库实现的，因此模型数据输入项的格式、维度和样本量均需与其适应。TensorFlow 是目前主流的开源深度学习库，其中内嵌有数据处理库、算法库和模型训练库等 AI 计算所需的资源，便于自主地构建不同的 AI 模型框架。Keras 是基于 TensorFlow 的前端机器学习库，对 TensorFlow 中的功能库进行了整合和简化，使应用更加简捷便利。将数据输入项（气象、水质、污染源）按连续 7 天监测数据划分为一个样本，同时将 4 个连续样本构成一组样本单元，即水质预测以连续 28 天的气象、水质和污染源数据为模型训练学习的基础。在此基础上，将所有数据集进行归一化，归一化算法采用 Min-Max Normalization 算法，以消除不同数据集之间的量级差异，使模型训练学习更加充分。

6.3.3 模型参数集

采用 Java 和 Python 语言对水质短期预测 AI 模型进行编码实现，通过 TensorFlow

库的基本功能模块来搭建 AI 框架，并对 Keras 库的 LSTM 模块进行编码改进，增加 Im-LSTM 模块，以实现改进 LSTM 算法在 Keras 中的应用。通过随机抽样的方式，使模型训练样本达到 1 万个，进而增强模型训练学习能力。水质预测 AI 模型的核心模块采用 5 层神经网络（表 6-3），其中 4 层为 Im-LSTM 层，最后为全连接层（Dense）。模型中采用的激活函数 σ 为指数线性单元(exponential linear units，ELU)，它融合了 Sigmoid 和 ReLU 各自的优势，使其能够缓解模型梯度消失。全连接层的激活函数采用线性单元（Linear），使模型输出结果符合断面监测值的数量级。模型采用的激活函数方程如下：

$$\mathrm{ELU}(x)=\begin{cases}x, x \geqslant 0 \\ \alpha\left(\mathrm{e}^{x}-1\right), x<0\end{cases} \tag{6-7}$$

$$\tanh(x)=\frac{\mathrm{e}^{x}-\mathrm{e}^{-x}}{\mathrm{e}^{x}+\mathrm{e}^{-x}} \tag{6-8}$$

$$\operatorname{maxout}(x)=\max\left(w_1^{\mathrm{T}} x+b_1, w_2^{\mathrm{T}} x+b_2, \cdots, w_n^{\mathrm{T}} x+b_n\right) \tag{6-9}$$

表 6-3　核心模块框架

网络层	输出维度	激活函数
Im-LSTM	（N，21，490）	ELU
Im-LSTM	（N，21，350）	ELU
Im-LSTM	（N，21，140）	ELU
Im-LSTM	（N，21，42）	ELU
Dense	（N，7）	Linear

模型编译的损失函数采用均方误差（MSE）函数，神经网络优化算法采用 Adam。Adam 算法是基于自适应估计的低阶优化方法，该方法易于实现、计算效率高、内存需求少，适用于参数较大的网络模型。其中，学习速率和模糊因子是优化函数中重要的优化参数，决定了模型参数的调整能力，本研究将学习速率取值为 0.001，模糊因子取值为 10^{-8}。

6.3.4　改进的 LSTM 算法

LSTM 是基于 RNN 创新和发展的，减少了网络训练中可能出现的梯度消失和梯度爆炸等问题，该方法常应用于网络虚拟社交、图形解读和自然语言处理等领域。LSTM 不同于全连接神经网络和卷积神经网络，开创性地在隐藏层增加了输入门、遗忘门、输出门等“记忆单元”来判断信息是否有用，进而很好地获取了时序信息间的相互关联关系，对信息在时间尺度的特征具有较强的描述能力。例如，对于一段文字的解读，不能断章取义，需要通过上下文来解析其真正的含义，而这种“上下文”就是文字信息在时间尺度上的特征。

在水环境领域，污染物从污染源排放，随河流逐渐向下游扩散至水质监测断面，整个过程具有时序性、连续性和阶段性。污染源的排污种类和数量会受行业类别、生产工艺和市场经营环境等因素影响，因此水质监测指标会呈现一定的阶段性特点。同时，污染物的排放和运移在时间维度上是连续的，污染物的转化存在物化关系。由此，污染物的时序变化是前后联系的，具备了应用 LSTM 的机理条件。

RNN 的基础结构仍是由输入层、隐藏层和输出层组成的（图 6-3），其中隐藏层中包含连续时序信息的特征学习过程。如图 6-3 所示，x 为网络输入层的输入数据（向量），s 为隐藏层计算得到的输出数据（向量），o 为输出层计算获得的最终数据（向量）；U 为输入数据 x 的匹配权重矩阵；V 为隐藏层 s 的匹配权重矩阵；W 为循环过程中的匹配权重矩阵。具体计算公式如下：

$$o_t = g\left(Vs_t\right) \tag{6-10}$$

$$s_t = f\left(Ux_t + Ws_{t-1}\right) \tag{6-11}$$

式中，$g()$为激活函数；$f()$为激活函数。

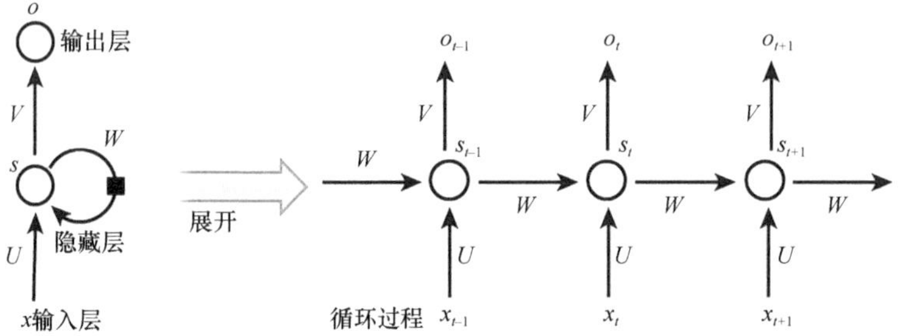

图 6-3　循环神经网络原理

通过实践应用，在 RNN 的训练学习计算中，受梯度爆炸的影响，各层中匹配的权重矩阵变化梯度出现数级增长，而梯度消失则引发各层中的权重矩阵更新缓慢，由此使 RNN 的应用受到限制。为了消除影响，LSTM 巧妙地在隐藏层中增加了保存长期记忆的状态，这使隐藏层中既包含短期记忆，又包含长期记忆（图 6-4）。如图 6-4 所示，在 t 时刻，LSTM 的输入有三个值：当前时刻的输入值 x_t、上一时刻的输出值 h_{t-1}、上一时刻的单元状态 c_{t-1}；LSTM 的输出有两个值：当前时刻输出值 h_t、当前时刻单元状态 c_t。LSTM 就是通过上述变量实现时序信息特征的连续传递，并且提出了遗忘门（forget gate）、输入门（input gate）和输出门（output gate）的概念（图 6-5），其中遗忘门决定上一时刻的单元状态 C_{t-1} 有多少信息保留到当前时刻 c_t；输入门决定了当前时刻输入值 x_t 有多少信息保存到单元状态 c_t；输出门控制单元状态 c_t 有多少信息输出到当前输出值 h_t。

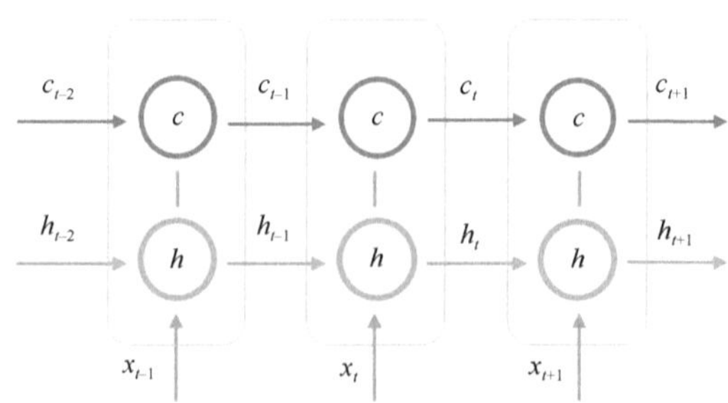

图 6-4　LSTM 的记忆模式

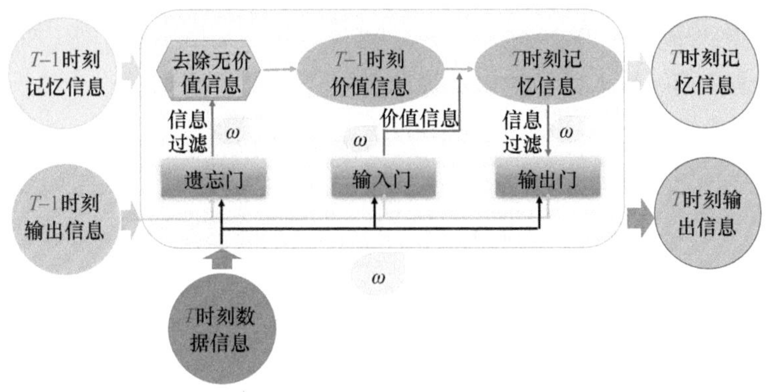

图6-5　LSTM原理概念图

ω代表神经元权重

由上述LSTM的原理可知，该算法通过一系列记忆控制单元将信息的时序特征提取，有效地提升了对时序信息的挖掘能力。但是，流域的水质状况不是孤立的，不同断面水质存在空间上的关联，这些空间关联特征能够对监测断面的水质预测提供必要的辅助。由此，在LSTM的前端构建了能够获取不同监测断面水质空间关联性的状态单元，即迁移门（migration gate）与分布门（distribution gate）。迁移门决定上一时刻其他监测位置有多少水质信息迁移到计算监测位置，分布门决定当前时刻其他监测位置与计算监测位置之间有多少水质信息关联。具体计算公式如下：

$$m_t = \max\left(\frac{1}{\mathrm{Eu}\left(x',x\right)}W_{\mathrm{m}} \cdot \left[x'_{t-1}, x_t\right] + b_{\mathrm{m}}\right) \tag{6-12}$$

$$d_t = \sigma\left(W_{\mathrm{d}} \cdot \left[X'_t, x_t\right] + b_{\mathrm{d}}\right) \tag{6-13}$$

式中，m_t为迁移门；d_t为分布门；W_{m}为迁移门的权重矩阵；W_{d}为分布门的权重矩阵；b_{m}为迁移门的偏置项；b_{d}为分布门的偏置项；x_t为计算监测位置当前时刻输入项；x'_{t-1}为其他监测位置上一时刻输入项；X'_t为其他监测位置当前时刻输入项矩阵；$\mathrm{Eu}\left(x', x\right)$为计算监测位置与其他监测位置的欧氏距离；max()和σ为激活函数。

式（6-12）中将空间位置的欧氏距离引入迁移门的权重优化机制，并通过max()激活函数获取计算监测位置的最大迁移门，即获取空间关联度最高的监测位置。式（6-13）中将所有其他监测位置输入项与计算监测位置输入项结合，以表征空间上各监测位置水质的分布情况，进而保留它们之间的关联信息。

不同污染物在水体中拥有不同的降解能力，而降解能力影响污染物在水体中随时间的变化过程。由此，将污染物的降解系数引入LSTM的输入门，从理论上完善了当前时刻水质信息向单元状态传输的有效信息量。采用水质机理模型对干流中COD与NH_3-N进行时空模拟，通过模型的率定和验证得到了适宜的降解系数，同时参考相似河道的污染物降解系数取值（卢诚等，2020），最终污染物降解系数（COD氧化速率和NH_3-N硝化速率）取值为$0.08\mathrm{d}^{-1}$。污染物的降解方程如下：

$$S_{C_i} = \frac{\mathrm{d}C_i}{\mathrm{d}t} = -K_i C_i \tag{6-14}$$

式中，S_{c_i} 为污染物量；C_i 为某水质组分 i 的浓度；K_i 为水质组分 i 的一阶降解系数。

LSTM 的遗忘门、输入门和输出门等核心算法的方程如下：

$$f_t = \sigma\left(W_{\mathrm{f}} \cdot \left[h_{t-1}, x_t\right] + b_{\mathrm{f}}\right) \tag{6-15}$$

$$\left[W_{\mathrm{f}}\right]\begin{bmatrix} h_{t-1} \\ X_t \end{bmatrix} = \left[W_{\mathrm{f}h} \quad W_{\mathrm{fx}}\right]\begin{bmatrix} h_{t-1} \\ x_t \end{bmatrix} \tag{6-16}$$

$$i_t = \sigma\left(W_{\mathrm{i}} \cdot \left[h_{t-1}, x_t\right] + b_{\mathrm{i}}\right) \tag{6-17}$$

$$\tilde{c}_t = \tanh\left(W_c \cdot \left[h_{t-1}, x_t\right] + b_c\right) \tag{6-18}$$

$$c_t = f_t \mathrm{o} c_{t-1} + i_t \mathrm{o} \tilde{c}_t \tag{6-19}$$

$$o_t = \sigma\left(W_{\mathrm{o}} \cdot \left[h_{t-1}, x_t\right] + b_{\mathrm{o}}\right) \tag{6-20}$$

$$h_t = o_t \mathrm{o} \tanh\left(c_t\right) \tag{6-21}$$

式中，f_t 为遗忘门；i_t 为输入门；$\tilde{c}_t$ 为当前输入单元状态；c_t 为当前时刻的单元状态；o_t 为输出门；h_t 为 LSTM 最终输出；W_{f} 为遗忘门的权重矩阵，包括 $W_{\mathrm{f}h}$ 和 W_{fx}；$W_{\mathrm{f}h}$ 为对应输入项 h_{t-1} 的权重矩阵；W_{fx} 为对应输入项 X_t 的权重矩阵；$\left[h_{t-1}, x_t\right]$ 表示把两个向量连接成一个更长的向量；b_{f} 为遗忘门的偏置项；σ 为激活函数；W_{i} 为输入门的权重矩阵；b_{i} 为输入门的偏置项；W_c 为当前输入单元状态 $\tilde{c}_t$ 的权重矩阵；b_c 为当前输入单元状态 $\tilde{c}_t$ 的偏置项；W_{o} 为输出门的权重矩阵；b_{o} 为输出门的偏置项；tanh() 为激活函数；o 表示按元素乘。

将式（6-14）的降解系数引入式（6-17）可得到新的输入门方程：

$$i_t = \sigma\left(K_{\mathrm{i}} \cdot W_{\mathrm{i}} \cdot \left[h_{t-1}, x_t\right] + b_{\mathrm{i}}\right) \tag{6-22}$$

将式（6-12）和式（6-13）引入式（6-21）可得到新的最终输出方程：

$$h_t = o_t \mathrm{o} \tanh\left(c_t + m_t \mathrm{o} d_t\right) \tag{6-23}$$

综上，在 LSTM 核心算法的基础上，结合水环境的演变规律，引入了迁移门、分布门和降解系数等创新机制，对原有 LSTM 的方程进行了变形，由此改进 LSTM 算法（Im-LSTM）的前馈计算过程，如图 6-6 所示。

Im-LSTM 的网络训练过程是通过反向传播算法计算的，包括：①对神经网络中的各个神经元进行“记忆单元”的计算，即遗忘门（f_t）、输入门（i_t）、输出门（o_t）、迁移门（m_t）、分布门（d_t）等向量的值；②通过反向计算对各神经元的误差项（δ）进行计算，进而通过迭代计算减小误差。Im-LSTM 误差项的反向计算方法沿用原始 LSTM 的反向传播方式，即沿时序信息的时间轴和神经网络的层级等两个传播方向进行误差计算。基于此，根据相应的误差项，计算每个权重的梯度，具体计算公式如下（表 6-4）：

$$\delta_k^{\mathrm{T}} = \prod_{j=k}^{t-1} \delta_{\mathrm{o},j}^{\mathrm{T}} W_{\mathrm{o}h} + \delta_{\mathrm{f},j}^{\mathrm{T}} W_{\mathrm{f}h} + \delta_{\mathrm{i},j}^{\mathrm{T}} W_{\mathrm{i}h} + \delta_{\tilde{c},j}^{\mathrm{T}} W_{ch} + \delta_{\mathrm{m},j}^{\mathrm{T}} W_{\mathrm{m}h} + \delta_{\mathrm{d},j}^{\mathrm{T}} W_{\mathrm{d}h} \tag{6-24}$$

$$\frac{\partial E}{\partial \mathrm{net}_t^{l-1}}=\left(\delta_{\mathrm{f},t}^{\mathrm{T}}W_{\mathrm{f}x}+\delta_{\mathrm{i},t}^{\mathrm{T}}W_{\mathrm{i}x}+\delta_{\tilde{c},t}^{\mathrm{T}}W_{cx}+\delta_{\mathrm{o},t}^{\mathrm{T}}W_{\mathrm{o}x}+\delta_{\mathrm{m},t}^{\mathrm{T}}W_{\mathrm{m}x}+\delta_{\mathrm{d},t}^{\mathrm{T}}W_{\mathrm{d}x}\right)\mathrm{o}f'\left(\mathrm{net}_t^{l-1}\right) \quad (6\text{-}25)$$

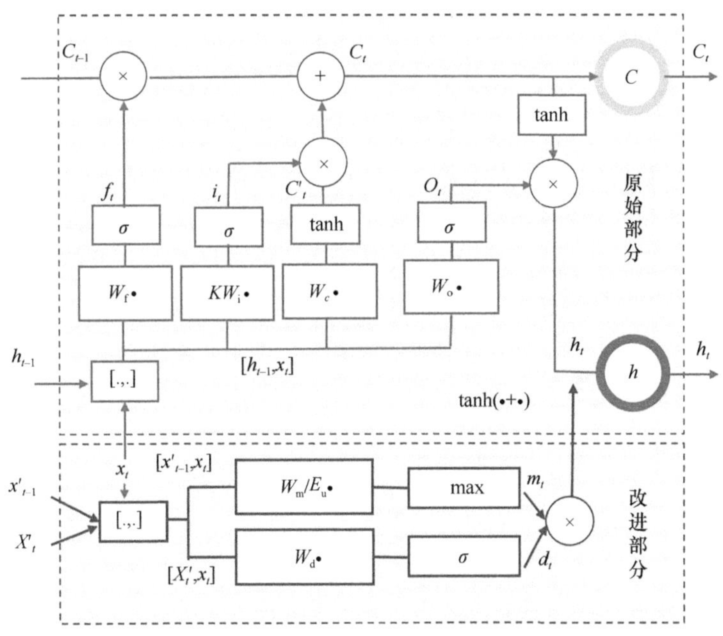

图 6-6　改进 LSTM 的前馈计算过程

表 6-4　Im-LSTM 算法权重梯度公式

$\frac{\partial E}{\partial W_{\mathrm{o}h}}=\sum_{j=1}^{t}\delta_{\mathrm{o},j}h_{j-1}^{\mathrm{T}}$ （6-26）	$\frac{\partial E}{\partial W_{\mathrm{m}h}}=\sum_{j=1}^{t}\delta_{\mathrm{m},j}h_{j-1}^{\mathrm{T}}$ （6-30）	$\frac{\partial E}{\partial W_{\mathrm{i}x}}=\delta_{\mathrm{i},t}X_t^{\mathrm{T}}$ （6-34）	$\frac{\partial E}{\partial b_{\mathrm{f}}}=\sum_{j=1}^{t}\delta_{\mathrm{f},j}$ （6-38）
$\frac{\partial E}{\partial W_{\mathrm{f}h}}=\sum_{j=1}^{t}\delta_{\mathrm{f},j}h_{j-1}^{\mathrm{T}}$ （6-27）	$\frac{\partial E}{\partial W_{\mathrm{d}h}}=\sum_{j=1}^{t}\delta_{\mathrm{d},j}h_{j-1}^{\mathrm{T}}$ （6-31）	$\frac{\partial E}{\partial W_{cx}}=\delta_{\tilde{c},t}X_t^{\mathrm{T}}$ （6-35）	$\frac{\partial E}{\partial b_{c}}=\sum_{j=1}^{t}\delta_{\tilde{c},j}$ （6-39）
$\frac{\partial E}{\partial W_{\mathrm{i}h}}=\sum_{j=1}^{t}\delta_{\mathrm{i},j}h_{j-1}^{\mathrm{T}}$ （6-28）	$\frac{\partial E}{\partial W_{\mathrm{o}x}}=\delta_{\mathrm{o},t}X_t^{\mathrm{T}}$ （6-32）	$\frac{\partial E}{\partial b_{\mathrm{o}}}=\sum_{j=1}^{t}\delta_{\mathrm{o},j}$ （6-36）	$\frac{\partial E}{\partial b_{\mathrm{m}}}=\sum_{j=1}^{t}\delta_{\mathrm{m},j}$ （6-40）
$\frac{\partial E}{\partial W_{ch}}=\sum_{j=1}^{t}\delta_{\tilde{c},j}h_{j-1}^{\mathrm{T}}$ （6-29）	$\frac{\partial E}{\partial W_{\mathrm{f}x}}=\delta_{\mathrm{f},t}X_t^{\mathrm{T}}$ （6-33）	$\frac{\partial E}{\partial b_{\mathrm{i}}}=\sum_{j=1}^{t}\delta_{\mathrm{i},j}$ （6-37）	$\frac{\partial E}{\partial b_{\mathrm{d}}}=\sum_{j=1}^{t}\delta_{\mathrm{d},j}$ （6-41）

式（6-24）为误差项向前传递到任意 k 时刻的公式，其中：$\delta_{\mathrm{o},j}^{\mathrm{T}}$、$\delta_{\mathrm{f},j}^{\mathrm{T}}$、$\delta_{\mathrm{i},j}^{\mathrm{T}}$、$\delta_{\tilde{c},j}^{\mathrm{T}}$、$\delta_{\mathrm{m},j}^{\mathrm{T}}$、$\delta_{\mathrm{d},j}^{\mathrm{T}}$ 分别表示 j 时刻输出门、遗忘门、输入门、单元状态、迁移门和分布门的误差项；$W_{\mathrm{o}h}$、$W_{\mathrm{f}h}$、$W_{\mathrm{i}h}$、W_{ch}、$W_{\mathrm{m}h}$、$W_{\mathrm{d}h}$ 分别表示输出门、遗忘门、输出门、单元状态、迁移门和分布门对应输入项 h_{t-1} 的权重矩阵。式（6-25）为误差传递到上一层的公式，其中，E 为误差函数；$W_{\mathrm{i}x}$、$W_{\mathrm{f}x}$、$W_{\mathrm{o}x}$、W_{cx} 分别表示输出门、遗忘门、输出门和单元状态对应输入项 X_t 的权重矩阵；net_t^{l-1} 为 l–1 层的 $\sum_{\mathrm{ele}=0}^{N}\omega_{\mathrm{ele}}x_{\mathrm{ele}}$；$f'()$表示激活函数的导数。式（6-26）～式（6-41）为各参数权重梯度。

6.3.5 模型训练与评估

本研究在模型训练验证中采用交叉验证方法，交叉验证方法是将样本总量分为训练样本和验证样本，不同的样本分配比例直接影响模型的学习效果，训练样本过少导致模型捕捉数据特征不足（泛化），训练样本过多导致模型出现过拟合。由此，按照学界常用的样本分配比例进行划分，即训练样本和验证样本的比例分别为70%和30%。同时，模型的迭代次数对数据的有效信息获取也起到重要的作用，本研究结合计算机运算能力和模型评估参数变化的稳定程度两种因素，将模型的迭代次数设置为1000次。

本研究采用决定系数和均方误差对水质预测结果进行评估，具体计算方法如下：

$$R^2=\left[\frac{\sum_{n=1}^{N}\left(y_n-\overline{y_n}\right)\left(\hat{y}_n-\overline{\hat{y}_n}\right)}{\sqrt{\sum_{n=1}^{N}\left(y_n-\overline{y_n}\right)^2}\sqrt{\sum_{n=1}^{N}\left(\hat{y}_n-\overline{\hat{y}_n}\right)^2}}\right]^2 \tag{6-42}$$

$$\text{MSE}=\frac{1}{n}\sum_{n=1}^{N}\left(\hat{y}_n-y_n\right)^2 \tag{6-43}$$

式中，R^2为决定系数；MSE为均方误差；N为样本数量；y_n为实际值；$\hat{y}_n$为预测值。

6.4 基于CNN的陆水一体化模型

6.4.1 模型结构

通过改进LSTM算法对流域内的国控/省控监测断面的水质进行了短期预测。然而，这些预测结果在空间上是离散的独立断面，无法表征干流各处的水质状况，限制了水污染治理的监管能力。陆水一体化水质模型与人工智能算法联合框架的构建（图6-7），既

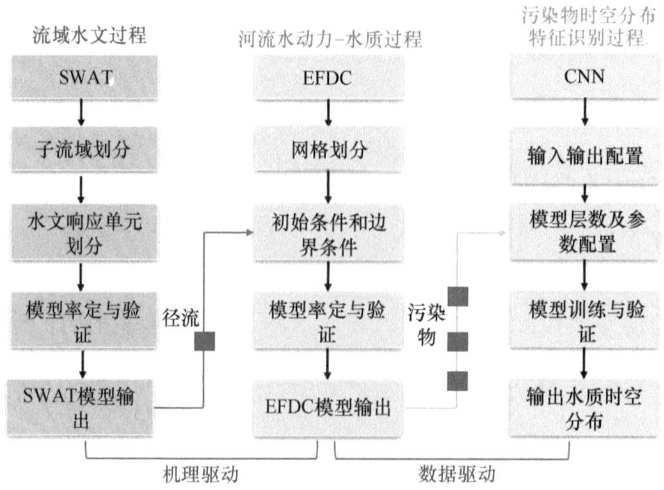

图6-7 陆水一体化机理模型与CNN联合框架

充分利用了机理模型对河流污染物时空运移的模拟能力，也有力发挥了 CNN 算法对图像特征提取与预测的能力，实现了对小清河干流水质的二维时空预测。

首先采用水文模型（SWAT）与水动力–水质模型（EFDC）对小清河进行陆水一体化水质模拟，利用水文模型对小清河流域的各子流域进行产汇流计算，并将子流域的径流结果作为水动力模型的流量边界进行输入，同时将点源污染物通量作为水质模型的污染物边界进行输入，进而对小清河干流进行水质模拟，将水质模型模拟产生的污染物（NH_3-N、COD）二维高频图像作为 CNN 模型的输入，利用神经网络的深度训练学习能力，提取河流水质时空分布特征，最后将离散断面水质预测结果输入训练后的 CNN 模型，进而得到离散断面间的河段水质连续分布，实现水质的二维时空预测。

6.4.2　核 心 模 块

1. 水文模块

SWAT 作为典型的分布式模型，以降雨、径流、污染物运移等物理化学过程为基础，涵盖不同气候条件、不同植被类型、不同下垫面条件和不同土地利用等情景，对中小流域尺度的产汇流过程模拟效果较好。采用 SWAT 模型对山东省小清河流域进行产汇流模拟，将模拟的各子流域流量作为构建 EFDC 模型的边界条件，使小清河干流的水动力过程更趋于真实，进而提升河道内污染物的迁移转化模拟效果，最终为后续 CNN 模型的训练提供逼真的水质时空分布图像样本。

SWAT 模型内嵌有三大模块，分别是水文模块、土壤侵蚀模块和水质模块，其中涵盖 701 个方程和 1013 个变量。根据模块功能，主要采用水文模块进行流域内的水文过程模拟，该模拟过程总体分为陆域的产流和河道内的汇流过程。在陆域产流过程中，水流按照流域分水岭的走势进行汇流，由此在流域中形成了不同的子流域，并按照不同的坡度、土地利用和土壤类型对各子流域进行水文响应单元（HRU）划分。HRU 是该模型设计的产汇流计算的最小核心网格。

2. 水动力模块

环境流体动力学模型（environmental fluid dynamics code，EFDC）是开源免费的地表水模拟系统，主要包括水动力、泥沙物质运移和水质等模块。EFDC 可应用于 100 多种水体的环境评价和管理工作中，包括河流、湖泊、水库、湿地、海湾和河口等。水动力模块是 EFDC 模型的基础，是其他模块的核心驱动条件，用于模拟水体的流速场、示踪剂、水温和盐度等状况。该模块的输出变量可用于耦合水质、底泥和毒物等模块，并模拟水体各组分的迁移转化、硝化/反硝化作用、复氧作用和界面释放通量等物化过程。水质模块是基于 CE-QUAL-ICM 模型研发的，可模拟 COD、NH_3-N、DO、N 和 P 等 21 项水质组分的迁移转化过程。

采用 EFDC 模型的水动力模块和水质模块，来模拟小清河干流中 COD 和 NH_3-N 的空间运移情况，为后续利用人工智能算法进行河段水质时空预测提供支持。

1）水动力模型原理

水动力模块是基于质量守恒、动量守恒和能量守恒等规律构建的，由此可计算水体流场的时空分布。然而，在实际水动力计算中，常模拟时空尺度大和计算量大的水体，为了节省运算时间和提高计算精度，EFDC 对基本方程进行简化，并提出 3 种近似条件假设：Boussinesq 近似、静水压近似和准 3D 近似。其中，Boussinesq 近似认为密度变化不大的流体可以忽略密度对流体的影响，在动量守恒方程中仅考虑密度对质量力项的影响；静水压近似认为垂向水压力与浮力相互平衡；准 3D 近似认为水体是水平方向分层的结构，分层水体可进行垂向流动。

河流、湖泊和水库等水体自然边界通常为弯曲的，若在直角坐标系下，剖分的网格较多，计算量加大，消耗时间变长。然而，如果将水平边界拟合为正交曲线坐标和垂向 σ 坐标，经过坐标变换优化为规范直角网格，则可提升计算精度和运算速度。由此，EFDC 模型在垂向上采用 σ 坐标系，在水平方向上将 x-y 直角坐标转换为曲线正交坐标，在垂向方向上进行 σ 坐标变换。σ 坐标变换公式如下：

$$x=\varphi\left(x^*,y^*\right) \tag{6-44}$$

$$y=\varphi\left(x^*,y^*\right) \tag{6-45}$$

$$z=\frac{z^*+h}{\zeta+h}=\frac{H}{\zeta+h} \tag{6-46}$$

式中，x^*、y^* 和 z^* 为任一点 p 的直角坐标；x、y 和 z 为 p 点的正交曲线 σ 坐标；ζ 为 p 点的水面高程；h 为 p 点的河床高程；H 为水深。

水动力模块基本方程是建立在水平曲线坐标和垂向 σ 坐标基础上的，其动量方程、连续方程、状态方程如下。

动量方程：

$$\begin{aligned}&\partial_t(mHu)+\partial_x(m_yHuu)+\partial_y(m_xHvu)+\partial_z(m\omega u)-(mf+v\partial_xm_y-u\partial_ym_x)Hv\\&=-m_yH\partial_x(g\zeta+p)-m_y(\partial_xh-z\partial_xH)\partial_zp+\partial_z(mH^{-1}A_v\partial_zu)+Q_u\end{aligned} \tag{6-47}$$

$$\begin{aligned}&\partial_t(mHv)+\partial_x(m_yHuv)+\partial_y(m_xHvv)+\partial_z(m\omega v)-(mf+v\partial_xm_y-u\partial_ym_x)Hu\\&=-m_xH\partial_y(g\zeta+p)-m_x(\partial_yh-z\partial_xH)\partial_zp+\partial_z(mH^{-1}A_v\partial_zv)+Q_v\end{aligned} \tag{6-48}$$

$$\partial_zp=-gH\left(\rho-\rho_0\right)\rho_0^{-1}=-gHb \tag{6-49}$$

连续方程：

$$\partial_t(m\zeta)+\partial_x(m_yHu)+\partial_y\left(m_xHv\right)+\partial_z(m\omega)=0 \tag{6-50}$$

$$\partial_t(m\zeta)+\partial_x\left(m_yH\int_0^1u\mathrm{d}z\right)+\partial_y\left(m_xH\int_0^1v\mathrm{d}z\right)=0 \tag{6-51}$$

状态方程：

$$\rho=\rho\left(P,S_{\mathrm{a}},T\right) \tag{6-52}$$

式中，u、v 和 ω 分别为边界正交坐标的 x、y 和 z 方向的分量；m_x 和 m_y 为度量张量对角元素的平方根；m 为度量张量行列式的平方根（$m=m_x m_y$）；H 为总水深；f 为科里奥利系数；ζ 为自由水深；A_v 为垂向紊动黏滞系数；p 为压力；ρ 为混合密度；S_a 为盐度；ρ_0 为参考密度；T 为温度；Q_u 和 Q_v 为动量源汇项。

2）水质模型原理

EFDC 的水质模块是基于 CE-QUAL-ICM 水质模型的动力学过程，根据污染物的迁移转化规律，采用质量守恒控制方程来表征水质的变化状态。本研究仅对小清河干流的 COD 和 NH_3-N 进行时空模拟，因此只对这两种污染物的物质转换原理进行介绍，相关参数见表 6-5。

表 6-5　COD 与 NH_3-N 迁移转换过程涉及参数

指标	符号	参数意义	参考范围	单位
COD	KH_{COD}	COD 氧化过程中所需消耗水体中 DO 的半饱和常数	1～1.5	g/m^3
	K_{COD}	在标准温度时 COD 的氧化速率	0.01～0.15	d^{-1}
	TR_{COD}	氧化时对照参考的标准温度	—	℃
	KT_{COD}	温度因素在 COD 的氧化过程中造成的变化量	0.001～0.05	℃$^{-1}$
	AOCR	呼吸作用中的溶解氧碳比	1.00～3.50	—
	AONT	硝酸铵单位质量消耗的溶解氧质量	1.00～5.50	—
	KR	复氧速率常数	1.50～5.32	d^{-1}
	KTr	调节 DO 复氧速率的温度常数	—	—
NH_3-N	$FNIP_X$	捕食的氮和产生无机氮的比值	0.10～0.30	—
	FNI_X	藻类 X 代谢的氮和产生的无机氮的比值	0.10～0.30	—
	KNit	最大硝化速率	0.04～0.20	d^{-1}

（1）COD 的物质转化方程如下：

$$\frac{\partial \mathrm{COD}}{\partial t}=-\left(\frac{\mathrm{DO}}{\mathrm{KH_{COD}}+\mathrm{DO}}\right)K_{\mathrm{COD}}\mathrm{COD}+\frac{\mathrm{BFCOD}}{\Delta Z}+\frac{\mathrm{WCOD}}{V} \tag{6-53}$$

式中，DO 为溶解氧（g/m^3）；BFCOD 为沉积物中的 COD$\left[g/\left(m^2\cdot d\right)\right]$；WCOD 为 COD 的外部负荷（$g/d$）；$V$ 为体积（m^3）；t 为时间（天）；ΔZ 为距水面深度（m）。

温度对 COD 氧化速率的影响如式（6-54）：

$$K_{\mathrm{COD}}=K_{\mathrm{COD}}\exp\left(\mathrm{KT_{COD}}\left(T-\mathrm{TR_{COD}}\right)\right) \tag{6-54}$$

式中，$\mathrm{TR_{COD}}$ 为氧化时对照参考的标准温度（℃）；$\mathrm{KT_{COD}}$ 为温度因素在 COD 的氧化过程中造成的变化量（℃$^{-1}$）；K_{COD} 为在标准温度时 COD 的氧化速率（d^{-1}）。

（2）NH_3-N 的物质转化主要包括藻类的新陈代谢和底层沉积物与水的交换，迁移转化公式如下：

$$\frac{\partial \mathrm{NH_4}}{\partial t} = \sum_{x=c,d,g,m} \left(\mathrm{FNI}_X \cdot \mathrm{BM}_X + \mathrm{FNIP}_X \cdot \mathrm{PR}_X - \mathrm{PN}_X \cdot P_X\right) \mathrm{ANC}_X B_X + K_{\mathrm{DON}} \mathrm{DON} - \mathrm{KNit} \cdot \mathrm{NH_4} + \frac{\mathrm{BFNH_4}}{\Delta Z} + \frac{\mathrm{WNH_4}}{V} \tag{6-55}$$

式中，BM_X 为藻类 X 的基础代谢率（d^{-1}）；PR_X 为藻类 X 的捕食率（d^{-1}）；P_X 为藻类 X 的生长速率（d^{-1}）；PN_X 为藻类 X 对氨的吸收率；ANC_X 为藻类 X 中的氮碳之比；B_X 为藻类 X 以碳计量的物质量（$\mathrm{g/m^3}$）；DON 为有机氮浓度（$\mathrm{g/m^3}$）；K_{DON} 为有机氮的矿化率（d^{-1}）；$\mathrm{BFNH_4}$ 为氨的沉积物–水交换能量$\left[\mathrm{g}/\left(\mathrm{m}^2 \cdot \mathrm{d}\right)\right]$；$\mathrm{WNH_4}$ 为氨的外部负荷（g/d）。

3）模型率定

水动力模型参数的选取一部分按小清河实际河道状态取值，另一部分参考现有研究成果。对小清河干流的流量和水质（COD 和 NH_3-N）进行模拟，并采用与水文模型（SWAT）相同的评估指标（纳什效率系数 E_{NS}、决定系数 R^2 和相对误差 R_{e}）来对模型模拟效果进行评价。

3. CNN 算法原理

CNN 是一种深层前馈神经网络，由多层网络构成，其中主要包括卷积层、池化层、全连接层和输出层，每层由多个二维向量组成，每个向量由多个独立神经元构成（图 6-8）。在 CNN 中，每个二维向量可看作一张图像，图像各像素间存在空间上的相关性和整体性。为了提取图像像素间的独特特征，CNN 将图像通过不同的卷积核进行卷积计算，提取图像局部特征，并映射出一个新的二维图像。然后，将其进行非线性激活函数处理，再进行池化运算。这样既保留图像最显著的特征，也提升神经网络的畸变容忍能力。最后，再经过多个卷积层和池化层的循环计算，将提取的特征信息通过全连接层进行分类识别。

CNN 算法模仿了人们对事物观察的特点，即通过部分区域的认知得到局部信息，进而对局部信息进行汇总，从而获取全局信息。由此可知，CNN 的基本特点为稀疏链接、权值共享、降采样和端对端。CNN 通过稀疏链接减小了网络框架运算参数，提高了计算效率。在 CNN 运算中，每个输入图像使用相同的卷积核参数，并采用一样的权值矩阵和偏置项。这种权值共享机制一方面减少了网络层次间自由参数个数，降低了网络复杂度和过拟合风险；另一方面提升了图像特征提取能力。降采样（池化）是对输出图像特征的聚合统计，逐步将图像从高维降至低维，简化了网络复杂度和特征提取的敏感度。端对端减少了对图像特征的结构化数值提取过程，通过非结构化特征提取实现最终的类别分类。

1）卷积层

卷积层（convolutional layer）为特征提取层，是 CNN 的核心运算层，也是重要的

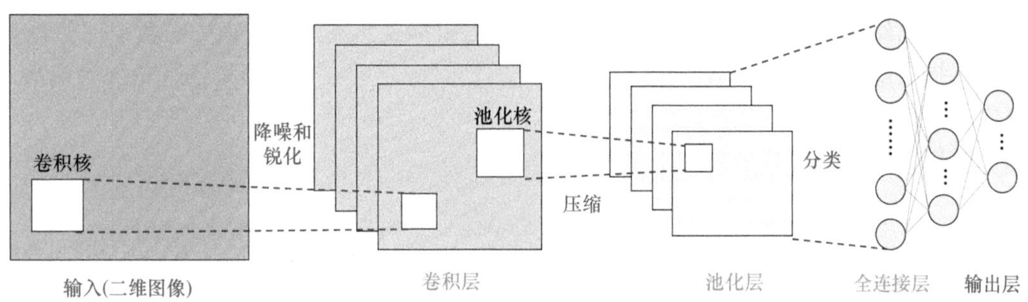

图 6-8　卷积神经网络原理

线性滤波图像处理方法，可实现对图像的降噪和锐化。卷积核为卷积层的核心算子，通过权值矩阵表征像素与像素之间的关系。当卷积核中各像素相对差值小时，对图像进行模糊降噪；当像素相对差值大时，对图像进行边缘提取。

卷积运算是通过卷积核沿着输入图片的坐标横向/纵向滑动，并与相应的数据进行卷积计算，进而获取新的二维特征激活图。步长（stride）为卷积核滑动的距离，由此卷积核尺寸和步长决定了激活图的尺寸，输出图片的尺寸计算公式如式（6-56）：

$$y = \frac{x-k}{\text{stride}} + 1 \tag{6-56}$$

式中，y 为输出图片尺寸；x 为输入图片尺寸；k 为卷积核尺寸；stride 为步长。

2）池化层

池化层布置于卷积层之后，卷积层是池化层的输入层，卷积层的特征图与池化层中的特征图唯一对应。池化层通过降低特征图的分辨率来获取图像的空间不变性，以提取图像二次特征。池化方法主要分为最大池化、均值池化和随机池化，其中最大池化是提取局部接受域中的最大值；均值池化是提取局部接受域中所有值的均值；随机池化是对局部接受域内各像素赋予概率值，进而进行随机选择。据此，池化层可减少卷积层间的连接数量，使网络中神经元数量减少，降低模型整体计算量。

在 CNN 进行图像特征提取时，通常存在两方面的误差：一方面是卷积层参数差异造成的估计均值偏移；另一方面是邻域大小受限造成的估计值方差增大。由此，最大池化可削减第一种误差，以保留特征信息；平均池化可削弱第二种误差，以保留特征的背景信息。

3）全连接层

全连接层是将网络中所有的神经元与前一层各神经元两两连接，使提取的“分布式特征”表示映射到样本标记空间中，以实现分类表征。在 CNN 运算中，经历多个卷积层和池化层后，最终至少连接 1 个全连接层，以整合卷积层或池化层中具有类别区分性的局部信息。

4）输出层

输出层是卷积神经网络中的最后一层，最终以类别或者概率的形式输出。为了获取最终的输出结果，需将全连接层的计算结果作为目标类，进而通过损失函数来评估预测误差。损失函数（代价函数）是基于统计学理论对神经网络预测效果进行量化的函数，可用来评估预测值和真实值之间的匹配度。

卷积神经网络运算公式如下：

$$c_j^l = \sum_i x_i^{l-1} \cdot w_{ij}^l + b_j^l \tag{6-57}$$

$$x_j^l = \varnothing\left(c_j^l\right) \tag{6-58}$$

$$x_j^{l+1} = \mathrm{pool}\left(x_j^l\right) \tag{6-59}$$

式（6-57）为卷积运算方程；式（6-58）为激活函数方程；式（6-59）为池化运算方程；l 为所在层；c_j^l 为 l 层第 j 个输出；x_i^{l-1} 为 $l-1$ 层第 i 个神经元的输入；w_{ij}^l 为卷积核的权重，表示 l 层的第 i 个输入与第 j 个输出之间的连接权重；b_j^l 为 l 层第 j 个输出的偏置项；x_j^l 为 l 层第 j 个神经元的输出；$\varnothing$ 为激活函数；x_j^{l+1} 为 $l+1$ 层第 j 个神经元的输入；pool 表示池化操作。

参考文献

程春明, 李蔚, 宋旭. 2015. 生态环境大数据建设的思考. 中国环境管理, 7(6): 9-13.

傅伯杰. 2018. 新时代自然地理学发展的思考. 地理科学进展, 37(1): 1-7

黄欣荣. 2019. 新一代人工智能研究的回顾与展望. 新疆师范大学学报(哲学社会科学版), 40(4): 86-97.

赖锡军. 2019. 流域水环境过程综合模拟研究进展. 地理科学进展, 38(8): 1123-1135.

李德仁, 王树良, 史文中, 等. 2001. 论空间数据挖掘和知识发现. 武汉大学学报(信息科学版), (6): 491-499.

卢诚, 安堃达, 张晓彤, 等. 2020. 基于 EFDC 模型的神定河水质模拟. 中国环境监测, 36(4): 106-114.

夏军, 翟晓燕, 张永勇. 2012. 水环境非点源污染模型研究进展. 地理科学进展, 31(7): 941-952.

向先全, 陶建华. 2009. 水信息学及其在水环境中的应用研究综述. 生态环境学报, 18(4): 1587-1593.

Arhonditsis G B, Stow C A, Steinberg L J, et al. 2006. Exploring ecological patterns with structural equation modeling and Bayesian analysis. Ecological Modelling, 192(3-4): 385-409.

Chapra S C. 2003. Engineering water quality models and TMDLs. Journal of Water Resources Planning and Management- ASCE, 129(4): 247-256.

Rode M, Arhonditsis G, Balin D, et al. 2010. New challenges in integrated water quality modelling. Hydrological Processes, 24(24): 3447-3461.

Wu X, Vipin K J. 2009. The Top Ten algorithms in data mining. Taylor & Francis Group, 14: 1-37.

第7章　国家流域水环境管理大数据平台构建技术

7.1　流域水环境数据集成管理

7.1.1　数据资源分类与编码技术

根据流域水环境及流域水环境管理信息的特点，在充分继承现有数据分类标准的基础上，采用树状信息分类方法，从流域水环境业务、管理机构以及保密要求三个维度对流域水环境管理信息进行分类，确保流域水环境管理信息在单个树状结构下具有唯一性，并用网状信息分类方法将多维树状的流域水环境管理信息联结，从而确保流域水环境管理信息的全面和准确。

流域水环境业务维度目录如下：

1）水质量环境

水环境质量数据分为四级目录，见表7-1。

表7-1　水环境质量数据资源目录

<table>
<tr><th>一级目录</th><th>二级目录</th><th>三级目录</th><th>四级目录</th></tr>
<tr><td rowspan="13">水环境质量</td><td rowspan="8">环境质量数据</td><td>地表水</td><td>河流
湖泊
黑臭水体</td></tr>
<tr><td>饮用水</td><td>饮用水水源地基本信息
水源保护区信息
饮用水水源地供水信息
集中式饮用水水源地水质监测信息</td></tr>
<tr><td>海洋环境</td><td>近岸海域水质
其他</td></tr>
<tr><td>地下水</td><td>地下水水质</td></tr>
<tr><td>底泥及沉淀物</td><td>底泥
沉淀物</td></tr>
<tr><td>其他</td><td>其他</td></tr>
<tr><td colspan="2" style="display:none"></td></tr>
<tr><td colspan="2" style="display:none"></td></tr>
<tr><td rowspan="5">环境质量报告</td><td>环境状况公报</td><td>国家
地方</td></tr>
<tr><td>生态环境质量报告</td><td>国家
地方</td></tr>
<tr><td>地表水环境质量报告</td><td>地表水水质月报
全国主要流域重点断面水质自动监测周报</td></tr>
<tr><td>饮用水水质状况公报</td><td>国家</td></tr>
</table>

续表

一级目录	二级目录	三级目录	四级目录
水环境质量	环境质量报告	饮用水水质状况公报	地方
		近岸海域环境质量公报	国家
			地方
		流域公报	—
		全国水资源公报	—
	功能区划	地表水环境功能区划	地表水环境功能区Ⅰ类区
			地表水环境功能区Ⅱ类区
			地表水环境功能区Ⅲ类区
			地表水环境功能区Ⅳ类区
			地表水环境功能区Ⅴ类区
		饮用水水源地功能区划	饮用水水源地一级保护区
			饮用水水源地二级保护区
			饮用水水源地三级保护区
			一般饮用水水源地
		近岸海域环境功能区划	一类近岸海域环境功能区
			二类近岸海域环境功能区
			三类近岸海域环境功能区
			四类近岸海域环境功能区
		水生态功能区划	一级区
			二级区
			三级区
			四级区
			五级区
		水功能区划	一级区
			二级区
		水资源分区	地下水系统
			地表水系统
	其他	其他	其他

2）污染源与排污口

污染源与排污口数据分为三级目录，见表 7-2。

表 7-2 污染源与排污口数据资源目录

一级目录	二级目录	三级目录
污染源与排污口	生活源	城镇居民生活污染源信息
		城镇居民生活污染源污染物信息
		排污数据
		在线监控
	工业源	污染源基本信息
		污染源控制级别信息
		污染源在线监测仪器信息
		企业基本信息
		工业企业污染治理设施情况
		工业企业污染治理项目建设情况
	农业源	规模化畜禽养殖场

续表

一级目录	二级目录	三级目录
污染源与排污口	农业源	规模化畜禽养殖场（小区）
	集中式污染治理设施	集中式污水处理厂
	移动源	加油站
		油品运输企业
	排污口	入河排污口
		入海排污口
		入湖库排污口
		其他
	其他	其他

3）流域生态环境

流域生态环境数据分为三级目录，见表 7-3。

表 7-3　流域生态环境数据资源目录

一级目录	二级目录	三级目录
流域生态环境	水域生态	海洋生态
		河流生态
		湖库生态
		……
	陆域生态	自然生态
		人工生态
		……
	其他	其他

4）水文气象与水模型参数

水文气象与水模型参数数据分为三级目录，见表 7-4。

表 7-4　水文气象与水模型参数数据资源目录

一级目录	二级目录	三级目录
水文气象	水文数据	水位
		流量
		降雨
		径流量
		蒸散发
	气象数据	降水
		温度
		湿度
		风速
		风向
		太阳辐射强度
	其他	其他

续表

<table>
<tr><th>一级目录</th><th>二级目录</th><th>三级目录</th></tr>
<tr><td rowspan="5">水模型参数</td><td>水文</td><td>—</td></tr>
<tr><td>水动力</td><td>—</td></tr>
<tr><td>水质</td><td>—</td></tr>
<tr><td>水生态</td><td>—</td></tr>
<tr><td>其他</td><td>—</td></tr>
</table>

5）社会经济

社会经济数据分为三级目录，详情见表 7-5。

表 7-5　社会经济数据资源目录

<table>
<tr><th>一级目录</th><th>二级目录</th><th>三级目录</th></tr>
<tr><td rowspan="3">社会经济</td><td>人口数据</td><td>总人口
城镇人口
农村人口</td></tr>
<tr><td>经济数据</td><td>地区生产总值
第一产业生产总值
第二产业生产总值
第三产业生产总值</td></tr>
<tr><td>其他</td><td>其他</td></tr>
</table>

6）水环境管理业务

水环境管理业务数据分为四级目录，详情见表 7-6。

表 7-6　水环境管理业务数据资源目录

<table>
<tr><th>一级目录</th><th>二级目录</th><th>三级目录</th><th>四级目录</th></tr>
<tr><td rowspan="9">水环境管理业务</td><td rowspan="2">规划计划</td><td>水环境保护规划</td><td>国家规划
区域规划
流域规划
地方规划
环境保护年度计划
……</td></tr>
<tr><td>水环境管理专项规划</td><td>水质目标达标规划
……</td></tr>
<tr><td rowspan="6">水环境管理制度</td><td>水环境影响评价</td><td>—</td></tr>
<tr><td>水环境行政许可和审批</td><td>—</td></tr>
<tr><td>排污申报和排污许可证管理</td><td>—</td></tr>
<tr><td>污染源限期治理项目管理</td><td>—</td></tr>
<tr><td>流域综合治理</td><td>—</td></tr>
<tr><td>其他环境管理制度</td><td>—</td></tr>
<tr><td>污染防治</td><td>水污染防治</td><td>工业废水防治
生活污水防治
农田排水防治</td></tr>
</table>

续表

一级目录	二级目录	三级目录	四级目录
水环境管理业务	污染防治	水污染防治	地表径流污染防治
			其他水污染防治
		海洋污染防治	海洋工程建设污染防治
			船舶污染防治
			陆源污染物的污染防治
			海洋倾废污染防治
			沿海养殖污染防治
			海岸工程建设污染防治
			其他海洋污染防治
	生态环境保护与修复	区域生态环境保护	生态功能保护区建设
			自然保护区管理
			风景名胜区管理
			森林公园管理
			其他区域生态保护
		生态环境监管	生物多样性保护管理
			生态补偿
			其他
		生态环境保护与修复工程	水生态修复
			水土流失治理
			海洋生态保护
	环境污染事故与应急管理	水污染事件管理	—
		水污染事件应急管理	—
		企业水环境风险管理	—
	监测/检测管理	监测/检测管理制度	—
		实验室管理	—
		监测/检测仪器管理	—
		监测/检测结果管理	—
		质量控制管理	—
		自动监测管理	—
		监测/检测科研管理	—
		其他监测/检测管理	—
	环境监察	环境执法	—
		污染源监察	企业信用信息
		生态监察	—
		专项行动	—
	环境行政处罚、复议和诉讼	行政处罚	—
		行政复议	—

续表

一级目录	二级目录	三级目录	四级目录
水环境管理业务	环境行政处罚、复议和诉讼	环境诉讼	—
		案例信息	—
		其他	—
	环境公众参与	环境信访	—
		建议提案	—
		公众监督	—
		公众调查	—
		听证会	—
		政务信息公开	—
		其他环境公众参与	—
	环境宣传	—	—
	环境教育培训	—	—
	水生态环境综合评价	水生态	—
		水环境	—
		水资源	—
		健康与安全风险	—
		其他	—
	其他	其他	其他

7）环境政务管理

环境政务管理数据分为三级目录，见表 7-7。

表 7-7　环境政务管理数据资源目录

一级目录	二级目录	三级目录
环境政务管理	日常政务信息	工作简报 环境保护工作动态 工作计划、总结、汇报 领导讲话 重大活动信息 专项行动信息 突发事件报告 环境事件
	文档管理	公文 电报 档案
	其他	其他

8）环境政策法规标准

环境政策法规标准数据分为四级目录，见表 7-8。

表 7-8　环境政策法规标准数据资源目录

一级目录	二级目录	三级目录	四级目录
环境政策法规标准	环境政策法规	环境法律	—
		环境法规	—
		环境规章	—
		环境政策	—
	环境标准	环境保护基础标准	水环境质量标准
			水污染物排放标准
			水环境相关标准
		环境质量基准	水环境质量基准
		环境质量标准	水环境质量标准
		污染物排放/控制标准	水污染物排放/控制标准
		环境监测规范/方法标准	水质监测规范/方法标准
		环境标准物质/样品	水环境标准物质/样品
			沉积物标准物质/样品
		环境保护技术/标准	水污染防治技术/标准
	其他	其他	其他

9）流域水环境空间数据

流域水环境空间数据分为三级目录，详情见表 7-9。

表 7-9　流域水环境空间数据资源目录

一级目录	二级目录		三级目录
流域水环境空间数据	基础地理		行政区划
			数字高程图
			土地利用
			土壤类型
			植被类型
			湿地
			河流水系
			其他
	专题数据	功能分区	水生态功能分区
			水环境功能分区
			水功能分区
			水资源分区
		水质监测	地表水监测断面
			饮用水水源地监测断面
			近岸海域环境质量监测断面
			地下水监测断面
		污染源	工业源
			农业源

续表

一级目录	二级目录		三级目录
流域水环境空间数据	专题数据	污染源	生活源
			集中式污染治理设施
			移动源
		排污口	入河排污口
			入海排污口
			入湖库排污口
		关注水体	黑臭水体
			饮用水水源地
			其他
		生态保护	生态功能保护区
			自然保护区
			风景名胜区
			森林公园
			生态红线
		水文	水文站点分布
		气象	气象站点分布
		社会经济	人口分布
			人口密度
			GDP
			人均 GDP
			其他
	其他		其他

10）其他数据

与流域水环境管理业务关联或无关联的非官方数据，如非官方组织或正规性的机构组织互联网发布的水环境相关信息。

7.1.2　数据存储与交换通用标准

1. 流域水环境管理大数据组成总体框架

流域水环境管理大数据从数据形式上分为水环境空间数据和水环境非空间数据，水环境空间数据包含基础空间数据和专题空间数据；水环境非空间数据包含水环境业务数据和水环境非业务数据，且两类数据都可以以结构化和非结构化的形式进行存储，如图 7-1 所示。

2. 流域水环境管理大数据存储

1）存储体系结构

流域水环境管理大数据存储系统以物联网、互联网、专网和政务网等来源的数据为基础，通过离线计算、流式计算等处理技术对数据进行整理与初始化，并根据流域水环境管理的业务分主题进行数据库建设，如图 7-2 所示。

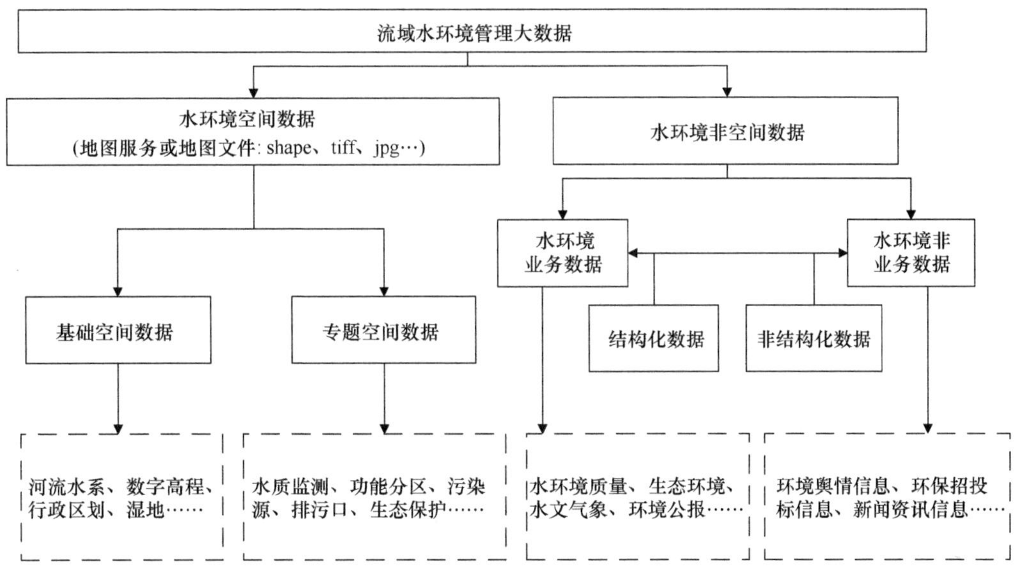

图 7-1　水环境管理大数据组成

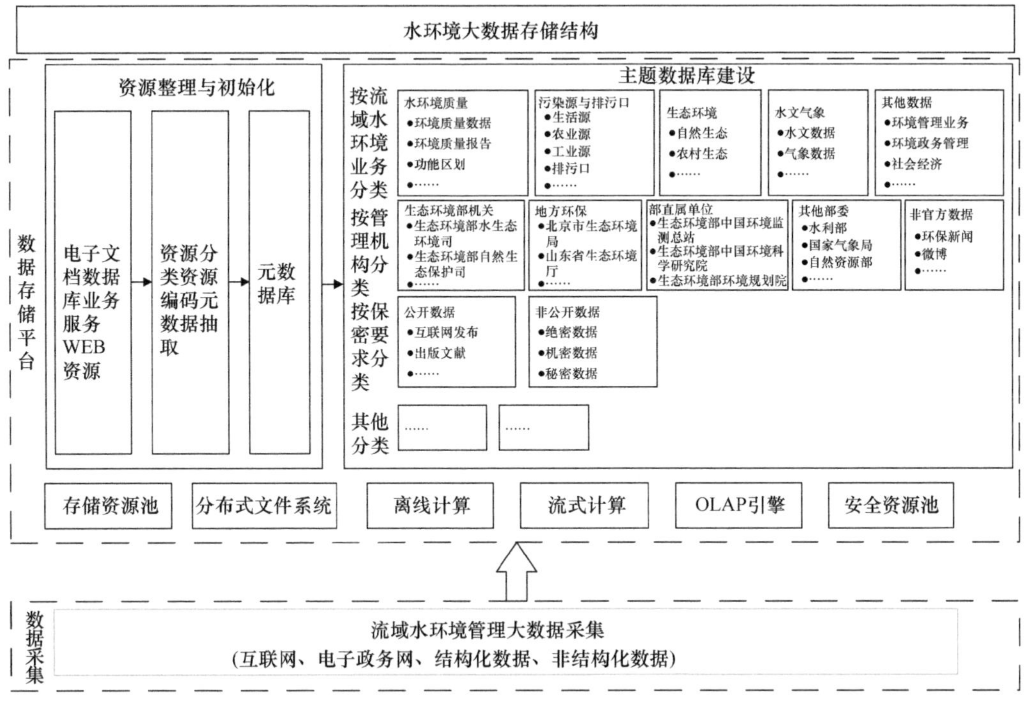

图 7-2　流域水环境管理大数据存储体系结构图

2）存储模式

流域水环境管理大数据的存储模式分为以下三类。

分布式存储：分布式存储是将数据分散存储在多台独立的设备上，并通过管理系统对元数据进行管理，从而形成数据统一集中管理的模式。

集中式存储：集中式存储由一台或多台主计算机组成中心节点，数据集中存储于这个中心节点中，并且整个系统的所有业务单元都集中部署在这个中心节点上，系统所有的功能均由其集中处理。

内存存储：内存存储是指将数据存储在计算机内存中，通常适用于对数据有高读写要求的系统。

3）存储要求

流域水环境管理大数据存储模块的基本要求如下：

（1）应支持数据上传、数据下载、目录查看、目录创建、目录删除、权限修改等操作。

（2）应支持标准且开放的数据访问 API，以便对数据进行操作。

（3）应提供数据加载工具功能，以满足大数据存储和处理系统与传统关系型数据库以及其他文件系统之间的数据和文件交换需求。

（4）应具备关键节点（部件）高可用性设计与要求。

（5）宜提供流域水环境管理核心业务数据自动备份和手动备份的功能。

（6）宜支持流域水环境管理核心业务数据的批量更新、删除等数据管理功能。

（7）宜支持流域水环境管理视频监控流式数据的实时入库，支持实时查询。

（8）流域水环境管理核心业务数据宜采用集中式存储方式，对于分级上报、审核、汇集的业务数据可采用分布式存储方式。

4）流域水环境资源存储

资源的存储涵盖了资源目录内容对象（及其相关资源）的结构化数据和非结构化数据的存储。实现这两类数据的逻辑存储结构即资源目录存储结构。根据一定的资源目录进行组织，相关数据文件按照不同的媒体类型进行分类，基本结构如表 7-10 所示。

表 7-10　资源目录基本结构

文件根目录	媒体文件	资源目录	说明
文件【dataFile】			文件根目录
	音频【audio】		音频文件根目录
		分组文件目录【水环境管理业务、环境政务管理……】	流域水环境资源目录音频文件分组
	视频【video】		视频文件根目录
		分组文件目录【污染源与排口、流域生态环境、水环境管理业务……】	流域水环境资源目录视频文件分组
	图像【image】		图像文件根目录
		分组文件目录【水环境质量、污染源与排口、流域生态环境、环境管理业务、环境政务管理……】	流域水环境资源目图像文件分组
	文档【document】		文档文件根目录
		分组文件目录【水环境质量、污染源与排口、流域生态环境、环境管理业务、环境政务管理、社会经济……】	流域水环境资源目录文档文件分组

续表

文件根目录	媒体文件	资源目录	说明
	【关系型数据】		关系型数据资源根目录
		分组文件目录【水环境质量、污染源与排污口、水文与气象、水模型、社会经济、水环境管理业务……】	流域水环境关系型资源分组
	其他【other】		其他类资源根目录
		分组文件目录【水资源、水生态、经济……】	流域水环境其他类资源分组

注：数据文件存于分组的对应资源目录下。当某一类数据文件数量较多时，在对应的媒体文件目录下，可以定义多个分组文件目录，并建立分组关系，本部分未对分组文件目录的数量层级等做出要求。

A. 关系型资源存储

关系数据库以二维表结构对实例数据进行组织和存储。当数据存储于关系数据库中时，每个资源作为独立的文本单元，存储于数据库表中。

资源索引表与资源关系表结构分别见表 7-11 和表 7-12。

表 7-11　资源索引表

序号	字段名	说明	类型	非空	备注
1	ID	当前资源本地标识	字符串型	是	主键
2	Code	当前资源编码	字符串型	是	唯一键
3	Description	资源描述	长文本型	是	

表 7-12　资源关系表

序号	字段名	说明	类型	非空	备注
1	ID	当前关系标识	字符串型	是	主键
2	SubjectCode	资源索引编码	字符串型	是	资源索引编码
3	SubjectType	实体资源类型	字符串型	是	资源类型
4	ObjectCode	实体资源编码	字符串型	是	实体资源编码

B. 非关系型资源存储

完整的非关系型资源文件可单独存储于文件系统中。如果文件中涉及媒体对象相关数据文件的具体存储位置时，该存储位置可以是当前实体文件存储位置的相对路径，也可以是其他路径。

示例：当前非关系型资源文件存储为“/BssePath/ ObjectInfo. Xml”（“BssePath”为存储文件的基础存储路径）。该文件中涉及的媒体对象相关数据文件可存储于同一路径下，其表达形式为 XML。

7.1.3　流域水环境管理大数据业务系统接口技术通用标准

1. 接口分类与描述格式

1）接口分类

流域水环境管理大数据业务系统的接口包括数据接口和服务接口两类。根据数据采集方式和数据特征，数据接口主要包括水环境监测监控物联网采集数据接口、水环境管理业务相关的结构化和非结构化数据接口，以及水模型耦合集成的调用接口。

数据接口提供数据类的支持，主要是指对数据的增删改查；服务接口是功能和数据的集合体，主要是完成某一特定功能的运算和展示。

2）接口描述格式

接口描述基于如下基本格式：

WebService:：=<METHOD><ENTRY>[<PARAM>] [<HEADER>] [<STREAM>]

[ ]为接口中可选项。

各字段的含义如表 7-13 所示。HTTP 请求的返回结果包含两部分：一部分为 HTTP 消息的状态码（StatusCode），表示响应的状态；另一部分为 HTTP 请求的消息体，消息体采用 JSON 格式进行封装。

表 7-13　接口描述基本格式说明

字段	含义
<METHOD>	HTTP 请求的方法，本接口中使用到的值有 GET、POST，各取值的含义参考 HTTP 协议
<ENTRY>	WEB 服务接口的入口地址
<PARAM>	可选参数，用以传递少量的参数信息，如监测点位编码、时间等
<HEADER>	HTTP 请求的消息头部
<STREAM>	可选的附加流信息，用以传递大量的参数信息，如视频流、图片等

所有接口定义格式说明如下。

（1）接口名：接口的名称。

（2）说明：对接口内容的描述。

（3）调用格式：调用 Web 服务时的语法格式。

（4）语义：对调用格式的解释。

（5）调用结果：Web 服务调用结果，包括成功状态和失败状态下的响应信息。

如无特殊说明，所有 Web 服务接口调用时都应加上 HTTP 请求头（表 7-14）。

表 7-14　服务接口调用请求说明

请求头	取值
Content-Type	application/json；charset=utf-8
Accept	application/json；charset=utf-8

注：表头是相应的中文对照，以避免引起歧义。

2. 物联网传感器数据接口

1）物联网传感器接口模型

常用的 HTTP 状态码表示及含义见表 7-15，未列举状态码的名称及含义参考 HTTP 协议的定义。

表 7-15　HTTP 状态码表

状态码	状态码名称	含义
200	OK	请求已成功
201	Created	对象或资源已成功创建
202	Accepted	操作已被成功接受
302	Found	重定向跳转
400	Bad Request	请求的内容丢失或不合法
401	Unauthorized	当前请求需要用户验证
404	Not Found	请求的内容不存在
405	Method Not Allowed	客户端请求中的方法被禁止
409	Conflict	访问冲突，访问资源已被上锁或可能导致服务器内部状态出错
415	Unsupported Media Type	服务器无法处理请求附带的媒体格式
500	Internal Server Error	服务器出现内部错误，无法正确响应请求
503	Service Unavai lable	服务器服务暂不可用

传感器模型接口规定了平台管理传感器及数据接入的相关要求，接口名为：BsTable，如表 7-16 所示。

表 7-16　传感器模型接口规范

序号	说明	调用格式	接口语义	调用结果
1	创建传感器数据模型	POST / BsTable <STREAM>	附加流<STREAM>指定该传感器数据模型所涉及的相关信息，包括但不限于模型名称、模型标识（模型 ID）、传感器标识（传感器 ID）、一个或多个传感器的元数据信息等，支持 JSON 格式	成功状态：返回的 HTTP 状态码为 201。失败状态：返回失败对应的 HTTP 状态码及采用 JSON 封装的响应结果
2	更新传感器数据模型，主要修改模型基本信息及相关属性	PUT / BsTable / {模型 ID} <STREAM>	更新指定模型 ID 传感器数据模型的基本信息、属性信息等。附加流<STREAM>指定需要更新的传感器数据模型，支持 JSON 格式	成功状态：返回的 HTTP 状态码为 201。失败状态：返回失败对应的 HTTP 状态码及采用 JSON 封装的响应结果
3	按条件查询指定的传感器数据模型	GET / BsTable / {模型 ID} ?select= {columns}	获取满足查询条件的传感器数据模型。指定模型 ID，则查询指定传感器数据模型；未指定模型 ID，则查询所有传感器数据模型	成功状态：返回的 HTTP 状态码为 201，查询结果采用 JSON 封装。失败状态：返回失败对应的 HTTP 状态码及采用 JSON 封装的响应结果
4	向指定传感器数据模型添加新的传感器相关信息	PUT / BsTable /addfield/ {模型 ID} <STREAM>	向指定的传感器数据模型增加传感器相关信息。附加流<STREAM>指定需要添加新的传感器，支持 JSON 格式	成功状态：返回的 HTTP 状态码为 201。失败状态：返回失败对应的 HTTP 状态码及采用 JSON 封装的响应结果
5	修改指定传感器数据模型中的传感器的相关信息	PUT / BsTable / {模型 ID}/fields/ {传感器 ID} <STREAM>	修改指定传感器数据模型中指定传感器 ID 的相关信息。附加流<STREAM>指定需要修改的传感器，支持 JSON 格式	成功状态：返回的 HTTP 状态码为 200。失败状态：返回失败对应的 HTTP 状态码及采用 JSON 封装的响应结果
6	删除指定传感器数据模型中的某个传感器的相关信息	DELETE / BsTable / {模型 ID}/fields/ {传感器 ID}	当传感器数据模型中某个传感器失效或者不需要时，可以删除指定传感器的相关信息	成功状态：返回的 HTTP 状态码为 200。失败状态：返回失败对应的 HTTP 状态码及采用 JSON 封装的响应结果

2）物联网传感器数据实时接入接口

根据物联网传感器所处的物理位置和网络环境，本标准规定了三种接口及要求，如表 7-17 所示。

表 7-17　物联网数据实时接入接口规范

序号	接入形式	说明	调用格式	接口语义	调用结果
1	Web 服务接口	提供 RESTful 接口实时接入传感器数据	POST /channels/devices /data <STREAM>	面向传感器数据模型实时接入传感器数据。附加流<STREAM>指定传感器，支持 JSON 格式，应在 HTTP 请求的 Content-Type 中指定	成功状态：返回的 HTTP 状态码为 202。失败状态：返回的 HTTP 状态码为 503
2	消息队列服务接口	提供消息队列服务接口实时接入传感器数据。用户通过调用消息队列服务接口将数据写入平台。写入数据格式支持 JSON 数据和二进制数据	POST/time-series -queue <STREAM>	将某个时间点的若干传感器数据通过消息队列服务接口写入平台。其中，写入 JSON 数据时，写入的<STREAM>中应包括传感器数据所属的传感器数据模型、传感器标识（传感器 ID）、传感器数据：产生的时间、各个传感器在这个时间的值等信息	成功状态：返回的 HTTP 状态码为 202。失败状态：返回的 HTTP 状态码为 503
3	编程接口	将数据转化成平台能够识别的传感器数据记录	—	—	参考返回状态码表

3）物联网传感器数据批量导入接口

通过 RESTful 架构导入文件时，导入文件应符合下列要求：

（1）文件编码为 UTF-8。

（2）文件为 CSV 格式（以单竖线作为列分隔符，回车作为行分隔符）。

（3）一行一条数据记录。

（4）数据涉及的传感器数据模型需在平台中完成注册。

（5）每条数据记录中数据列数应与传感器数据模型定义的传感器相同且取值一一对应。

传感器数据批量导入接口规定了新建导入任务、上传传感器数据文件、获取导入任务列表、获取任务详情、获取单个任务状态的要求，具体如表 7-18 所示。

表 7-18　传感器数据批量导入接口

序号	接口说明	调用格式	接口语义	调用结果
1	新建导入任务	POST/workflows<STREAM>	新建批量导入任务。附加流<STREAM>指定导入任务相关的信息，包括但不限于要导入的文件标识等，支持 JSON 格式	成功状态：返回的 HTTP 状态码为 201，生成任务 ID，结果采用 JSON 封装。失败状态：返回失败对应的 HTTP 状态码及采用 JSON 封装的响应结果
2	上传传感器数据文件	POST/workflows/file -Upload	将需要导入的文件上传到平台	成功状态：返回的 HTTP 状态码为 201，结果采用 JSON 封装。失败状态：返回失败对应的 HTTP 状态码及采用 JSON 封装的响应结果
3	获取导入任务列表	GET /workf lows	获取正在执行的和已经执行完成的批量导入任务列表	成功状态：返回的 HTTP 状态码为 200，查询结果采用 JSON 封装。失败状态：返回失败对应的 HTTP 状态码及采用 JSON 封装的响应结果

续表

序号	接口说明	调用格式	接口语义	调用结果
4	获取任务详情	GET/workflows/{任务 ID}	根据任务 ID 查看导入任务的相关信息，包括任务报告	成功状态：返回 HTTP 状态码 200，返回结果采用 JSON 封装，包含导入任务相关信息。失败状态：返回失败对应的 HTTP 状态码及采用 JSON 封装的响应结果
5	获取单个任务状态	GET/workflows/status/{任务 ID}	根据任务 ID 查询某个任务状态	成功状态：返回 HTTP 状态码 201，返回结果采用 JSON 封装，任务状态信息。失败状态：返回失败对应的 HTTP 状态码及采用 JSON 封装的响应结果

4）物联网传感器数据查询接口

物联网传感器数据查询接口，规定了流数据、行数据、点数据、聚合数据的查询要求，具体如表 7-19 所示。

表 7-19　传感器数据查询接口

序号	查询类型	查询说明	调用格式	接口语义	调用结果
1	数据流查询	提供数据流查询接口查询传感器数据，适用于传感器流模型	POST data-streams <STREAM>GET /data-streams?query=<STREAM>	根据指定查询语句，获取满足条件的传感器流模型数据集。查询结果可指定每页数量、可指定页、可排序	成功状态：返回的 HTTP 状态码为 200，查询结果采用 JSON 封装。失败状态：返回失败对应的 HTTP 状态码及采用 JSON 封装的响应结果
2	数据行查询	提供数据行查询接口查询传感器数据，适用于传感器行模型	POST/data-rows<STREAM>GET /data-rows?query=<STREAM>	根据指定查询语句，获取满足条件的传感器行模型数据集。查询结果可指定每页数量、可指定页、可排序	成功状态：返回的 HTTP 状态码为 200，查询结果采用 JSON 封装。失败状态：返回失败对应的 HTTP 状态码及采用 JSON 封装的响应结果
3	数据点查询	提供数据点查询接口查询传感器数据，适用于传感器行模型，也可适用于传感器流模型	POST/data-points <STREAM> GET/data-points?query= <STREAM>	根据指定查询语句，获取满足条件的传感器数据集。查询结果可指定每页数量、可指定页、可排序	成功状态：返回的 HTTP 状态码为 200，查询结果采用 JSON 封装。失败状态：返回失败对应的 HTTP 状态码及采用 JSON 封装的响应结果
4	数据聚合查询	提供数据聚合查询接口查询传感器的聚合数据，在点查询返回的结果集基础上再做聚合	POST/data-aggregation <STREAM>GET /data-aggregation?query= <STREAM>	根据<STREAM>指定的聚合查询条件，获取满足条件的传感器数据并做聚合；查询参数<STREAM>包括但不限于数据过滤条件、需要聚合的传感器 ID、聚合类型（最大值、最小值、平均值等）；支持对多个传感器做不同类型的聚合查询	成功状态：返回的 HTTP 状态码为 200；查询结果采用 JSON 封装。失败状态：返回失败对应的 HTTP 状态码及采用 JSON 封装的响应结果

3. 非结构化数据类接口

创建非结构化类型的数据模型附加流<STREAM>指定该类型数据所涉及的相关信息，包括但不限于对象类型名称、属性列表。接口服务功能应当包括但不限于创建、修改、删除、查询、搜索和导出。

接口返回状态应参考表 7-19。

4. 关系型数据接口

流域水环境管理大数据业务系统关系型数据接口参照《环境信息系统数据库访问接口规范》（HJ 719—2014）的规定执行。

5. 服务接口

业务系统大数据分析组件包括但不限于以下四种：UDF API、MR API、数据导入导出 API 和数据质量检查 API。流域水环境管理大数据业务系统开发宜集成上述组件。

流域水环境管理大数据业务系统服务接口开发应遵循《信息技术 大数据 术语》（GB/T 35295—2017）和《信息技术 大数据 技术参考模型》（GB/T 35589—2017）的规定。

6. 流域水环境模型接口

1）接口框架

流域水环境管理大数据业务系统耦合集成水文、水动力、水环境等模型过程中，通常模型与可为之提供输入数据的数据源之间并不具备相同的数据定义，两者之间进行数据交换需要转换数据源数据至满足模型输入数据要求的形式，模型与数据源之间的一般关系如图 7-3 所示。

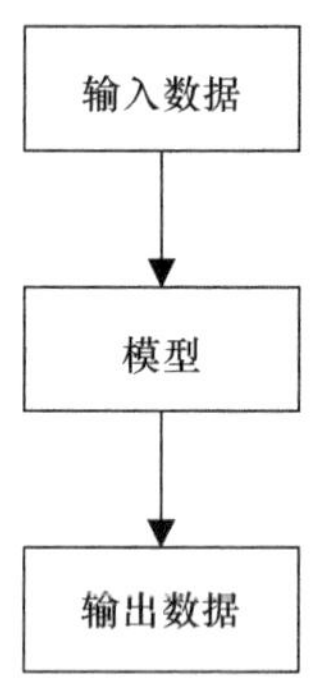

图 7-3　模型与数据源

一个完整的模型数据接口描述要素集包含两大部分内容：模型输入输出数据项集和数据源与模型之间的数据映射关系集，如图 7-4 所示。

2）模型与平台接口

模型输入输出数据项集描述如表 7-20 所示。

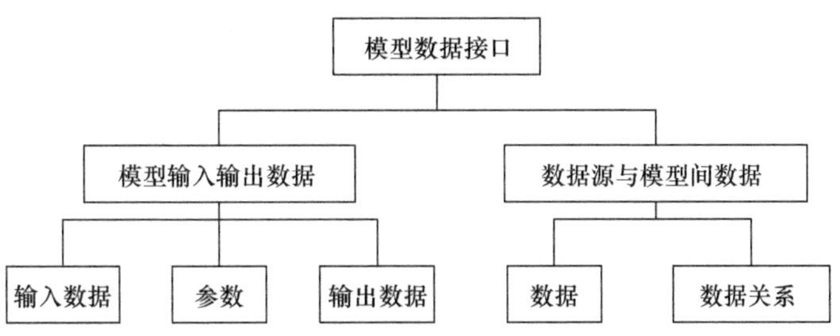

图 7-4 模型数据接口描述要素集结构

表 7-20 模型输入输出数据项集

序号	中文名称	英文名称	缩写名	定义	数据类型	约束/条件
1	模型数据接口要素集合	Model Data Interface Element Set	MDIElementSet	定义流域水环境模型数据接口描述要素的根实体	类	M
2	模型标识符	Identifier	id	模型的唯一标识符，同模型元数据信息中所给出的标识符一致	字符串	M
3	模型输入数据项个数	Input Item Count	inputItemCount	对模型输入数据项个数的说明	整型	M
4	模型输入数据项	Input Item	inputItem	对流域水环境模型需要的每个输入数据项的说明	类	M
5	模型参数个数	Parameter Count	paramCount	对模型所需要的每个参数的说明	整型	M
6	模型参数	Pamameter	pamam	对流域水环境模型所需要的每个参数的说明	类	C 模型参数个数大于 0 时必选
7	模型输出数据项个数	Output Item Count	outputItemCount	对模型输出数据项个数的说明	整型	M
8	模型输出数据项	Output Item	outputItem	对流域水环境模型每个输出数据项的说明	类	M
9	角色名称：模型与数据源数据关系信息	Role name: Data Relationship Information	dataRelationshipInfo	可为流域水环境模型提供部分或全部输入数据的数据源与模型输入数据项之间关系的有关信息	关联	O

注：M（必选，mandatory）、C（条件必选，conditional）、O（可选，optional）。

3）模型间接口

流域水环境模型的接口调用，主要体现在模型间的接口调用和模型与系统间的接口调用。模型间的数据接口宜采用 OpenMI Standard 2 Specification for the OpenMI 要求。其模型原理如图 7-5 所示。

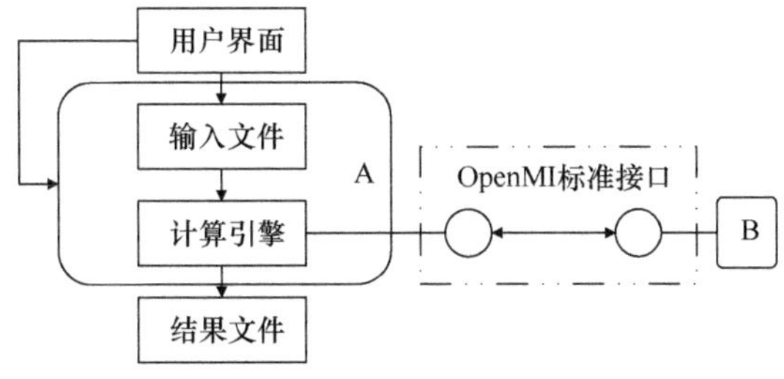

图 7-5 OpenMI 标准接口原理

图 7-5 中 A 和 B 表示按 OpenMI 技术要求标准化的模型组件。OpenMI 采用“请求–

响应”机制，运行时根据预定义的交互模式实现模型组件间的数据请求与返回。

（1）单向数据请求：组件 A 单向地从组件 B 中请求数据，如果 B 已完成对 A 所需数据的计算，它将直接返回所需数据；如果计算尚未完成，提出需求的模型将等待所需数据的返回。

（2）双向数据交互：组件 A 需要从组件 B 中获得数据，而组件 B 完成计算需从组件 A 中获取某种物理量数据。

若组件 A 请求的数据在时间与空间上与 B 模型的计算值不匹配，要求模型做相应处理后返回请求值，返回的数据在数据格式与科学语义上必须相匹配。

7.2　业务化平台总体设计

7.2.1　总 体 架 构

基于当前我国水环境管理需求和存在的问题，围绕水环境质量改善的核心，设计构建一个可扩展、可伸缩的流域水环境管理大数据平台总体架构，主要包括基础层、数据层、应用层、展示层、标准规范体系和安全运维体系（图 7-6）。

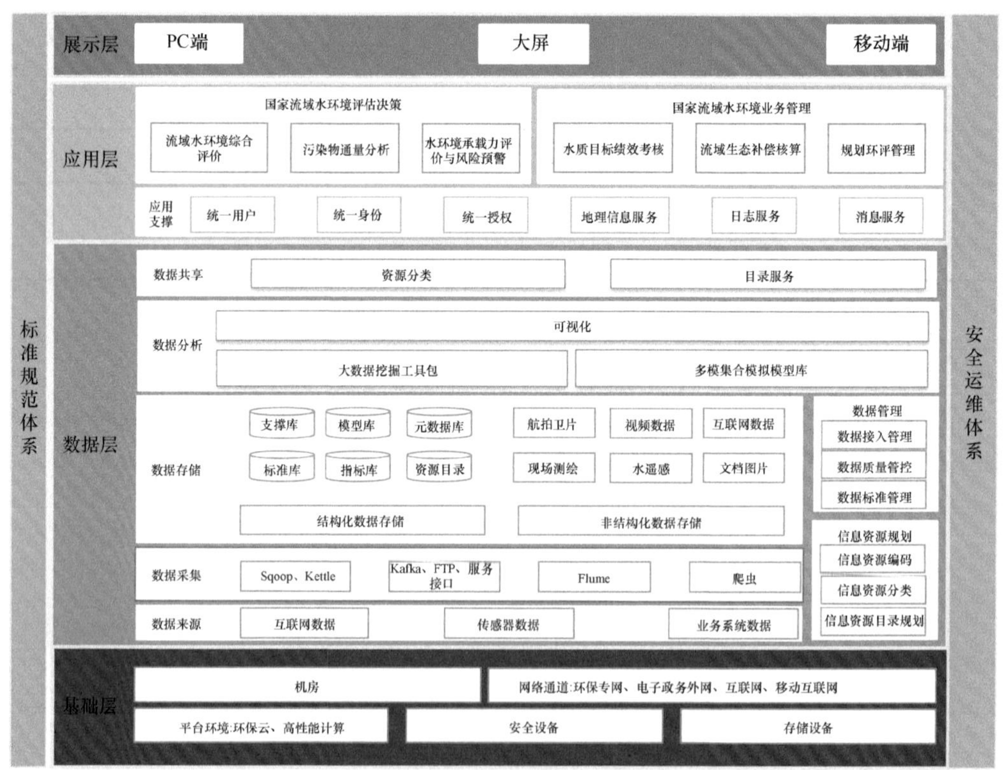

图 7-6　国家流域水环境管理大数据平台建设总体架构图

遵循国家流域水环境管理大数据总体设计与相关标准规范，基于国家“环保云”平台，汇集整合水文、水资源、水环境等相关数据资源，集成大数据挖掘模型、水环境模拟模型与业务化功能模型等系统，研发国家流域水环境管理大数据平台，实现水环境大数据的信息服务与决策服务功能，为各级水环境管理部门提供分析决策的科学依据和业务应用的技术支撑。

平台基于面向服务架构（SOA）体系架构与 Hadoop 大数据技术结合设计，由标准接口将整合后的数据和封装模块以服务接口的形式提供各类服务。平台体系结构采用 SOA 分层结构，由五横三纵组成。其中，五横是指采集传输层、数据存储层、数据分析层、可视化展示层和应用层；三纵指标准规范体系、运行维护体系、安全保障体系。采集传输层整合现场监测数据、业务处理数据、互联网数据以及跨部门数据，通过数据加工 ETL 工具清洗处理，获得可信赖和有效的元数据同步初始化入库；数据存储层整合建立全面的数据资源目录数据管理中心进行多类型数据统一管理；数据分析层将水环境大数据挖掘分析工具和多模集合模拟系统封装集成；可视化展示层运用平台统一设计要求的可视化技术进行结果展示；应用层构建平台集成门户，集成水环境评估决策系统和水环境业务管理系统，实现统一展示风格、统一数据管理、统一用户管理、统一权限管理（图 7-7）。

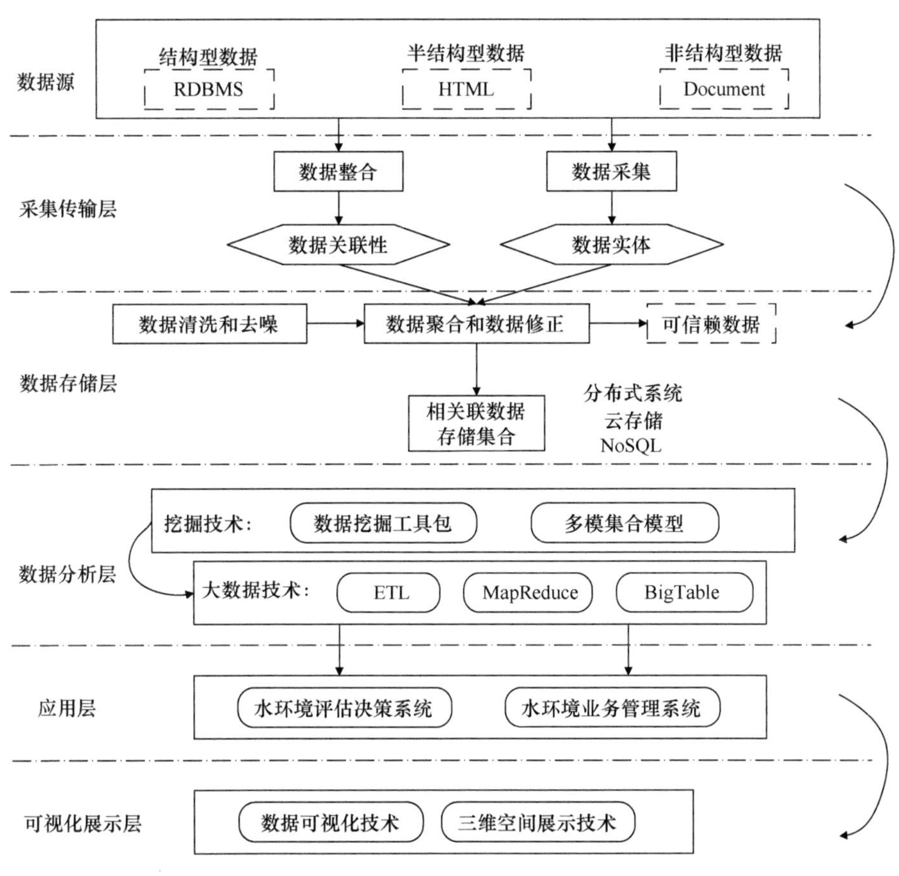

图 7-7　国家流域水环境管理大数据平台数据流程图

国家流域水环境管理大数据平台将采用 Web Service 技术实现对模型的封装、集成和调用。通过规范定义模型的输入、输出接口，利用开放的 XML（标准通用标记语言下的一个子集）标准描述、发布、发现、协调和配置程序，通过 SOAP（简单对象访问协议，simple object access protocol）实现平台调用，相关封装、集成及调用的过程如图 7-8 所示。

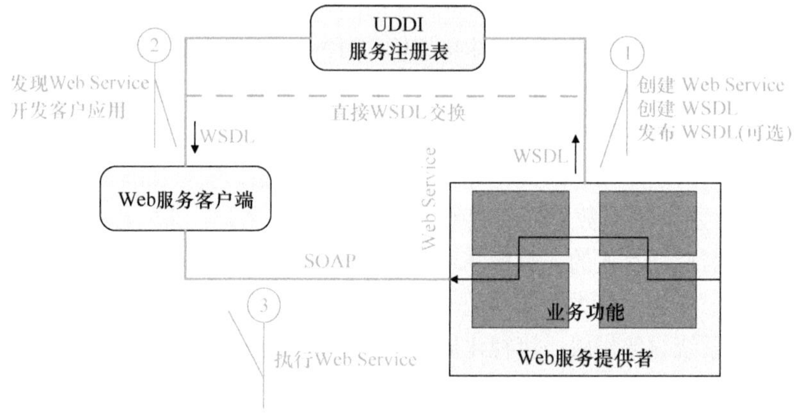

图 7-8　国家流域水环境管理大数据平台技术集成示意图

对于国家流域水环境管理大数据平台，可通过编码测试接口和工具测试接口来验证功能的正确性，通过模拟测试平台性能，实现对平台分布式部署的支持。

7.2.2　数 据 架 构

数据架构是流域水环境管理大数据平台建设最核心的架构，可以对数据的生命周期（即数据来源、数据采集、数据存储、数据分析、数据共享、信息资源规划及数据管理）进行阐释（图 7-9）。

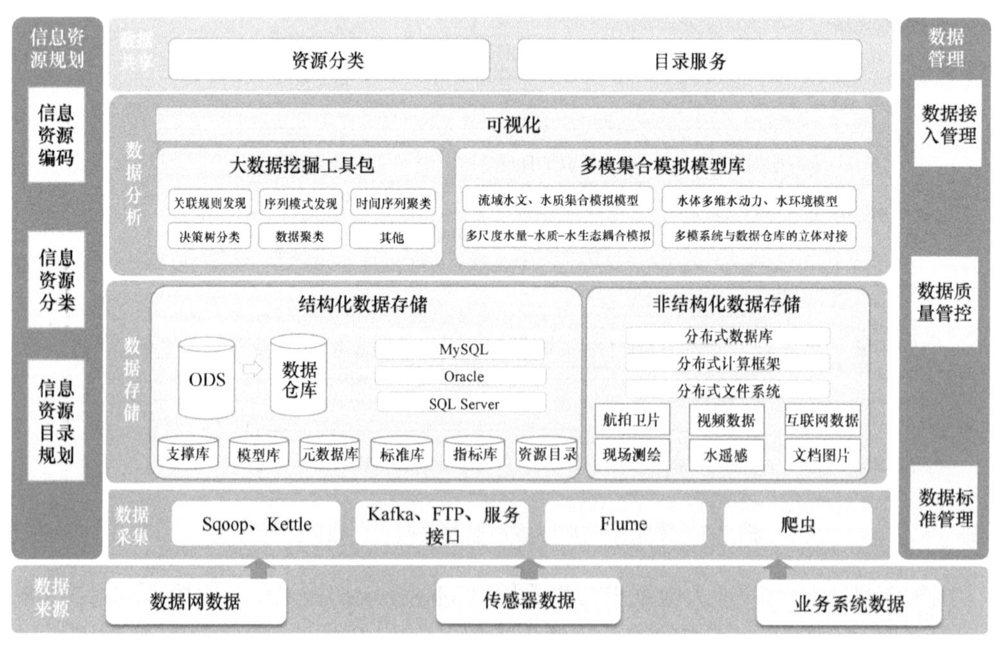

图 7-9　国家流域水环境管理大数据平台数据架构

1. 数据来源

数据来源包括互联网数据、物联网数据和业务系统数据（表 7-21）。

表 7-21　国家流域水环境管理大数据平台数据来源

编号	数据来源	数据类型
1	互联网数据	各级政府网站和各类社会网站发布的流域水环境数据及相关数据
2	物联网数据	传感器采集的各类监测数据
3	业务系统数据	各级职能部门所产生的涉水相关业务系统数据

2. 数据采集

流域水环境管理大数据平台所涉及的数据资源既包括结构化数据，也包括非结构化数据（表 7-22）。因此，数据采集需要统一规范各类业务数据的接入，实现数据抽取、数据校验及错误处理、数据清洗转换及加载、空间及业务对象关联。针对不同来源、不同存储方式、不同类别数据库的流域水环境数据进行采集。

表 7-22　国家流域水环境管理大数据平台数据采集方式

数据类型	采集方式
结构数据	ETL 导入包
	前置库
	数据接口/数据库复制
半结构化数据	ETL 定期批量导入
	手工录入
	附件上传
非结构化数据	附件上传
	关键字提取
数据汇集工具	Sqoop
	Kettle
	Kafka
	FTP
	网络爬虫
	Flume

3. 数据存储

流域水环境管理大数据存储系统以物联网、互联网、专网和政务网等来源的数据为基础，针对流域水环境不同的数据特征，采用不同的存储方式，包括结构化数据存储、半结构化数据存储和非结构化数据存储进行储存。通过离线计算、流式计算等处理技术对数据进行整理与初始化，并根据流域水环境管理的业务分主题进行数据库建设，实现对流域水环境所有数据统一存储和管理，对外提供统一的数据视图和数据访问服务（图 7-10）。

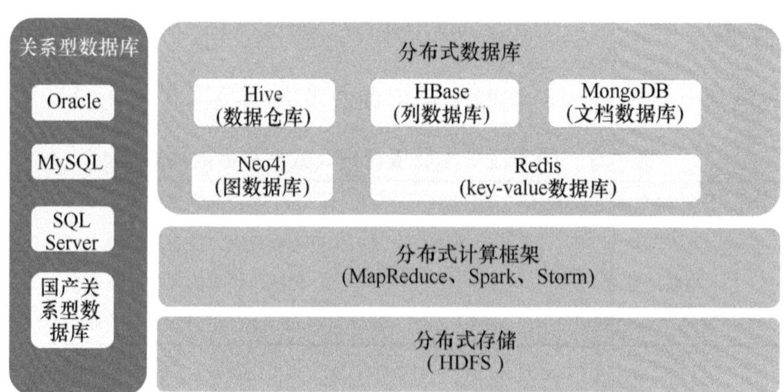

图 7-10 流域水环境管理大数据平台建设数据存储架构

1）结构化数据存储

结构化数据主要为传统的涉水数据库，包括污染源数据、空间数据、社会经济数据、模型运行参数及结果数据等（表 7-23）。

表 7-23 国家流域水环境管理大数据平台——结构化数据类型表

序号	数据类型	数据情况
1	污染源数据	点源 非点源
2	涉水业务数据	水环境 水资源 水生态
3	空间数据	地形 土地利用类型
4	建模相关数据	气象 水文
5	社会经济数据	人口 GDP
6	其他数据	农业 林业
7	加工处理数据	遥感解译 水下地形 三维
8	直接汇集数据	污染源数据 环境监测数据 气象、水文
9	模型参数数据	水动力模型参数 水质模型参数 水生态模型参数

针对结构化的数据存储（MySQL、SQL Server、Oracle）方案，采用了 ODS 和数据

仓库并存的方式。ODS 是一个面向主题的、集成的、可变的、当前的细节数据集合，用于支持即时性的、操作性的、集成的全体信息的需求。数据仓库是一个面向主题的、集成的、相对稳定的、反映历史变化的数据集合，用于支持管理决策。ODS 提供了短期的、实时的数据，供日常使用，而数据仓库则是为战略决策使用的数据；ODS 中的数据是可以更新的，而数据仓库中的数据基本上不更新，反映了历史变化。

关系型数据库用于存储和管理流域水环境领域传统的结构化数据，采用主流的关系型数据库（Oracle、MySQL、SQLServer）进行存储，适合于流域水环境领域中非海量数据处理及对查询等操作实时性要求高的场景。根据流域水环境数据的属性，关系型数据库包含业务数据库、主数据库、主题数据库、元数据库、空间数据库。

A. 业务数据库

业务数据库定位于对已梳理的各类环境业务数据进行存储管理，数据主要来自于历史数据和已建业务系统。

业务数据库依据数据资源规划的结果，按照环境信息资源内在的数据关系进行存储设计，对环境基础信息采用主数据管理的设计方法，整体数据结构更加合理稳定，能更好地适应各类业务系统的不断调整，不会随着业务系统数据库结构的变化发生根本性的调整。

B. 主数据库

为了使流域水环境大数据系统间的共享数据得以正确维护，保证流域水环境大数据的数据一致性，需建立统一的水环境管理主数据管理方式。

C. 主题数据库

通过建立流域水环境大数据主题库，按照数据的主题属性对数据进行标准化的分类管理，特别是与水相关的主题数据，涵盖地表水、饮用水、地下水等。

D. 元数据库

通过统一的元数据库实现数据标准化管理。按照元数据库数据字典要求，流域水环境大数据需要收集整理、标准化以下基本数据作为元数据并入库：行政区划、行业类型、企业注册登记类型、单位类型、经济类型、隶属关系、企业规模、断面、饮用水水源保护区划分、水功能区类型等。

E. 空间数据库

空间数据库包括基础地图数据和专题地图数据，专题地图数据是在基础地图数据的基础上，结合相关业务数据形成的，从数据性质划分，空间数据库包括矢量数据、影像数据和属性数据等。空间数据库不能独立发挥作用，需与业务数据结合才能发挥其价值，以提供空间形式的数据展现和分析。

2）非结构化数据存储

针对非结构化的数据存储提供多元异构数据存储服务。非结构化的数据存储设计如图 7-11 所示。

A. 分布式存储

流域水环境大数据平台中的数据，除包括传统的结构化数据以外，还包括非结构化、

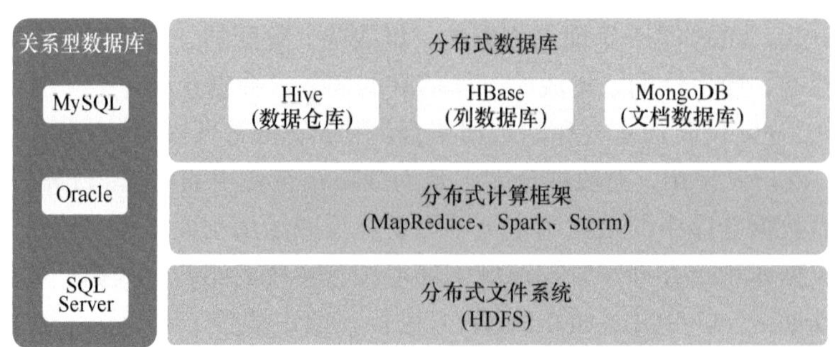

图 7-11　数据架构–非结构化数据存储设计

半结构化数据，如图片、卫星遥感图像、监控视频、标准规范等。面向海量规模的非结构化、半结构化数据存储，传统的集中式、阵列式存储模式已经无法满足海量数据的存储需求，且存在扩容性不强、可靠性及高可用性不佳等问题。因此，引入 HDFS 分布式文件系统存储，解决海量数据存储的难题。

B. 分布式计算框架

流域水环境大数据分布式计算框架包括 MapReduce（批量计算）、Spark（内存计算）、Storm（流计算）。流域水环境大数据在建设过程中针对不同的业务场景选择相应的计算框架。下面分别进行阐述：

MapReduce 将计算任务分布在成百上千个节点组成的集群进行并行计算，处理大量的分布式离线数据，并返回计算结果，其适合海量离线数据的批量处理及对实时性要求极低的场景。

Spark 作为一个基于内存计算的开源集群计算系统，目的是更快速地进行数据分析，其适用于海量实时性及速度要求高的数据。

Storm 是最佳的流式计算框架，其定位是分布式实时计算系统，适用的典型场景为污染源在线监控数据存储和计算，Storm 提供的计算可以满足诸如以上所述的大量在线计算分析场景。

C. 分布式数据库

Hive 是大数据存储平台中建立在 HDFS/HBase 之上的数据仓库基础构架组件。Hive 适用于流域水环境海量结构化数据的离线分析处理，对于读多写少、对响应时间要求不高的场景适合使用，如数据汇总、非实时分析、海量日志分析和数据挖掘等。

互联网是流域水环境大数据分析的重要的数据来源，但由于互联网产生的数据结构多样性，其数据结构不具备传统关系型数据结构特性，如网站公示的环境评估监测结果、气象监测站监测结果、省外环境质量、公众发布的照片、论坛、热门关键词搜索、微博评论等。而其数据本身又至关重要，因此流域水环境大数据规划 HBase 数据库建设，保障海量非结构化数据的可靠存储。HBase 具有易扩展、性价比高、运维成本低等优点，同时其部署集群机器可以使用普通 SATA 盘来支持海量数据存储。

HBase 在大数据存储平台中是一个构建在 HDFS 上的分布式列存储数据库系统组件，是典型的 key-value 系统。HBase 目标主要依靠横向扩展，分布在数千台普通服务器上，并且能够被大量并发用户高速访问。通过不断增加低成本的硬件设备，来增加系统的存储能力。

MongoDB 是一个基于分布式文件存储的数据库，为流域水环境大数据 WEB 应用提供可扩展的高性能数据存储。MongoDB 的设计目标是高性能、可扩展、易部署、易使用，存储数据非常方便。

4. 数据运算

数据运算分析依托分布式计算框架，为大数据挖掘工具、多模集合模拟工具、评估决策工具提供高效率运算模式，为流域水环境管理大数据平台提供多种数据分析服务（图 7-12）。

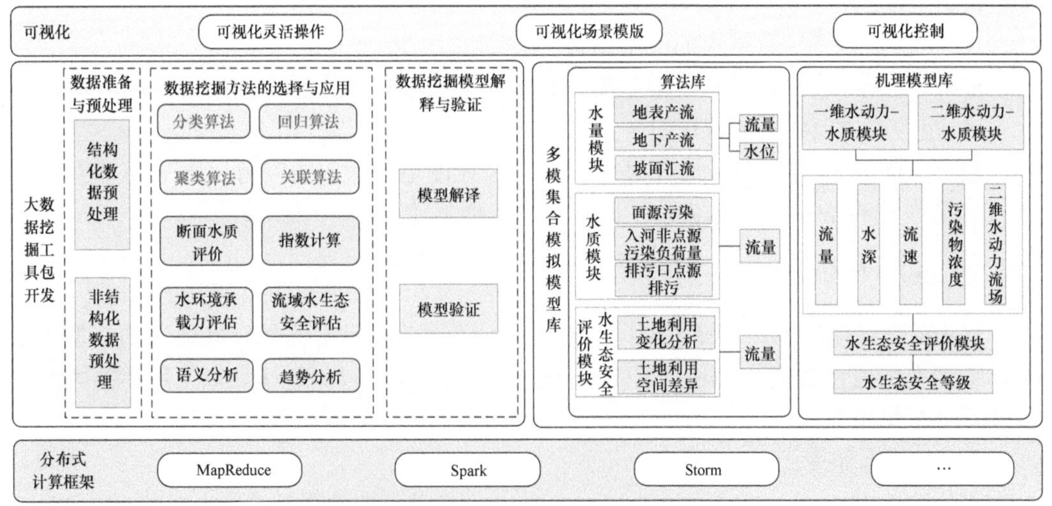

图 7-12　流域水环境管理大数据平台数据运算架构

流域水环境大数据分布式计算框架包括 MapReduce（批量计算）、Spark（内存计算）、Storm（流计算）。流域水环境大数据在建设过程中针对不同的业务场景选择相应的计算框架。下面分别进行阐述：

1）MapReduce（批量计算）

MapReduce 将计算任务分布在成百上千个节点组成的集群进行并行计算，处理大量的分布式离线数据，并返回计算结果，其适用海量离线数据的批量处理及对实时性要求极低的场景。

MapReduce 计算模型的特点如下：

（1）具有高度可扩展性，可动态增加、削减计算节点。

（2）具有高容错能力，支持任务自动迁移、重试和预测执行，不受节点故障影响。

（3）能实现灵活的资源分配和调度，达到资源利用的最大化。

（4）可部署在几千台机器的超大规模集群上，使 MapReduce 可以处理具有超大规模数据的业务场景。

（5）MapReduce 模型使用方便，易于编程，简化了分布式程序设计，提高了开发效率且支持多开发语言。

2）Spark（内存计算）

Spark 作为一个基于内存计算的开源集群计算系统，目的是更快速地进行数据分析，其适用于海量实时性及速度要求高的数据。

Spark 计算引擎基于 MapReduce 算法实现分布式计算，拥有 MapReduce 所具有的优点，但不同于 MapReduce 的是 Job 中间输出和结果可以保存在内存中，从而不再需要读写 HDFS，比 MapReduce 快 10～100 倍，尤其对于需要多次迭代计算的数据挖掘和机器学习有极大的性能优势。

Spark 的适用场景和特点如下：

A. 多次操作特定数据集的应用场合

Spark 是基于内存的迭代计算框架，适用于需要多次操作特定数据集的应用场合。

B. 粗粒度更新状态的应用

由于 RDD[①]的特性，Spark 不适用于异步细粒度更新状态的应用，如 Web 服务的存储或者是增量的 Web 爬虫和索引，即不适用于增量修改的应用模型。

3）Storm（流式计算）

Storm 是最佳的流式计算框架，其定位是分布式实时计算系统，其适用的典型场景为污染源在线监控数据存储和计算，Storm 提供的计算可以满足诸如以上所述的大量在线计算分析场景。

Storm 特点如下。

可伸缩性强：Storm 的可伸缩性可以让 Storm 每秒处理的消息量达到很高，如 100 万条。实现计算任务的扩展，只需要在集群中添加机器，然后提高计算任务的并行度设置。

保证数据不丢失：实时计算系统的关键就是保证数据被正确处理，并且可以保证每一条消息都会被处理。

健壮性强：Storm 集群很容易进行管理。

高容错：Storm 可以对消息的处理过程进行容错处理，如果一条消息在处理过程中失败，那么 Storm 会重新安排出错的处理逻辑。Storm 可以保证一个处理逻辑永远运行。

语言无关性：Storm 的处理逻辑和消息处理组件可以使用任何语言来进行定义，任何语言的开发者都可以使用 Storm。

4）数据访问

数据经过一系列的采集加工处理后，还需要搭建具体的内容发布平台实现数据推送，具体来说，应当能够实现多方式的信息交付。数据访问层为不同用户提供数据访问的能力，主要包括官网、客户端、电子邮件、内网发布等多种访问方式。访问内容涵盖接口访问服务、资源目录服务、智能检索服务、专题展现服务等，详细访问架构如图 7-13 所示。

① RDD 是 resilient distributed dataset 的缩写，代表弹性分布式数据集。

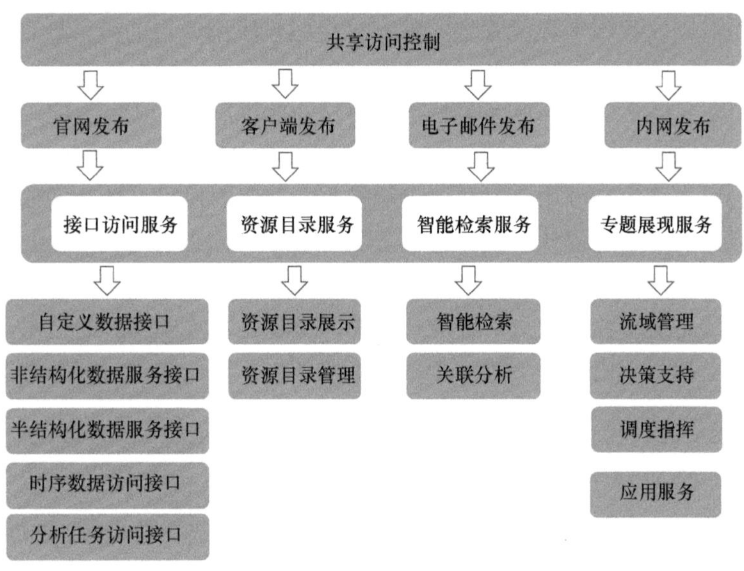

图 7-13　流域水环境管理大数据平台建设访问架构图

7.2.3　应 用 架 构

应用架构主要包括用户层、展现层、应用层和应用支撑层（图 7-14）。

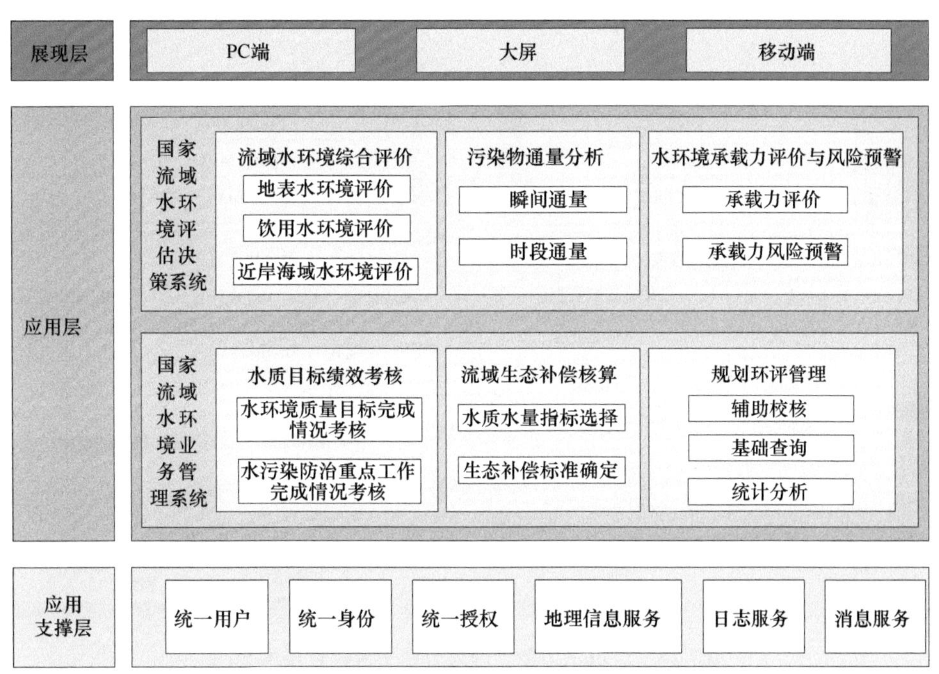

图 7-14　国家流域水环境管理大数据平台应用架构

用户层是指使用该系统的各类用户，包括生态环境部级用户、省级用户、市级用户、区县用户。

展现层是对国家流域水环境管理大数据平台建设应用成果的统一展现，能够为水环境管理决策人员、业务人员等提供统一的服务展示平台。通过提供交互、多维的可视化环境，实现国家流域水环境管理大数据平台建设的成果展现，满足不同场景的数据展现需求。国家流域水环境管理大数据平台建设的展现层包括数据汇集中心、流域管理中心、决策支持中心以及指挥调度中心。展现层能够为不同用户提供个性化的服务，为决策者提供大数据成果的多种可视化展现，为业务人员提供不同来源的共享数据等。

应用层包括国家流域水环境评估决策系统和国家流域水环境业务管理系统。

应用支撑层是采用业界先进、开放、成熟、稳定、可持续发展的技术，提供统一用户管理等应用支撑，应用支撑层优先采用流域水环境管理大数据已建成果。

7.2.4 技术架构

平台利用关系型数据库、数据集成 ETL 技术、分布式文件系统（HDFS）、分布式计算 MapReduce 等技术实现对各类数据的交换、集成、清洗和转换，结构化数据利用强大的关系型数据库实现对各类业务数据的数据体系的存储和管理，非结构化数据利用 HDFS、HBase 等大数据技术实现对非结构化数据的存储与管理，利用分布式计算等技术实现对数据的分析利用。利用报表工具、GIS 平台等应用支撑软件实现应用支撑整合。在应用层，通过 J2EE 三层 B/S 框架，利用成熟的开发平台进行功能层面的开发，最终通过门户实现界面、应用和功能的集成（图 7-15）。

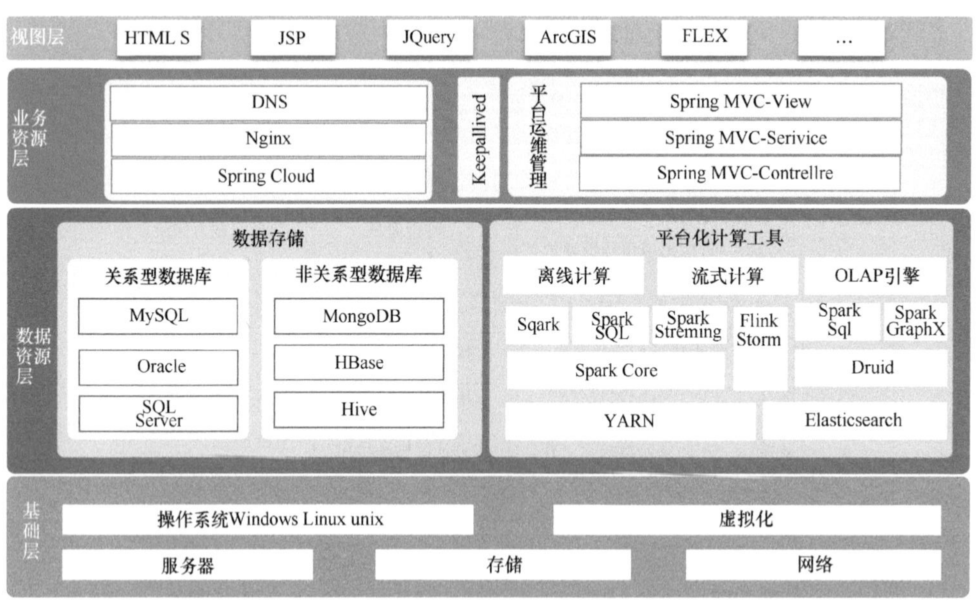

图 7-15 流域水环境管理大数据平台建设技术架构

7.2.5 基础设施

基础设施是国家流域水环境管理大数据平台运行的重要支撑和保障，主要包括机房环境、网络环境、安全环境、计算与存储环境等规划设计内容。

7.2.6　生态环境云架构

由生态环境部建设的生态环境云平台为流域水环境管理大数据平台提供部署运行环境。生态环境云平台由资源管理、运维监控、运营管理、系统管理、PAAS[①]平台、服务目录、扩展服务组成（图7-16）。

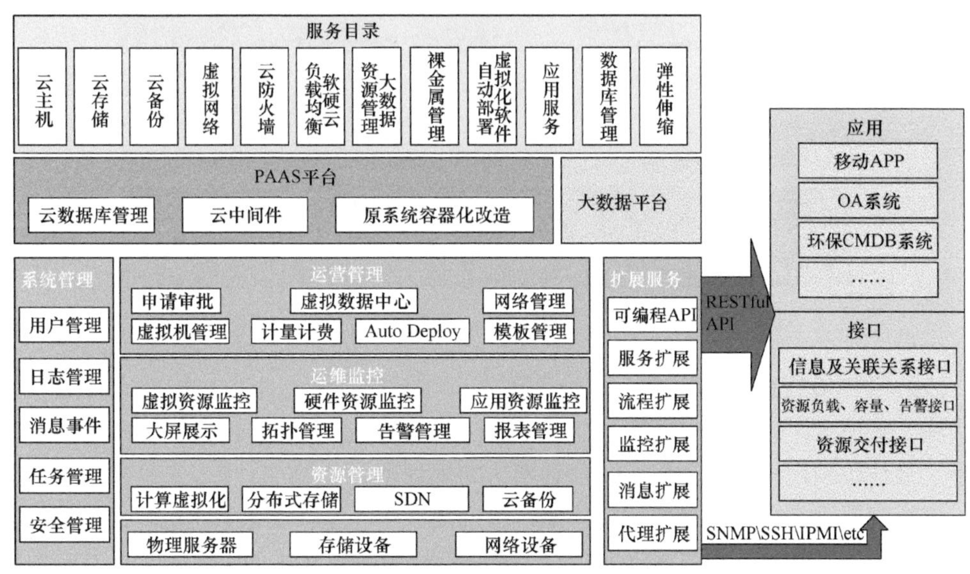

图7-16　生态环境云功能架构设计图

SNMP（simple network management protocol）是一种网络管理协议，用于监视和管理网络设备，允许网络管理员远程监视和配置网络设备，以及收集性能统计信息。SSH（secure shell）是一种加密的网络协议，用于通过不安全的网络（如互联网）在计算机之间进行安全的数据通信。IPMI（intelligent platform management interface）是一种硬件管理接口标准，用于远程管理服务器硬件

7.2.7　标准规范体系

构建流域水环境管理大数据平台，对数据资源汇集整合的广度、信息综合开发利用的深度，以及业务应用和管理决策的智能化水平方面均提出了更高要求，面临视频、图片、语音等非结构化数据的大量涌入，通过标准化的途径整合资源，固化成果，促进各方达成共识，形成统一的数据格式、接口、安全、开放等规范，是流域水环境管理大数据平台构建成功的关键（图7-17）。

7.2.8　信息安全体系

国家流域水环境管理大数据平台要部署在生态环境云上，由生态环境部信息中心提

① PAAS（platform as a service）是一种提供云计算平台服务的模式，它在IaaS（infrastructure as a service）和SaaS（software as a service）之间，为开发人员提供应用程序开发、测试、部署和管理的平台。

供基础环境运行维护，保障基础运行环境稳定可靠。因此，要与生态环境部的信息安全体系进行协同考虑。

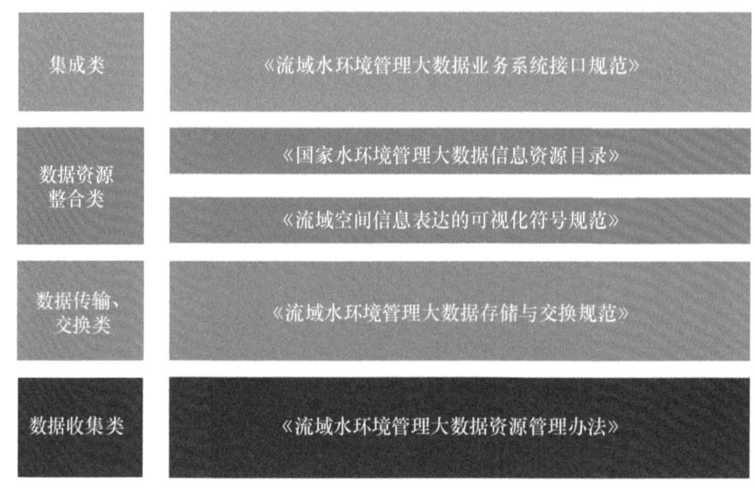

图 7-17　流域水环境管理大数据平台标准规范体系

流域水环境管理大数据平台建设信息安全体系规划结合生态环境部现有的各类安全措施，从技术、管理、运维等多个方面进行了综合考虑，借鉴国内外成熟的安全防护模型及最佳实践，形成了环保系统信息安全的规划蓝图。

流域水环境大数据信息安全总体架构围绕流域水环境管理大数据的三个层次，从大数据生态环境云平台、大数据管理平台、大数据应用平台实际的安全需求出发，构建三层技术防护体系，从而保障流域水环境管理大数据的信息安全。

流域水环境管理大数据平台信息安全体系如图 7-18 所示。

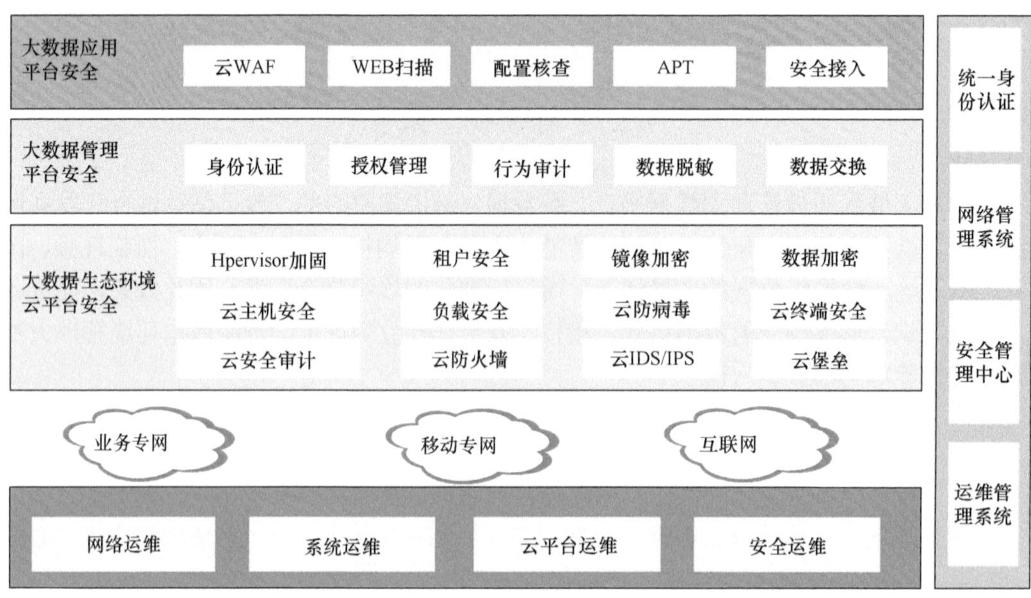

图 7-18　国家流域水环境管理大数据平台信息安全体系

7.2.9　运行维护体系

国家流域水环境管理大数据平台要部署在生态环境云上，由生态环境部信息中心提供基础环境运行维护，保障基础运行环境稳定可靠。因此，要与生态环境部的运行维护体系进行协同考虑。

流域水环境管理大数据运行维护体系的建设目标是主动适应和预测业务变化，运维与建设紧密衔接，实现统一协调、高效运作的一体化运维，从组织人员、流程制度、技术工具等各个方面建立一套适合流域水环境管理大数据的 IT 运维管理体系。

流域水环境管理大数据平台运行维护体系如图 7-19 所示。

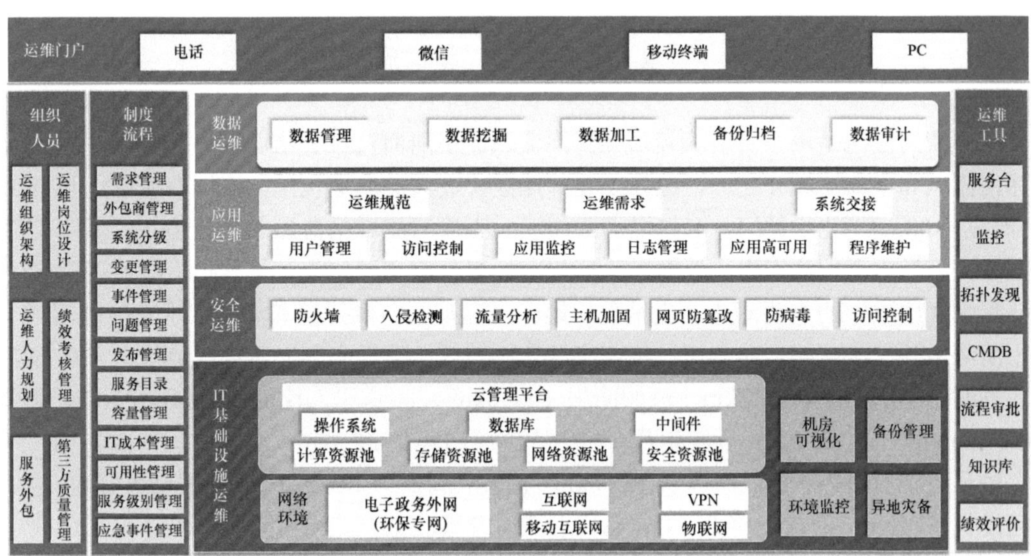

图 7-19　国家流域水环境管理大数据平台运行维护体系

参 考 文 献

王国强, 薛宝林, 冯艳霞, 等. 2022. 流域水环境管理大数据平台数据资源目录(T/CSES 58—2022). 北京: 中国环境出版社.

王国强, 薛宝林, 冯艳霞, 等. 2022. 流域水环境管理大数据存储与交换技术规范(T/CSES 59—2022). 北京: 中国环境出版社.

王国强, 薛宝林, 张璇, 等. 2022. 流域水环境管理大数据业务系统接口规范(T/CSES 61—2022). 北京: 中国环境出版社.

第 8 章　山东省流域水环境大数据与智慧化管理示范应用

8.1　小清河流域

8.1.1　流 域 概 况

小清河流域是山东省五大流域（海河流域、小清河流域、南四湖与东平湖流域、沂沭河流域和半岛流域）之一，地处中北部地区，被其他流域包围。流域南靠泰山和鲁山（海拔 1108m），北临黄河，东接渤海莱州湾。小清河流域呈典型单侧梳齿状，沿线支流众多，流经山东省济南市、淄博市、滨州市、东营市和潍坊市，是承担沿线城市生产生活污水（废水）的重要河流，也是鲁中地区具有重要防洪排涝和灌溉取水功能的河道。小清河由睦里庄起始，向东流经济南市区、历城区、章丘和寿光等地，最终由羊角沟汇入渤海。小清河全长 233km，流域面积 10336km^2，河道平均比降 0.15‰，河网密度约 0.27km/km^2。其中，由睦里庄到黄台桥为上游，河段长 22.2km，河段比降约 0.45‰；黄台桥至广饶石村为中游，河段长 132.8km，河段比降约 0.14‰；广饶石村至河口为下游，河段长 77.5km，河段比降约 0.064‰。小清河流域的水量补给主要靠自然降水，流域中多年平均地表水资源量约为 13.3 亿 m^3，地下水资源量约为 15.7 亿 m^3，水资源总量约为 24.2 亿 m^3（扣除重复计算量），产水模数约为 17.0 万 m^3/km^2。

同时，小清河流域属山东省北部平原，该地区是山东省重要的工农业产区，小清河流域流经城市均为山东省经济重镇，流域内工业点源种类多、分布广，农业面源面积大。同时，小清河也是承担沿线城市生产生活污水（废水）排放的主要河道。由此，流域水环境监管异常困难，在 2010 年之前 COD 和 NH_3-N 浓度均未达到Ⅴ类水质标准；2010 年之后，水环境总体质量稳步提升，但污染物深度变化一直呈现波动起伏状态，主要超标污染物为 COD、NH_3-N、高锰酸盐指数、TN 和氟化物。

8.1.2　数 据 采 集

依托“国家流域水环境管理大数据平台”的历史数据集和实时数据资源，平台涵盖小清河流域内水文、气象、水环境、污染源、下垫面等数据，数据类型包括结构化和非结构化数据。主要包括国/省控水质监测断面数据、水文站观测数据和气象站观测数据，其中水质数据包含人工采集（月尺度）和自动监测数据（日尺度）。

1. 水质观测数据

水质观测数据均来源于山东省国/省控水质监测断面的人工逐月监测数据，研究区内包含 26 个监测断面（表 8-1），主要监测水质指标有 20 个，分别为水温、总磷（TP）、溶解氧（DO）、铜（Cu）、化学需氧量（COD）、锌（Zn）、氨氮（NH_3-N）、铅（Pb）、总氮（TN）、生化需氧量（BOD_5）、六价铬（Cr^{6+}）、镉（Cd）、挥发酚、总砷（As-tot）、总硒（Se-tot）、汞（Hg）、氟化物、石油、阴离子表面活性剂（AS）、硫化物（S^{2-}），时间范围为 2008～2018 年。本章采用 6 个常规水质指标对流域内的水质特征进行分析，分别为水温、DO、COD、NH_3-N、TP、TN。

表 8-1　小清河流域主要水质监测站点及位置

序号	断面名称	经度（°E）	纬度（°N）	序号	断面名称	经度（°E）	纬度（°N）
1	泺口	116.99	36.72	14	入小清河处	117.84	37.06
2	睦里庄	116.84	36.69	15	道旭渡	118.08	37.12
3	辛丰庄	117.39	36.94	16	302 井	118.36	36.97
4	利津水文站	118.31	37.53	17	入预备河处（入湖口）	118.13	37.08
5	支脉河陈桥	118.37	37.24	18	王道闸	118.57	37.19
6	羊口	118.87	37.27	19	西水磨桥	118.53	37.05
7	张建桥	118.79	36.86	20	辛沙路桥	118.68	37.30
8	范李	118.37	37.14	21	南郭桥	118.56	37.01
9	西闸	118.05	37.10	22	联四沟八面河	118.77	37.26
10	卧虎山水库	116.96	36.49	23	苏庙	118.52	36.95
11	夏侯桥	117.54	36.87	24	唐口桥	117.82	37.07
12	章齐沟入小清河处	117.44	36.94	25	张官庄	117.82	37.05
13	袁家桥	117.86	36.88	26	东八路桥	118.76	37.41

2. 水文观测数据

研究采用的水文站点主要包括黄台桥、岔河、石村和马尚 4 个站点（表 8-2），其中黄台桥、岔河和石村站分别位于小清河干流的上、中、下游，马尚站位于孝妇河中游。水文数据时间范围为 2006～2015 年，水文要素指标为日均流量和日均水位。

表 8-2　小清河流域主要水文站点及位置

编号	名称	所属支流	纬度（°E）	经度（°N）
1	黄台桥	小清河	36.70	117.05
2	岔河	小清河	37.07	117.92
3	石村	小清河	37.13	118.43
4	马尚	孝妇河	36.80	117.97

3. 气象观测数据

研究采用的气象观测数据来源于“中国气象数据网”，涉及气象站为惠民、济南、垦利、泰山、潍坊和沂源等 6 个（表 8-3），主要的气象指标包括日降水量、日最高气温、日最低气温、2m 处风速、日均相对湿度和日照时数等，时间范围为 1985～2020 年。

表 8-3 小清河流域主要气象站点及位置

编号	名称	纬度（°N）	经度（°E）	高程/m
1	惠民	37.48	117.53	11.5
2	济南	36.60	117.05	215
3	垦利	37.60	118.53	5
4	泰山	36.25	117.10	1131
5	潍坊	36.75	119.18	21
6	沂源	36.18	118.15	283

8.1.3 水环境模拟技术的应用

1. 水文–水质耦合模拟

1）模拟设置

模型输入数据包括 DEM、土地利用数据、土壤类型数据、河网水系数据以及气象数据。DEM 和土地利用数据为栅格数据，土壤类型数据以及河网水系数据为矢量数据，原始数据库中数据的类型、比例尺以及数据来源等信息如表 8-4 所示。通过数据离散化及模型构建，使用 SWAT-CUP 选择敏感参数，并对敏感参数进行参数调整，进而完成模型参数的率定及验证，基于完成的水文模型再进行水质模型的构建与模拟。根据研究区模拟需求以及输入数据的时间尺度限制，对小清河流域分别进行了日尺度的水文模拟和水质模拟。

表 8-4 SWAT 模型构建数据信息

数据名称	比例尺	数据类型	数据来源
DEM	30m 分辨率	Raster	地理空间数据云
土地利用数据	1∶10 万	Raster	中国科学院资源环境科学与数据中心
土壤类型数据	1∶100 万	Shape	HWSD 数据库
河网水系数据	1∶400 万	Shape	山东省生态环境规划研究院
气象数据	日尺度	降水、温度、相对湿度等	中国气象数据网

根据河网数据，针对河网水系的组成情况以及水文站和闸坝的空间分布，模型将河网划分为 1 条干流和 6 条支流，选取小清河干流进行河道径流的模拟，其他杏花河、淄河等 6 条支流通过马斯京根法进行演进，再以源汇项的方式加入小清河骨干河网中。采用 Preissmann 四点线形隐式差分格式将圣维南方程离散计算，干流河段中布设有水文站、水位站，区间有支流汇入。因此，在水流有交换的计算断面，应具体分析此处的流入流出项，确保计算过程满足水量平衡条件。

一维河网模型主要针对短历时、小时、日过程的水量水质过程模拟。根据实际情况设置区间首末断面及区间旁侧入流。边界条件均通过干支流起始断面实测数据给定。

（1）小清河干流上游断面是模型计算的入流边界（即上游边界），其流量及污染物浓度变化过程由实测数据提供，作为外边界条件驱动模型。按照实际需要，模拟细化不同时段小清河干流河段一维水动力–水质的模拟结果。

（2）小清河干流下游断面作为模型的出流边界（即下游边界），采用其水位过程作为其边界条件控制下游水位和流量关系，该条件由实测数据提供。

（3）6 条支流设为旁侧入流，作为模型的入流边界，由实测数据提供流量及污染物浓度变化过程作为边界条件。

2）流域水文过程模拟

利用小清河流域内的岔河站和马尚站两个水文站 2003～2014 年共 12 年的月径流数据对模型进行率定与验证。设置模型预热年为 2000～2002 年，设预热年可以避免模型前期运行参数为 0 等情况的影响，从而提高模拟精度。设置 2003～2010 年为率定期，2011～2014 年为验证期。将实际观测数据与模拟数据相对比，通过计算目标函数来评价模型的模拟效果。小清河流域月径流模拟效果如图 8-1～图 8-4 和表 8-5 所示。

总体而言，岔河站和马尚站的率定期和验证期，R^2、NSE 以及 RE 三个目标函数值均达到模型预期的标准值以上，岔河站整体表现优于马尚站，小清河流域 SWAT 模型的径流模拟可以在一定程度上反映该流域地表径流的实际情况，模型较好地模拟了研究区岔河站以上流域的径流量。

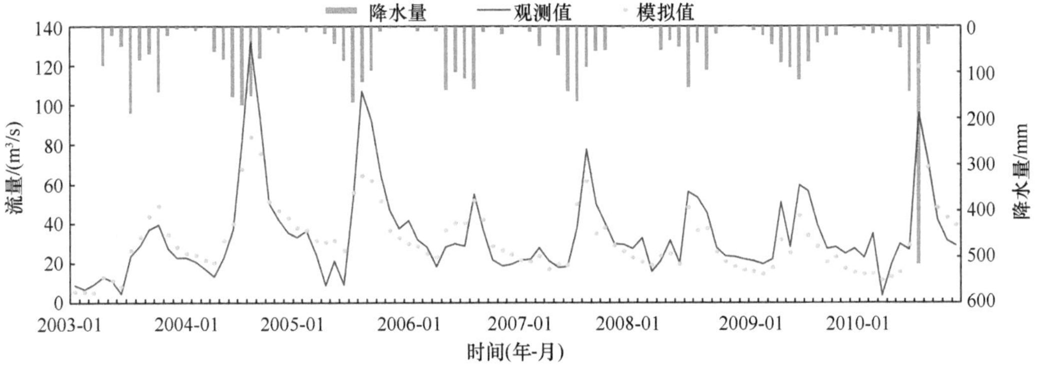

图 8-1　岔河站率定期模型模拟值与观测值对比

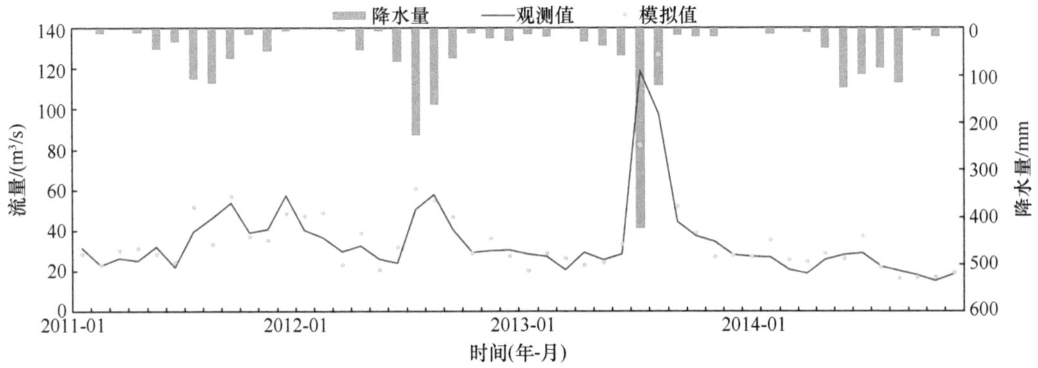

图 8-2　岔河站验证期模型模拟值与观测值对比

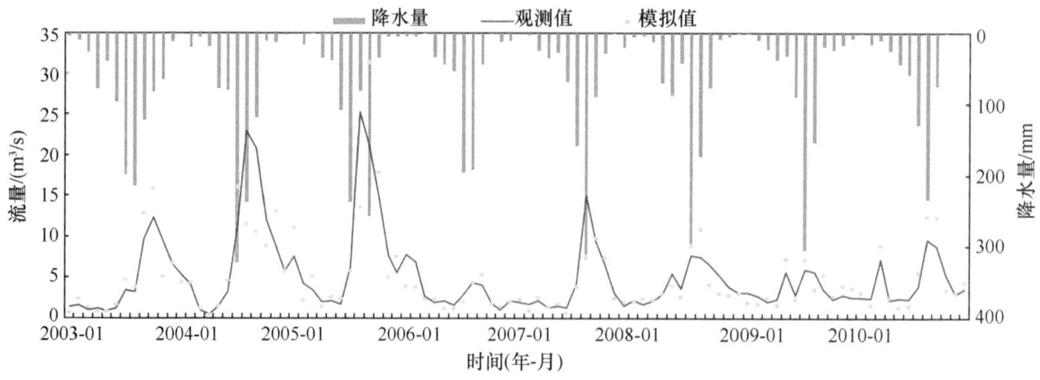

图 8-3　马尚站率定期模型模拟值与观测值对比

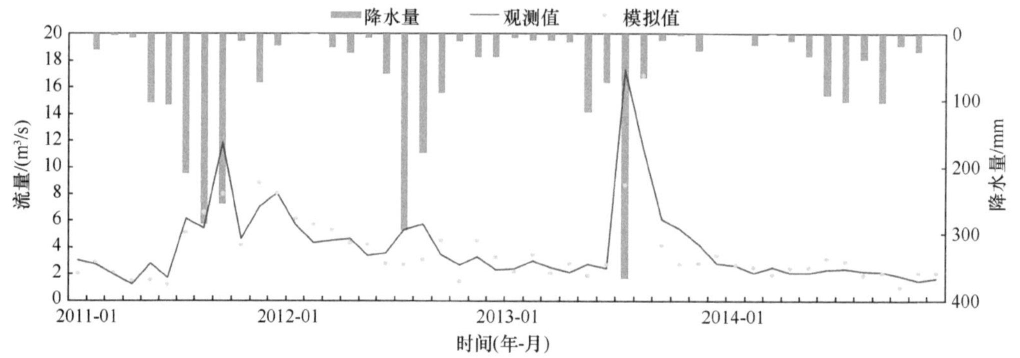

图 8-4　马尚站验证期模型模拟值与观测值对比

表 8-5　径流率定与验证结果

站点	时期	R^2	NSE	RE/%
岔河	率定期（2003～2010 年）	0.72	0.75	1
	验证期（2011～2014 年）	0.74	0.76	3
马尚	率定期（2003～2010 年）	0.67	0.7	3
	验证期（2011～2014 年）	0.65	0.67	6

注：R^2 表示决定系数；NSE 表示纳什系数；RE 表示相对误差。

3）流域水环境模拟

利用小清河流域内的羊口站和马尚站两个国控水质断面 2011～2015 年共 5 年的月尺度的水质数据对模型进行率定与验证。设置模型预热年为 2011～2012 年，设置 2011～2013 年为率定期，2014～2015 年为验证期。将实际观测数据与模拟数据相对比，计算目标函数，对模型模拟效果进行评价。小清河流域月尺度的总氮、总磷模拟效果如图 8-5～图 8-7 所示。模拟结果显示，水质模型的应用效果较好。

2. 水动力–水质模拟

1）河流网格划分

EFDC 模型的求解过程主要采用数值离散方法，典型的离散方法包括：有限元法、

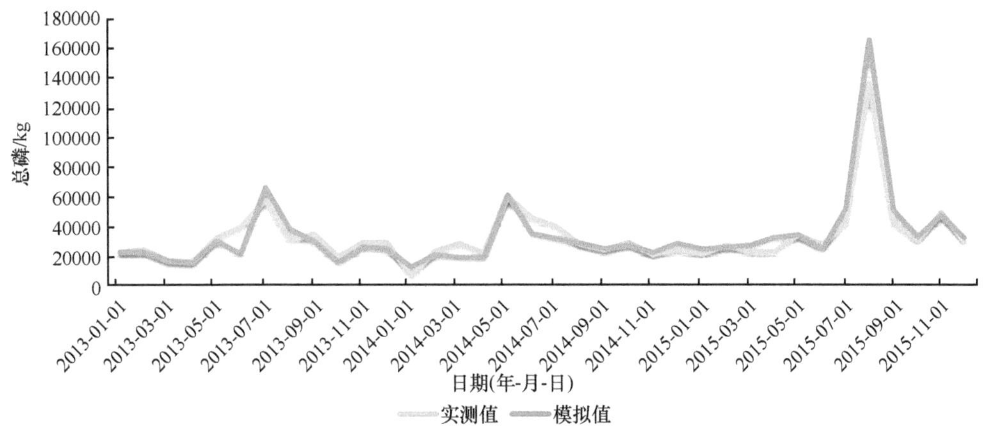

图 8-5　马尚站总磷总量对比图

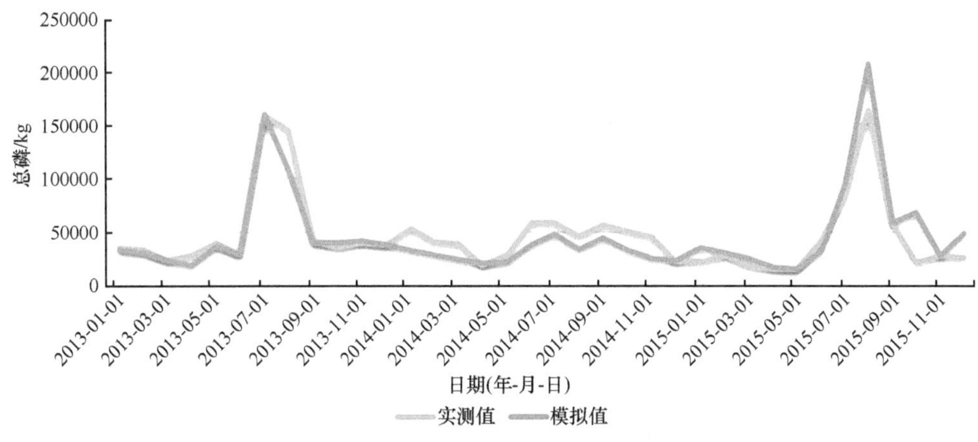

图 8-6　羊口站总磷总量对比图

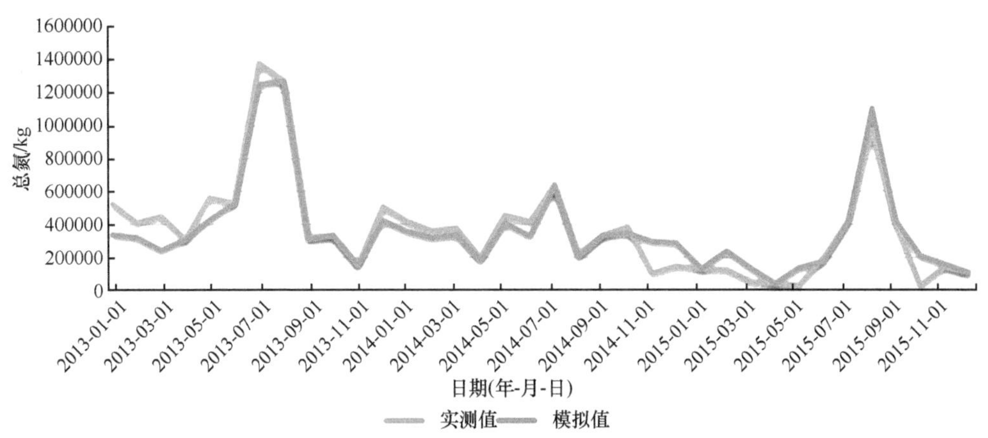

图 8-7　羊口站总氮总量对比图

有限体积法和有限差分法。本研究采用空间有限差分法对模型控制方程进行求解，然而有限差分法对模型计算网格的划分要求苛刻，网格的质量直接影响求解精度与计算速率。基于此，采用 Delft3D 软件对小清河干流进行网格划分。

小清河干流全长 233km，水体蜿蜒曲折，因此矩形网格难以贴合河岸的平滑曲线，增加了边界线不规则引起的离散误差。由此，采用正交曲线网格来刻画河岸实际边界，从而增加模型数据运算精度。

利用 Delft3D 的 RGFGRID 模块划分网格，对河道弯道、收缩和扩张等重点位置进行加密处理，共划分不规则网格 52000 个，x、y 方向网格分辨率分别为 3.28～206.668m、0.374～132.238m。通过 RGFGRID 模块来判断修正网格的正交性和平滑性，其中正交性指网格节点处的余弦值接近零，即边界以内区域节点余弦值需小于 0.02，边界处节点余弦可适当增加；平滑性指网格要平整光滑，以减小有限差分时的误差。根据 RGFGRID 模块检验生成网格的结果，网格总体满足模型正交性要求。

2）*初始条件与边界条件*

A. 初始条件

小清河地形图以“济南市小清河综合治理工程”所设计的河道断面为依据，在 EFDC 生成模型计算网格后，将实测的地形文件导入模型，再由模型系统将河底高程插值分配至每个计算单元内，最终形成 EFDC 的基础地形网格。

以小清河 2013 年 1 月 1 日～2014 年 12 月 31 日的水动力–水质状况为模型率定验证期，以 2019 年 1 月 1 日～12 月 31 日为模拟研究期。模型对河道的模拟具有计算河段长、网格数量多和模拟时间长等特点，为了提高运算速率、满足克朗数和 CFL 收敛原则，采用动态时间步长，最小时间步长设为 0.1s，初始流速场为 0，初始水位即小清河入海口水位，设为 0，初始水温设为 20℃。

模型对小清河的水动力与水质模拟结果进行率定和验证时，以小清河干流水文水质监测站的实测数据为基准，进行模拟结果的对比与评价。采用的水文站包括：黄台桥、岔河和石村，水质监测站包括：辛丰庄、唐口桥、西闸、范李、王道闸和羊口。小清河水质监测站自 2018 年开始实行自动监测，之前均通过手工采样进行逐月监测，采用监测站的逐月采样数据对模拟水质进行率定与验证。

B. 边界条件

EFDC 模型边界主要包括水动力边界和水质边界，其中水动力边界分为流量边界与水位边界，水质边界分为点源污染边界与面源污染边界。采用 “地理空间数据云” 获取分辨率为 30m 的 DEM，并利用 SWAT 水文模型对小清河流域进行子流域划分，进而在河流网格中沿河设定 10 个雨水汇入点，以模拟小清河干流的流量变化。

共设置 11 个水动力边界、10 个水质边界，其中水动力边界中有 10 个流量边界和 1 个水位边界，流量边界的输入流量为水文模型模拟结果，水位边界是下游石村水文站的实际监测水位。水质边界为不同汇水区域内污染源向河道的排污量，将污染物通量结果按汇水区内不同类型污染源数量的占比进行分配，并参照 2018～2020 年污染源（自动监测）平均逐日排污量占排污总量的比例，对汇水区的排污量进行逐日分配，以实现 EFDC 的水质边界输入。

EFDC 模拟小清河水动力时需以气象数据（气压、温度、降雨、蒸发、太阳辐射和云量等）和风力数据（风速和风向）为驱动要素，气象数据均源于中国气象数据网的日均实测数据，风力数据通过欧洲中期天气预报中心（ECMWF）获取。

3）模型的率定与验证

A. 模型率定

小清河干流水动力–水质模拟的率定期为 2013 年 1 月 1 日～12 月 31 日，采用黄台桥和岔河两个水文站的流量监测数据对模型水动力模块进行率定。流量的模拟值与监测值具有较好的一致性，尤其在汛期模型对洪峰的模拟拟合度较高（图 8-8）。然而，模型对非汛期的流量模拟效果较差，模拟值沿实际流量上下波动，其中黄台桥和岔河断面模拟值与监测值的平均相对误差分别为 57.6%、61.5%。由表 8-6 可知，在率定期内模型对黄台桥断面流量模拟的 R^2 和 NSE 分别为 0.62、0.63；岔河断面流量模拟的 R^2 和 NSE 分别为 0.63、0.57。

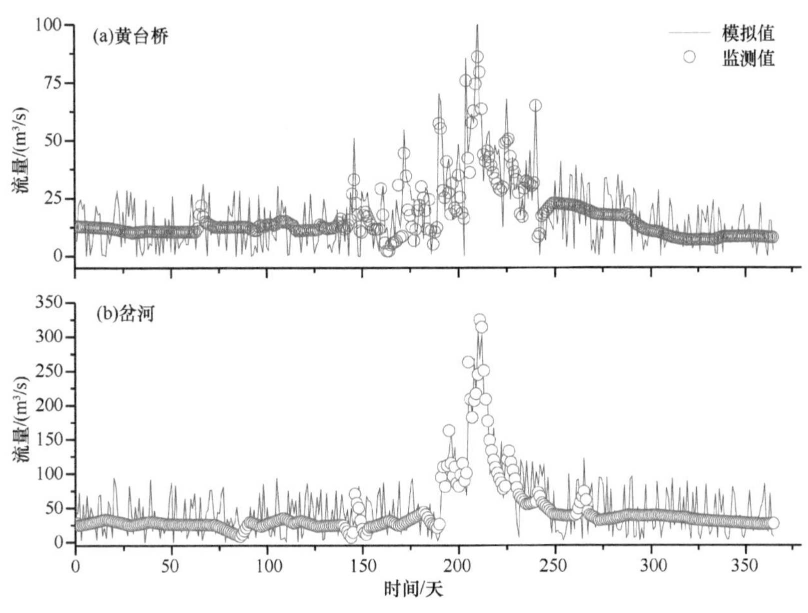

图 8-8　率定期断面流量模拟值与监测值对比

表 8-6　率定期流量模拟精度评价

断面名称	NSE	R^2
黄台桥	0.63	0.62
岔河	0.57	0.63

在 EFDC 水动力模块率定的基础上，采用辛丰庄和羊口两个水质监测断面对模型的水质模块进行率定。同时，在率定期内监测断面的水质数据是通过逐月手工采样方式获取的，且采样时间不定，因此本研究采用水质模拟浓度的月平均值进行模型评估。由图 8-9 可知，NH_3-N 和 COD 的模拟值与监测值的拟合度较好，大部分数值点位于 95% 的置信区间内，但仍有部分数值点偏离斜线较远，位于置信区间以外。由表 8-7 可知，在率定期内模型对辛丰庄断面 NH_3-N 模拟的 R^2 和 NSE 分别为 0.65、0.64，且 COD 模

拟的 R^2 和 NSE 分别为 0.63、0.58；模型对羊口断面 NH_3-N 模拟的 R^2 和 NSE 分别为 0.64、0.55，且 COD 模拟的 R^2 和 NSE 分别为 0.62、0.52。

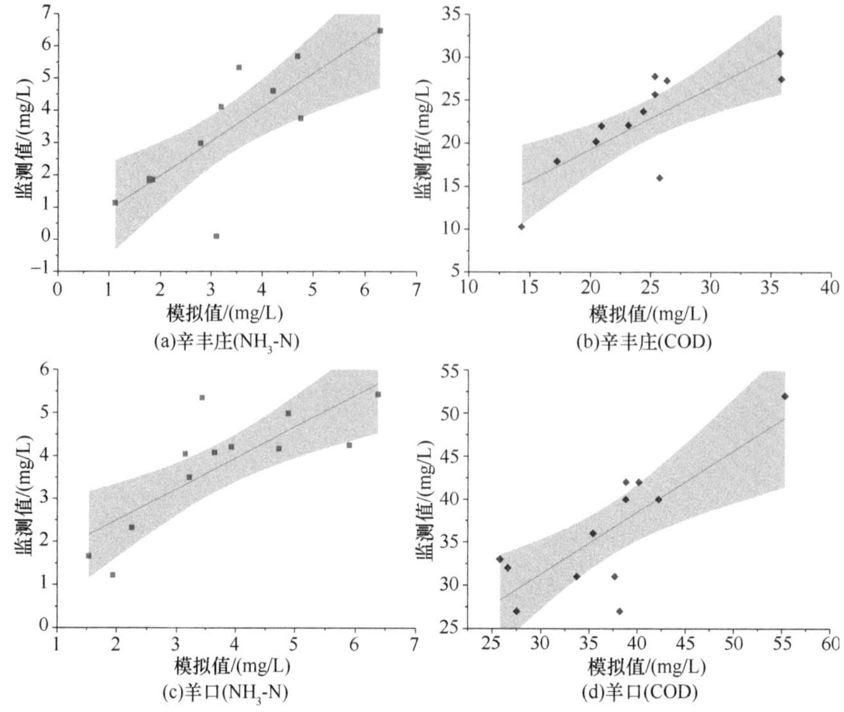

图 8-9　率定期断面水质模拟值与监测值对比

表 8-7　率定期水质模拟精度评价

断面名称	指标	NSE	R^2
辛丰庄	COD	0.58	0.63
	NH_3-N	0.64	0.65
羊口	COD	0.52	0.62
	NH_3-N	0.55	0.64

据此，本研究根据模型率定的效果，确定了 EFDC 模型中关键参数的取值（表 8-8）。由表 8-8 可知，在标准温度时 COD 的氧化速率取为 $0.08d^{-1}$，COD 受温度影响造成的变化量取为 0.041℃$^{-1}$，复氧速率常数取为 $1.50d^{-1}$，最大硝化速率取为 $0.08d^{-1}$。上述参数取值与同类型河道的模型参数取值相似，由此表明构建的水动力–水质模型参数体系符合小清河实际的污染物迁移转化规律，可用于小清河的水环境治理、突发污染事件应急处置等多种水环境管理场景。

B. 模型验证

模型验证期为 2014 年 1 月 1 日～12 月 31 日，流量的模拟值与监测值具有较好的一致性，模拟流量变化趋势与实际流量变化趋势相同，且对洪峰的模拟拟合效果较好（图 8-10）。然而，模拟流量仍与实际流量存在较大的相对误差，其中黄台桥和岔河断面模拟值与监测值的平均相对误差分别为 42.3%、30.1%。由表 8-9 可知，在验证期

表 8-8　模型主要水质参数率定结果

指标	符号	参数意义	参数取值	单位
COD	KH_{COD}	COD 氧化过程中所需消耗水体中 DO 的半饱和常数	2.0	g/m^3
	K_{COD}	在标准温度时 COD 的氧化速率	0.08	d^{-1}
	TR_{COD}	氧化时对照参考的标准温度	20.0	℃
	KT_{COD}	温度因素在 COD 的氧化过程中造成的变化量	0.041	℃$^{-1}$
	AOCR	呼吸作用中的溶解氧碳比	2.67	—
	AONT	硝酸铵单位质量消耗的溶解氧质量	4.33	—
	KR	复氧速率常数	1.50	d^{-1}
	KTr	调节 DO 复氧速率的温度常数	1.024	—
NH_3-N	FNIP	捕食的氮和产生无机氮的比值	0.1	—
	FNI_X	藻类 X 代谢的氮和产生的无机氮的比值	0.1	—
	KNit	最大硝化速率	0.08	d^{-1}

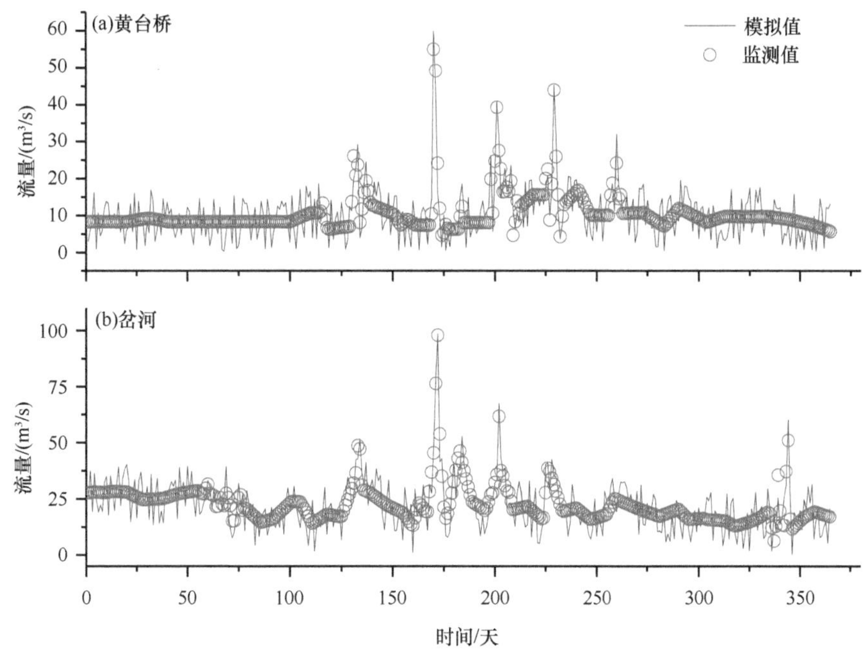

图 8-10　验证期断面流量模拟值与监测值对比

表 8-9　验证期流量模拟精度评价

断面名称	NSE	R^2
黄台桥	0.60	0.59
岔河	0.58	0.60

内模型对黄台桥断面流量模拟的 R^2 和 NSE 分别为 0.59、0.60；岔河断面流量模拟的 R^2 和 NSE 分别为 0.60、0.58。

对验证期内模型的水质模拟效果进行了评估。NH_3-N 和 COD 的模拟值与监测值的拟合度较好，但羊口断面 NH_3-N 和 COD 的数值点有 40%分布于 95%置信区间以外，较率定期模拟效果较差（图 8-11）。由表 8-10 可知，在验证期内模型对辛丰庄断面 NH_3-N

模拟的 R^2 和 NSE 分别为 0.64、0.62，且 COD 模拟的 R^2 和 NSE 分别为 0.55、0.52；模型对羊口断面 NH_3-N 模拟的 R^2 和 NSE 分别为 0.63、0.61，且 COD 模拟的 R^2 和 NSE 分别为 0.57、0.53。

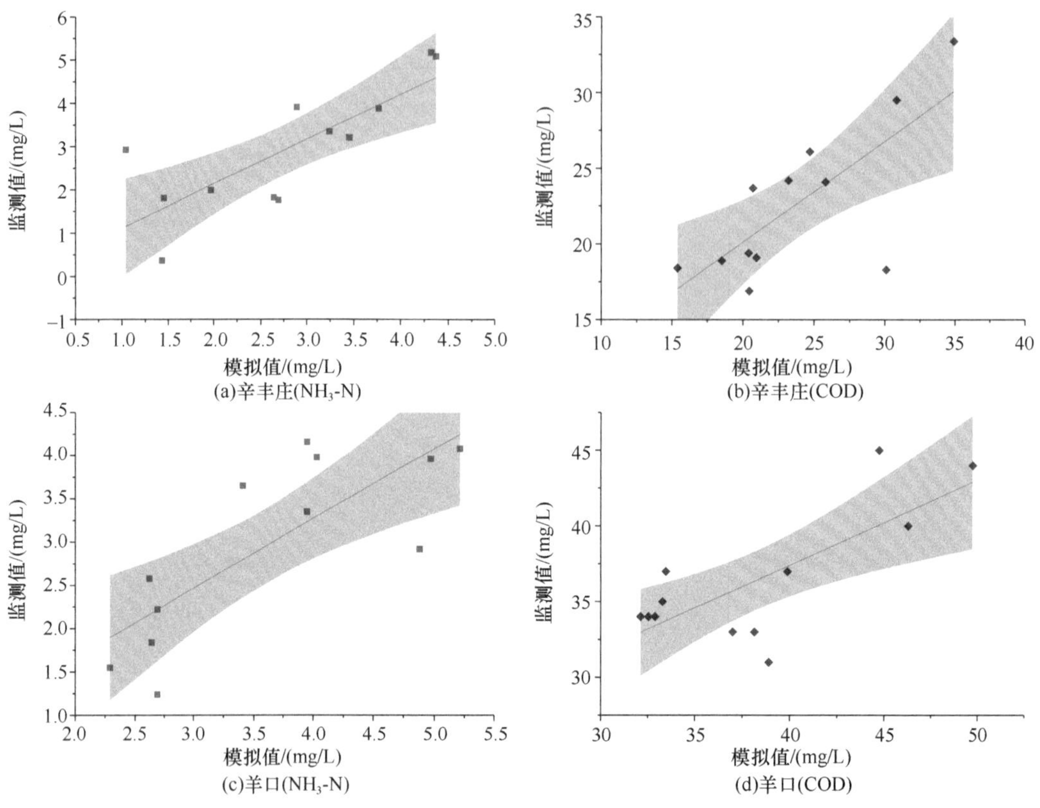

图 8-11　验证期断面水质模拟值与监测值对比

表 8-10　验证期水质模拟精度评价

断面名称	指标	NSE	R^2
辛丰庄	COD	0.52	0.55
	NH_3-N	0.62	0.64
羊口	COD	0.53	0.57
	NH_3-N	0.61	0.63

综上所述，通过率定和验证后的水动力–水质模型能够反映小清河的污染物迁移转化规律。但是，小清河下垫面复杂，流经城市和农村，受城市排水、生态需水和其他人为因素影响，河流的水动力–水质过程干扰较大，因此模型的模拟效果一般，R^2 和 NSE 均不小于 0.55。在受人为干扰较大的流域模型评估标准中，本研究构建的模型模拟结果符合可接受的标准（Moriasi et al.，2007）。由此可见，EFDC 模型适用于小清河流域的水动力–水质模拟，可为后续水质时空预测提供基础信息和训练样本。

3. 基于 CNN 的水环境时空变化模拟

1）数据预处理

CNN 是一种深度学习模型，该模型利用多维图像数据从低级到高级的特征层次，对其特征进行深层次的特征提取。同时，CNN 与传统的前馈神经网络相比，构建网络框架所需的参数和元素之间的连接更少，由此更容易对图像数据进行特征提取训练。将水质模型输出的水质图像作为 CNN 模型的输入样本，这些图像样本为模拟期（2019 年 1 月 1 日～12 月 31 日）内水质模型输出的小清河水质分布图。为了突破水质预测从离散分布到连续分布的技术瓶颈，我们提出了以下假设：EFDC 模型输出的水质时空连续分布图像为小清河真实水质分布图像。基于此，将该图像作为 CNN 模型的训练样本，通过训练获取蕴含物理机制的河道水质时空分布特征。

为了有效反映河流水质分布特征，将模型的输入图像进行堆叠，以配置 CNN 模型（图 8-12）。CNN 模型输入图像的参数由河道网格单元数量（N）、网格尺寸和变量数量（C）组成，其中网格单元尺寸包括宽度（W）和高度（H）。将输入图像分割为模型输入窗口，尺寸设置为 50×50 像素（如 N×50×50×C），并且假设观测点位于输入窗口的中心。输入图像设置为 21 通道，主要为预测期前的 21 天水质数据。采用 OpenCV 库对图像进行扫描校准和分割等标准化处理，使图像样本保持清晰、统一和标准。

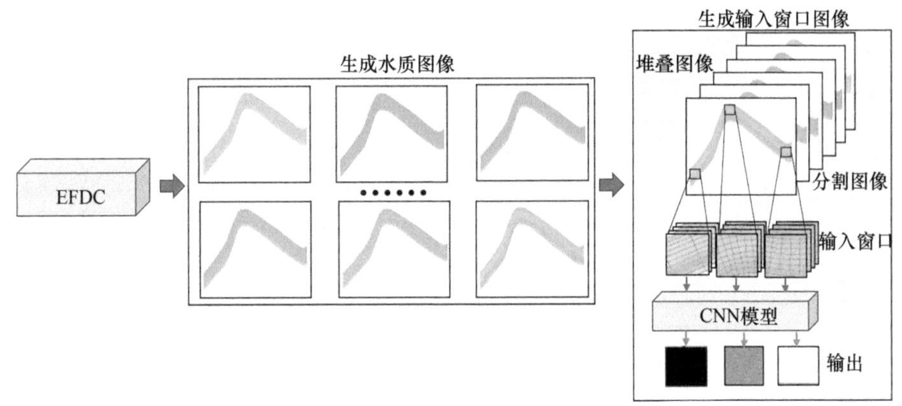

图 8-12　EFDC 模型生成 CNN 输入数据

2）网络框架构建

CNN 的典型框架由卷积层和池化层组成，卷积层通过具有不同权重组合的卷积核（滤波器）在输入图像上滑动来获取图像特征，然后将获取的特征图输入至池化层。池化层将图像特征进行合并，接着将合并提出的特征传递到下一层，如此循环迭代以学习更复杂的图像特征。然而，采用多层神经网络对输入与输出数据之间非线性权重进行训练，训练结果中大部分为训练样本的噪声，从而使网络学习能力下降。由此，利用 Dropout 方法随机消除神经网络中的部分神经元，以减少样本噪声的消极影响，避免训练过度拟合。在神经网络训练过程中，各层权值矩阵不断变化使训练速度下降。由此，在卷积层后设置批处理标准层，将卷积层的输出数据进行归一化处理。构建的水质时空预测网络框架如图 8-13 所示。

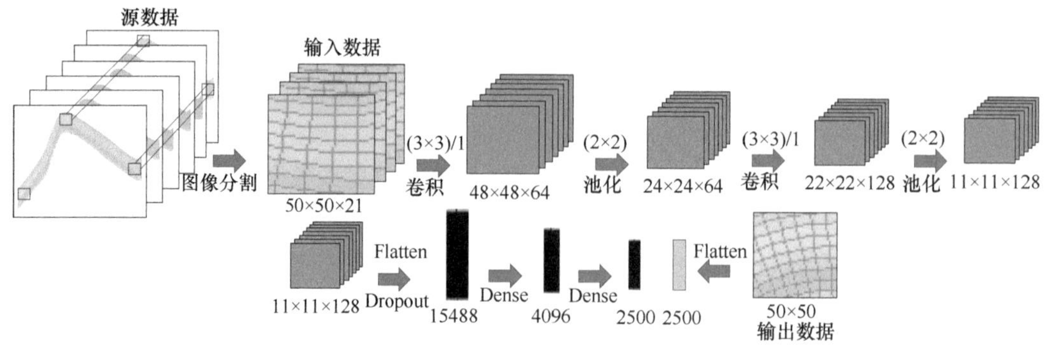

图 8-13 CNN 模型框架结构

水质时空预测网络框架以 VGG-19（visual geometry group）为基础进行参数配置，框架主要包括 2 个卷积层、2 个池化层、1 个 Dropout 层、1 个 Flatten 层和 2 个 Dense 层（表 8-11）。其中，卷积核尺寸为 3×3，滑动步长为 1，卷积核个数分别为 64 和 128；池化层采用 Max Pooling 方法，池化尺寸为 2×2；激活函数采用 ReLU 方法；Dropout 层的丢弃概率为 0.5；优化函数采用 Adam 方法；损失函数采用 MSE 方法。

表 8-11 CNN 模型框架参数

序号	网络层类型	核尺寸/滑动步长	输出维度
1	卷积层	3×3/1	48×48×64
2	池化层	2×2	24×24×64
3	卷积层	3×3/1	22×22×128
4	池化层	2×2	11×11×128
5	Dropout		11×11×128
6	Flatten		None×15488
7	Dense		None×4096
8	Dense		None×2500

3）模型训练与验证

水质时空预测模型采用交叉验证方法进行训练与验证样本分配，分配比例分别为 70%和 30%，即以 2019 年 1 月 1 日～8 月 31 日的 EFDC 输出水质图像为训练样本，2019 年 9 月 1 日～12 月 30 日的水质图像为验证样本。采用 Keras 框架对基于 CNN 的水质时空预测模型进行训练与验证，将 CNN 模型输出的小清河沿程污染物浓度与 EFDC 模型输出的污染物浓度进行对比，以此评估 CNN 模型将监测断面的离散水质状况向连续分布水质转换的性能。图 8-14 显示了模型在训练与验证阶段对 NH_3-N 和 COD 的模拟效果，图中横坐标和纵坐标分别为 EFDC 模型和 CNN 模型模拟污染物的输出值。数值点较为分散于拟合线周围，COD 的模拟点比 NH_3-N 的模拟点拟合度较高，各污染物训练阶段比验证阶段的模拟效果好。由表 8-12 可知，在模型训练阶段，模型对 NH_3-N 时空模拟

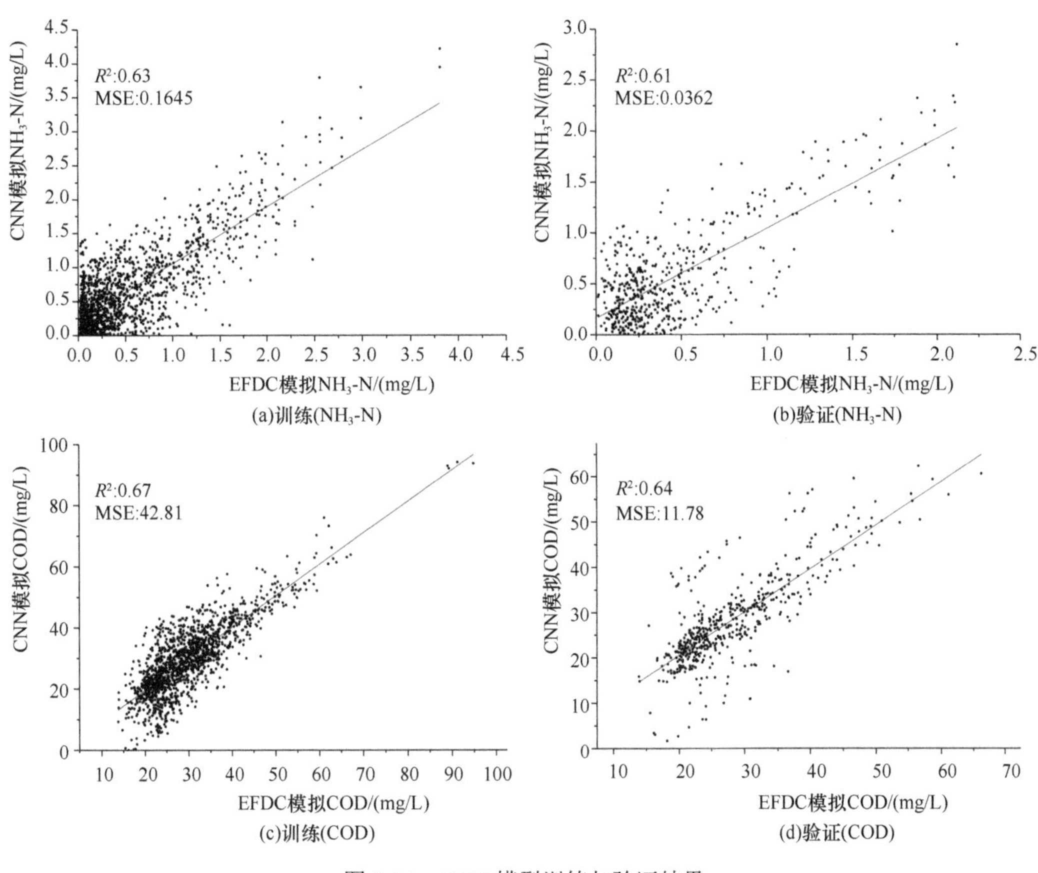

图 8-14　CNN 模型训练与验证结果

表 8-12　CNN 模型评估结果

污染物类型	训练阶段		验证阶段	
	MSE	R^2	MSE	R^2
NH_3-N	0.1644	0.63	0.0362	0.61
COD	42.81	0.67	11.78	0.64

的 R^2 和均方误差（MSE）分别为 0.63 和 0.1644，模型对 COD 时空模拟的 R^2 和 MSE 分别为 0.67 和 42.81；在模型验证阶段，模型对 NH_3-N 时空模拟的 R^2 和 MSE 分别为 0.61 和 0.0362，模型对 COD 时空模拟的 R^2 和 MSE 分别为 0.64 和 11.78。CNN 模型与 EFDC 模型模拟的小清河干流范李至王道闸段的水质分布特征基本保持一致。由此可见，CNN 模型能够对污染物时空分布提供较为准确的模拟，污染物模拟的 R^2 均在 0.60 以上，基本满足水环境监管的精度需求。综上所述，尽管不同 CNN 模型的输入输出和框架结构不同，但其对图像深度特征的提取能力稳健，支撑了模型可靠的模拟预测性能。

4. 水环境时空分布特征

1）小清河流域径流过程与排污特征

小清河流域国（省）控水质监测断面的全覆盖实时监测为流域水环境管控提供了技

术支撑，也为水质预测技术提供了数据支持。通过对基于 CNN 的陆水一体化水质时空预测模型的构建、率定和验证，模型达到了模拟应用的基本要求。在此基础上，对小清河流域 2019 年的水文和水质时空变化进行模拟研究，进而对小清河流域近年来的水质时空演变进行解析。

流域径流过程既是水资源的运移过程，也是污染物随水流的输移过程，该过程对水质预测技术起着关键作用。2019 年小清河流域内各子流域进入河道的总水量，该总水量包含地表径流、地下径流、侧向流和径流损失量。2019 年第一季度子流域进入主河道的总水量为 456.6mm，其中第一季度子流域进入主河道的最大水量为 20.31mm，位于 50 号子流域，地处济南市南部山区的最大水量为 253.09mm、最小水量为 9.5mm。汛期之后，第四季度子流域进入主河道的总水量为 659.11mm，其中子流域进入主河道的最大水量为 37.10mm、最小水量为 3.69mm。由此可见，小清河流域南部山地区域的产流量高于北部平原区，流域中游平原区产流能力较弱，耕地区域较弱的产流尤为明显。

由上述可知，地表径流是子流域进入主河道水量的重要组成部分。2019 年四个季度子流域地表径流对主河道总径流的总贡献量分别为 11.618mm、23.01mm、2726.76mm、38.96mm。从空间上看，小清河子流域贡献量分布呈现靠近主河道的子流域贡献量普遍高于距离河道较远的子流域。当汛期来临时，小清河流域南部山区子流域的贡献量由非汛期时的贡献量较小迅速提高到较大的贡献量。由此说明，虽然小清河流域南部山区进入主河道的总水量较高，但受非汛期气象和地形等因素影响，地表径流下渗、蒸发损失较大，造成地表径流对主河道总径流贡献量较小，在此期间主要由地下水和侧向流为主河道进行水量补给。

将上述子流域产汇流结果按汇水区域进行统计，不同汇水区域的产汇流情况如图 8-22 所示。在每月中，汇水区域 9 进入主河道的总水量均高于其他汇水区域，主要原因为该汇水区域面积最大，涵盖淄博市、东营市和滨州市，包含小清河下游最大支流淄河，且贯穿流域南部山区和北部平原［8-15（a）］。同时，在流域汛期（7～8 月），水量出现明显波峰。地表径流对主河道贡献量最大的汇水区域仍为汇水区域 9［图 8-15（b）］。

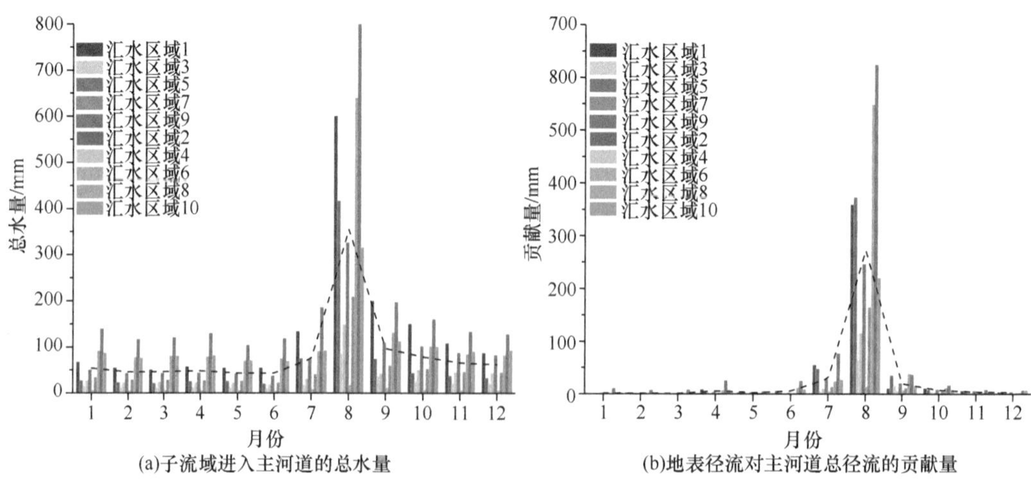

(a)子流域进入主河道的总水量　(b)地表径流对主河道总径流的贡献量

图 8-15　不同汇水区域的产汇流情况

2019 年第一季度子流域的最大输出径流为 52.11m³/s，位于 3 号子流域，地处流域下游的潍坊市；最小输出径流为 0.17 m³/s，位于流域中游 25 号子流域。第二季度子流域的最大输出径流为 43.84m³/s，仍位于 3 号子流域；最小输出径流为 0.15m³/s，仍位于流域中游 25 号子流域。进入汛期后，随着自然降雨的增加，流域的产汇流增强，第三季度子流域的最大输出径流为 323.2m³/s，最小输出径流为 1.78m³/s，并且对应的子流域依旧为 25 号与 3 号子流域。从空间上看，流域南部子流域（编号 50、48、45、53、38、42、46）的输出径流均处于低值，流域下游河口处子流域（编号 8、5、3、2、1）的输出径流均处于高值，流域中游子流域（编号 9、25、21、52、22）的输出径流均处于最低值。这些特征与子流域对主河道的贡献量分布特征基本一致，反映出小清河流域山区地表径流的产汇流特征。

小清河子流域的径流过程必然伴随着区域内污染源排放污染物的迁移过程。依据流域污染物入河通量，以流域内污染源密集区（汇流区域 1、汇流区域 2 和汇流区域 5）为研究对象，分析不同汇流区域的逐月汇流流量与区域内污染源（直排入河型和污水处理厂）排污浓度的数量关系。三个汇流区域的流量与 NH_3-N 浓度的关系呈上开口抛物线，即随着汇流流量的增加，NH_3-N 浓度逐渐下降，待下降至极值点处，浓度逐渐回升［图 8-16（a）］。汇流区域 1、汇流区域 2 和汇流区域 5 中流量与 NH_3-N 浓度一元二次方程拟合的 R^2 分别为 0.14、0.19、0.63。三个汇流区域的流量与 COD 浓度的关系呈下开口抛线，即随着汇流流量的升高，COD 浓度逐渐上升，当到达极值点处，浓度逐渐下降［图 8-16（b）］。汇流区域 1、汇流区域 2 和汇流区域 5 中流量与 COD 浓度一元二次方程拟合的 R^2 分别为 0.45、0.03、0.52。由此可见，汇流区域 5 中污染源排污浓度随流量的增加而下降。

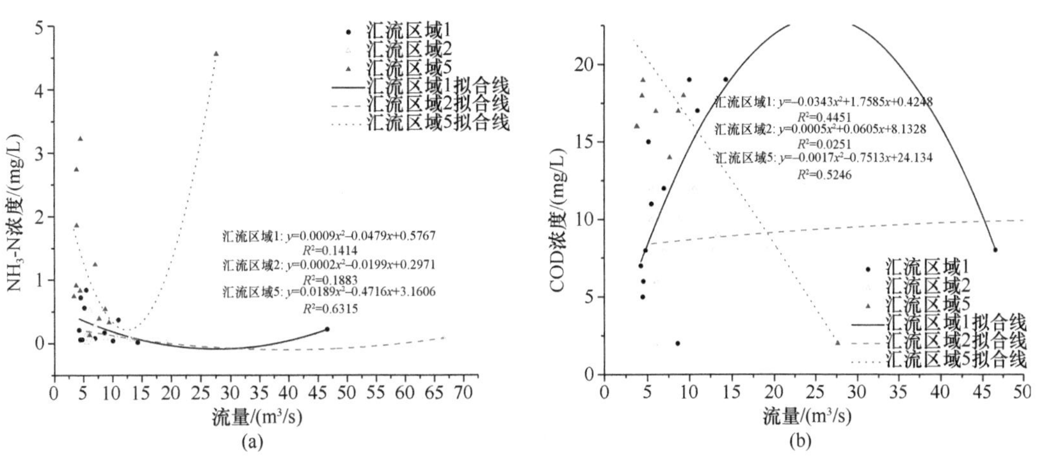

图 8-16　汇流区域中汇流与污染源排污关系

2）小清河干流水质时空变化研究

图 8-17 显示了小清河干流不同河段的平均污染物浓度。在 2019 年 1 月和 8 月，睦里庄–辛丰庄和辛丰庄–唐口桥河段的 NH_3-N 平均浓度均高于其他河段，其中 1 月的平均浓度分别为 2.03mg/L、2.51mg/L，8 月的平均浓度分别为 2.39mg/L、3.10mg/L［图 8-17（a）］。

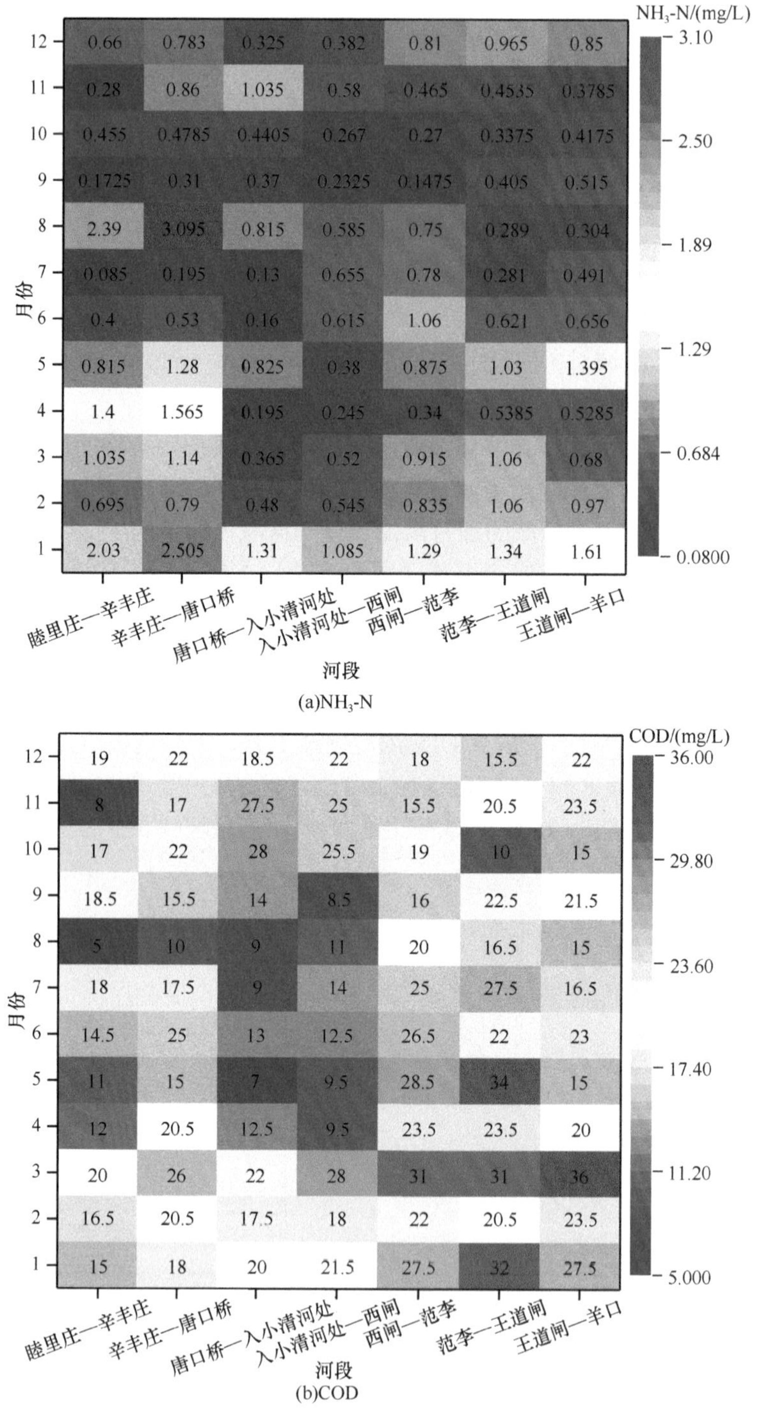

图 8-17　EFDC 模拟 2019 年小清河干流河段水质平均浓度

结合同时期小清河产汇流量与污染源排污量分析，睦里庄至唐口桥段位于小清河工业密集区，污染源排污量较大，汇流区域 5 在 1 月和 8 月排放了较多的 NH_3-N，使区域内的平均浓度维持在 3.0mg/L 以上，尽管汛期有较大的径流，但仍无法稀释河道的 NH_3-N 浓度。唐口桥至王道闸段的 NH_3-N 浓度变化较为稳定，满足Ⅱ类水质标准的时段占 46%，满足Ⅲ类水质标准的时段占 81%；从空间上看，由唐口桥至王道闸浓度逐渐升高；从时间上看，入小清河处至范李段在汛期（6～8 月）NH_3-N 浓度显著升高，范李至王道闸段则在汛期显著下降。汛期之后，小清河整体的 NH_3-N 浓度处于较低水平，浓度范围为 0.15～1.03mg/L，且大部分河段达到Ⅲ类水质标准。西闸至王道闸段 COD 的平均浓度较高，尤其 1～7 月 COD 浓度均在 20.0mg/L 以上，达到Ⅳ类水质标准，部分时段为Ⅴ类水质标准［图 8-17（b）］。唐口桥至西闸段 COD 浓度呈现出明显的季节性变化，秋冬季（10～12 月、1～2 月）COD 浓度显著升高，COD 浓度均在 17.5mg/L 以上，基本维持在Ⅳ类水质标准；春夏季，COD 浓度显著下降，COD 浓度在 7.0～14mg/L，维持在Ⅱ类水质标准。综上所述，小清河上游（睦里庄至唐口桥段）重点关注 NH_3-N 的排放情况，中游（唐口桥至王道闸段）重点关注汛期和秋冬季的水质波动。

依据上述小清河在 2019 年水质时空分布特征，采用 2019 年离散断面水质的预测结果，通过训练后的 CNN 模型，模拟预测 2019 年小清河水质时空连续分布特征（图 8-18）。唐口桥至王道闸段的 NH_3-N 平均浓度依然稳定，总体与 EFDC 模拟水质相近，即平均浓度在 0.10～1.72mg/L，满足Ⅱ类水质标准的时段占 50.4%，满足Ⅲ类水质标准的时段占 91.7%，并且在汛期（6～8 月）NH_3-N 浓度显著升高［图 8-18（a）］；西闸至王道闸段的 COD 分布基本符合 EFDC 模拟的 COD 分布特征，呈现秋冬季浓度下降、夏季浓度升高的趋势；并且西闸至范李段逐月 COD 平均浓度均在 16.5mg/L 以上，维持在Ⅲ类～Ⅳ类水质标准［图 8-18（b）］。由此可知，构建的基于 CNN 的陆水一体化水质模型，仅利用离散断面的水质结果，就准确地展布出离散断面间的水质时空连续分布，并且该水质分布特征与机理模型结果在时间和空间上保持相似性，进一步验证了由离散断面的水

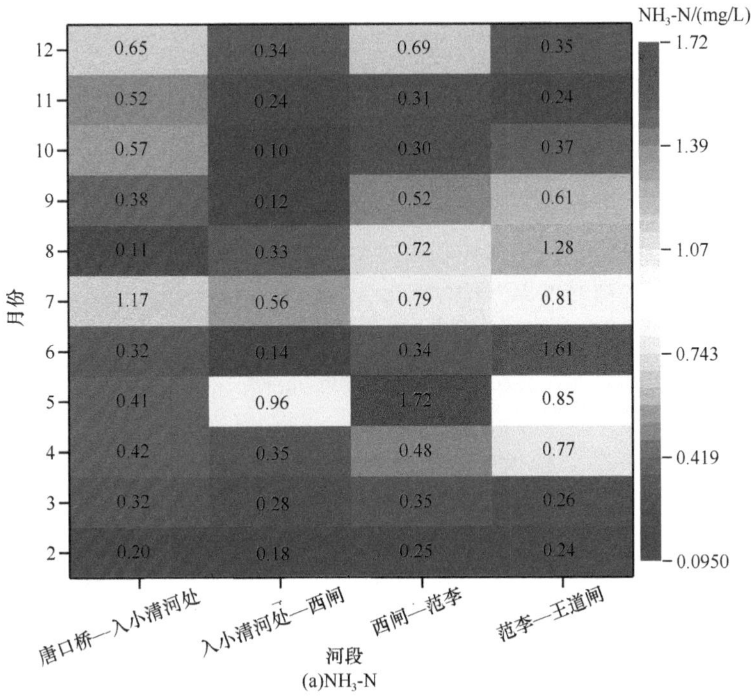

(a) NH_3-N

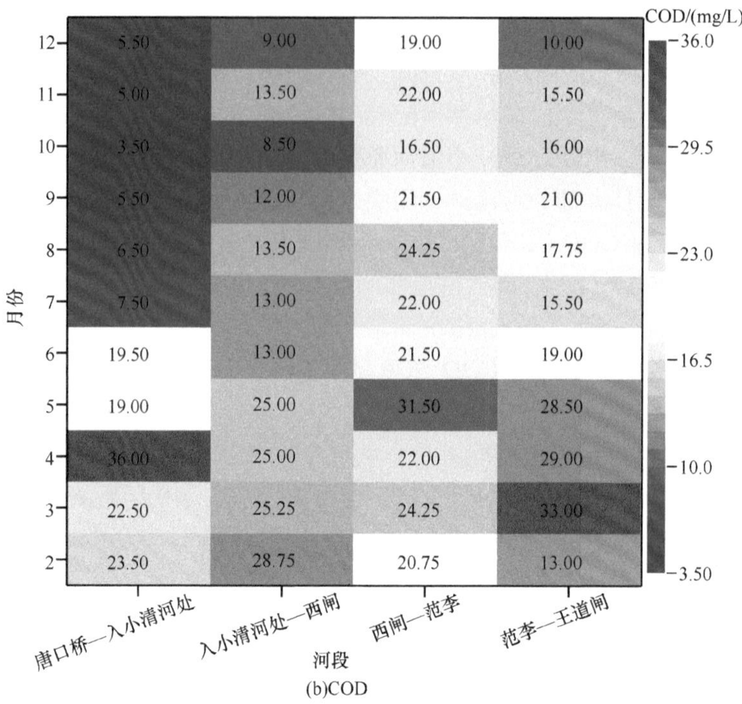

(b)COD

图 8-18　CNN 模拟 2019 年小清河干流河段水质平均浓度

质预测向水质时空连续预测的方法是可行的，实现了人工智能技术对流域水质的全方位时空连续预测，为水环境监管提供了有力的技术支撑。

8.1.4　示范应用成效

依托山东省流域水环境管理大数据平台，集成了山东省主要水文、污染源、水质数据等各类环境专题数据以及环境监测数据，应用“人工智能的水环境污染预测技术”对 302 井断面未来 7 日水质情况进行了预测，评价 pH、化学需氧量、总氮、总磷、氨氮、水温、浊度、溶解氧、电导率、高锰酸盐指数 10 个指标数值，模拟结果可应用于水环境污染应急响应工作，有效预防和控制水质恶化事件，做到早发现、早报告、早处置。该平台可自动导出分析预警报告。

8.2　南四湖流域

8.2.1　流 域 概 况

南四湖是淮河流域第二大淡水湖、南水北调东线工程重要的调蓄枢纽、东部重要的粮食生产基地和能源基地。作为南水北调东线主要的调水湖泊，南四湖流域水质状况一直是关注重点。南四湖是南阳湖、独山湖、昭阳湖和微山湖 4 个相连贯的湖泊的总称。2017 年微山湖、昭阳湖、独山湖、南阳湖的湖泊面积分别为：531.7 km^2、337.1 km^2、144.6 km^2、

211.0 km^2。南四湖湖泊南北长 126 km、东西宽 5～25 km，周边长 311 km，面积 1178 km^2，总库容 47.3 亿 m^3，占山东省淡水水域面积的 45%。南四湖湖盆呈北西—南东方向延伸，中间较窄，南北开阔，中间最窄处被称为湖腰（即昭阳湖下段）。1960 年在湖腰处建设了二级坝枢纽，坝北被称为上级湖，坝南被称为下级湖。上级湖湖面面积 602 km^2，集流面积 26934 km^2，占总集流面积的 88.4%；下级湖湖面面积 664 km^2，集流面积 3519 km^2，仅占总集流面积的 11.6%。南四湖流域北起大汶河左岸，南至废黄河南堤，东以泰沂山脉的尼山为分水岭，西至黄河右堤，总流域面积达 31700 km^2，属于中型流域。流域内主要土地利用类型包括耕地约 74%、林地约 2%、草地约 5%、水域约 3%、建设用地及未利用土地约 16%。流域内多年平均降水量为 726.59 mm，多年平均气温为 13.62 ℃。南四湖流域内河流呈辐射状分布，山东省内有 11 条主要支流，均汇入南四湖。

8.2.2　数 据 采 集

数据涵盖南四湖流域内水文、气象、水环境、污染源、下垫面等数据，主要包括国/省控水质监测断面数据、水文站观测数据和气象站观测数据。

1. 水质水位观测数据

水质观测数据均来源于山东省国/省控水质监测断面的人工逐月监测数据，研究区内包含 16 个监测断面（表 8-13），主要监测水质指标有 20 个，分别为水温、总磷（TP）、溶解氧（DO）、铜（Cu）、化学需氧量（COD）、锌（Zn）、氨氮（NH_3-N）、铅（Pb）、总氮（TN）、生化需氧量（BOD_5）、六价铬（Cr^{6+}）、镉（Cd）、挥发酚、总砷（As-tot）、总硒（Se-tot）、汞（Hg）、氟化物（F^-）、石油、阴离子表面活性剂（AS）、硫化物（S^{2-}），时间范围为 2009～2017 年。

南四湖和东平湖中水位数据如表 8-14 所示。

表 8-13　南四湖流域入湖支流及监测断面信息

子流域	河流	国控断面
梁济运河	梁济运河	李集
洙水河	洙水河	105 公路桥
洙赵新河	洙赵新河	喻屯
万福河	老万福河	高桥河
东鱼支河	西支河	入湖口/北外环桥
东鱼河	东鱼河	西姚
薛城河	薛城大沙河	十字河大桥
新薛河	新薛河	新薛河入湖口/洛房桥
房庄河	房庄河	东田陈
城郭河	城郭河	群乐桥
北沙河	北沙河	王晁桥
辛安河	辛安河	—

续表

子流域	河流	国控断面
界河	界河	—
白马河	白马河	马楼
泗河	泗河	尹沟
洸府河	洸府河	东石佛
洸府河支流	老运河/洸府河	东石佛
韩庄运河	京杭运河	台儿庄大桥

表 8-14　南四湖和东平湖中水位数据来源

湖泊	数据时间跨度	数据时间尺度	数据来源
南四湖	1960～2019 年	年尺度	李玥璿和陈立峰，2015
	2003～2019 年	月尺度	地方政府机构
东平湖	1952～2018 年	年尺度	王志忠等，2012
	2007～2019 年	月尺度	地方政府机构

2. 水文观测数据

研究采用的水文站点主要包括黄台桥、岔河、石村和马尚 4 个站点（表 8-15），其中黄台桥、岔河和石村站分别位于小清河干流的上、中、下游，马尚站位于孝妇河中游。水文数据时间范围为 2006～2015 年，水文要素指标为日均流量和日均水位。

表 8-15　小清河流域主要水文站点及位置

编号	名称	所属支流	纬度（°N）	经度（°E）
1	黄台桥	小清河	36.70	117.05
2	岔河	小清河	37.07	117.92
3	石村	小清河	37.13	118.43
4	马尚	孝妇河	36.80	117.97

3. 气象观测数据

研究采用的气象观测数据来源于“中国气象数据网”，涉及气象站为惠民、济南、垦利、泰山、潍坊和沂源等 6 个（表 8-16），主要的气象指标包括日降水量、日最高气温、日最低气温、2m 处风速、日均相对湿度和日照时数等，时间范围为 1985～2020 年。

表 8-16　小清河流域主要气象站点及位置

编号	名称	纬度（°N）	经度（°E）	高程/m
1	惠民	37.48	117.53	11.5
2	济南	36.60	117.05	215
3	垦利	37.60	118.53	5
4	泰山	36.25	117.10	1131
5	潍坊	36.75	119.18	21
6	沂源	36.18	118.15	283

4. 水生态采集数据

为了更好地了解南四湖和东平湖中大型底栖动物的时空分布现状，本研究于 2018 年 8 月～2019 年 12 月，在南四湖和东平湖分别进行了 4 次野外调研，采样期分别为 2018 年 8 月、2019 年 3 月、2019 年 7 月末和 2019 年 12 月，分别处于夏季、春季、夏季和冬季，同时也满足其分别在调水前、调水期、调水后和第二次调水期的时间分布。为了保证监测点位的科学性和合理性，采样方案在东平湖和南四湖分别设置了 4 个和 19 个采样点，每个采样点中的样品采集均设置一个平行样品。根据湖泊面积大小，南四湖中的南阳湖、独山湖、昭阳湖和微山湖中分别设置 4 个、5 个、2 个、8 个点位。为了探讨水环境条件对大型底栖动物群落的影响，在水生态样品采样过程中，配套采集水质样品、底泥重金属样品并测量水温和水深数据，为后续分析生境要素对大型底栖动物群落的影响提供基础数据。基于以上方案设置，本研究分别在南四湖和东平湖获取 76 组数据和 16 组数据。监测点采样现场如图 8-19 所示。

图 8-19　野外调研采样现场图

8.2.3　水文–水质–水生态协同模拟

1. 模拟设置

水文水质模型在南四湖流域应用时的输入数据包括气象数据、数字高程数据、土地利用类型数据、土壤类型数据以及用于模型率定及验证的水文水质数据等（表 8-17）。模型输入数据通过数据离散化及模型构建，通过 SWAT-CUP 选择敏感参数，并对敏感参数进行调整，进而完成模型参数的率定及验证，基于完成的水文模型再进行水质模型的构建与模拟。根据研究区模拟需求以及输入数据的时间尺度限制，南四湖流域分别进行了月尺度的水文模拟和水质模拟。南四湖流域内共划分有 11 个主要的子流域，其中包括 8 个有资料子流域和 3 个无资料子流域，无资料子流域按图 8-20 中方法进行参数移植，再进行径流模拟。

表 8-17　模型数据列表

数据名称	数据描述	数据说明
气象数据	最高温、最低温、降水量	日尺度（2000～2017 年）
数字高程数据	高程、坡度等	90m×90m
土地利用类型数据	土地利用类型及空间分布	2010 年、1km×1km
土壤类型数据	土壤类型及空间分布	1km×1km
水文数据	流量	月尺度（2003～2009 年）
水质数据	总氮、总磷	月尺度（2009～2017 年）

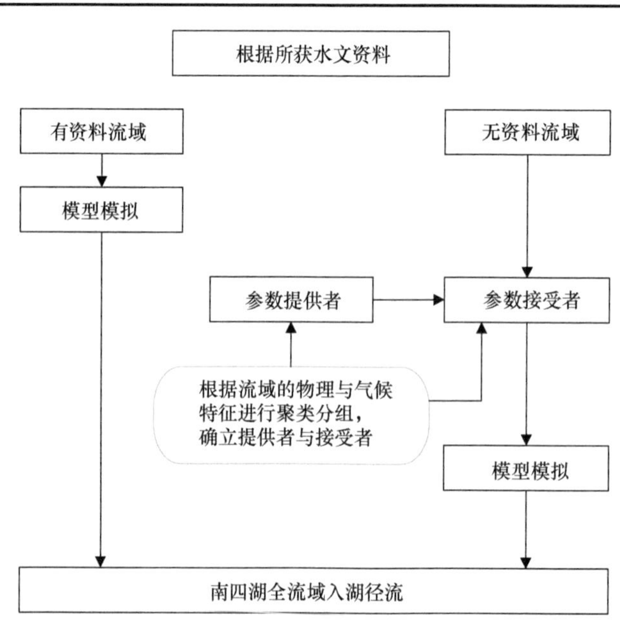

图 8-20　无资料地区参数移植示意图

二维浅湖水动力–水质模型主要针对水动力场交互不频繁、以日尺度为主的水质过程进行模拟。水流沿着从北向南的方向流动，韩庄运河为南四湖水体的出口。该模型利用前文水文水质模型输出的结果，提供流量和污染物浓度的变化过程作为外边界条件来驱动模型。南四湖湖体内共设置 5 个水质输出点位，用于与实际的国控断面水质进行对比。南四湖水体初始浓度利用 2017 年 12 月 5 个国控监测点位数据插值获得。

2. 水文模拟

研究区内共有 8 个有水文资料的子流域，包括薛城河流域、新薛河流域、城郭河流域、泗河流域、梁济运河流域、洙赵新河流域、万福河流域及东鱼河流域。利用有资料地区的数据对模型进行率定，率定结果如表 8-18 所示，大部分流域的 R^2 均在 0.7 以上，表明模型在该流域具有水文模拟的能力。无资料地区包括白马河流域、北沙河流域及洸府河流域，通过参数移植的方式完成对无水文资料流域的水文模拟，模型模拟结果如图 8-21 所示。

表 8-18　模型月尺度水文率定结果

流域	时间	ENS	R^2
薛城河流域	2006～2008 年	0.63	0.75
新薛河流域	2006～2007 年	0.41	0.48
城郭河流域	2006～2007 年	0.81	0.82
泗河流域	2003～2009 年	0.37	0.68
梁济运河流域	2003～2009 年	0.61	0.70
洙赵新河流域	2005～2007 年	0.37	0.68
万福河流域	2005～2007 年	0.77	0.82
东鱼河流域	2003～2005 年	0.59	0.74

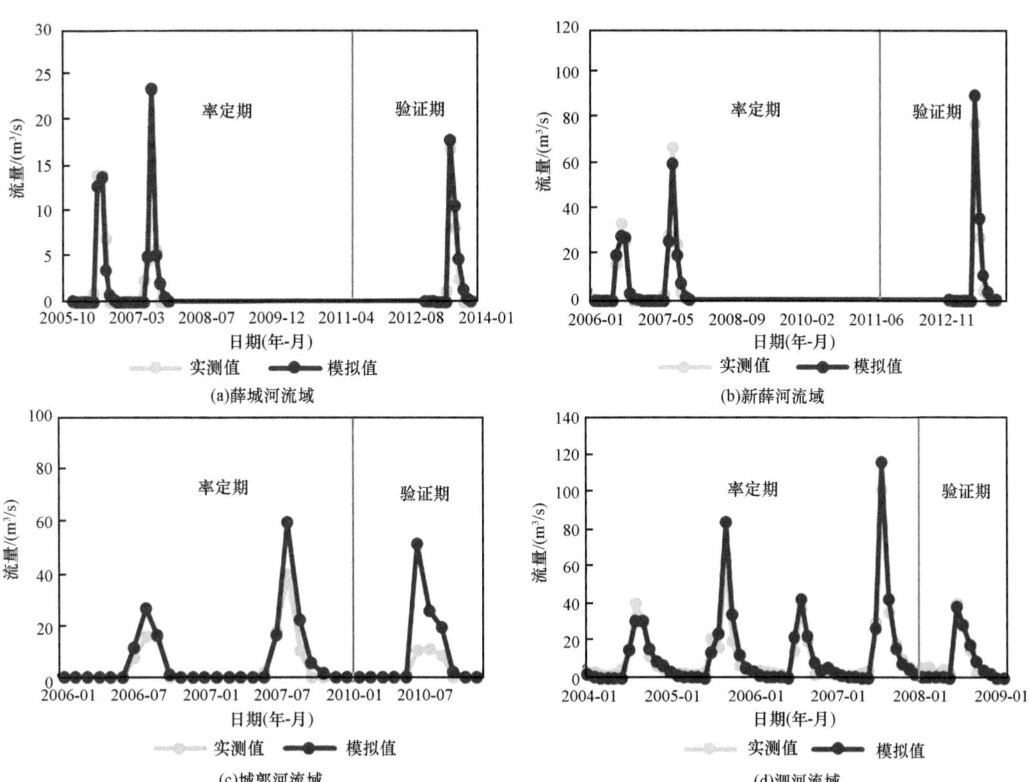

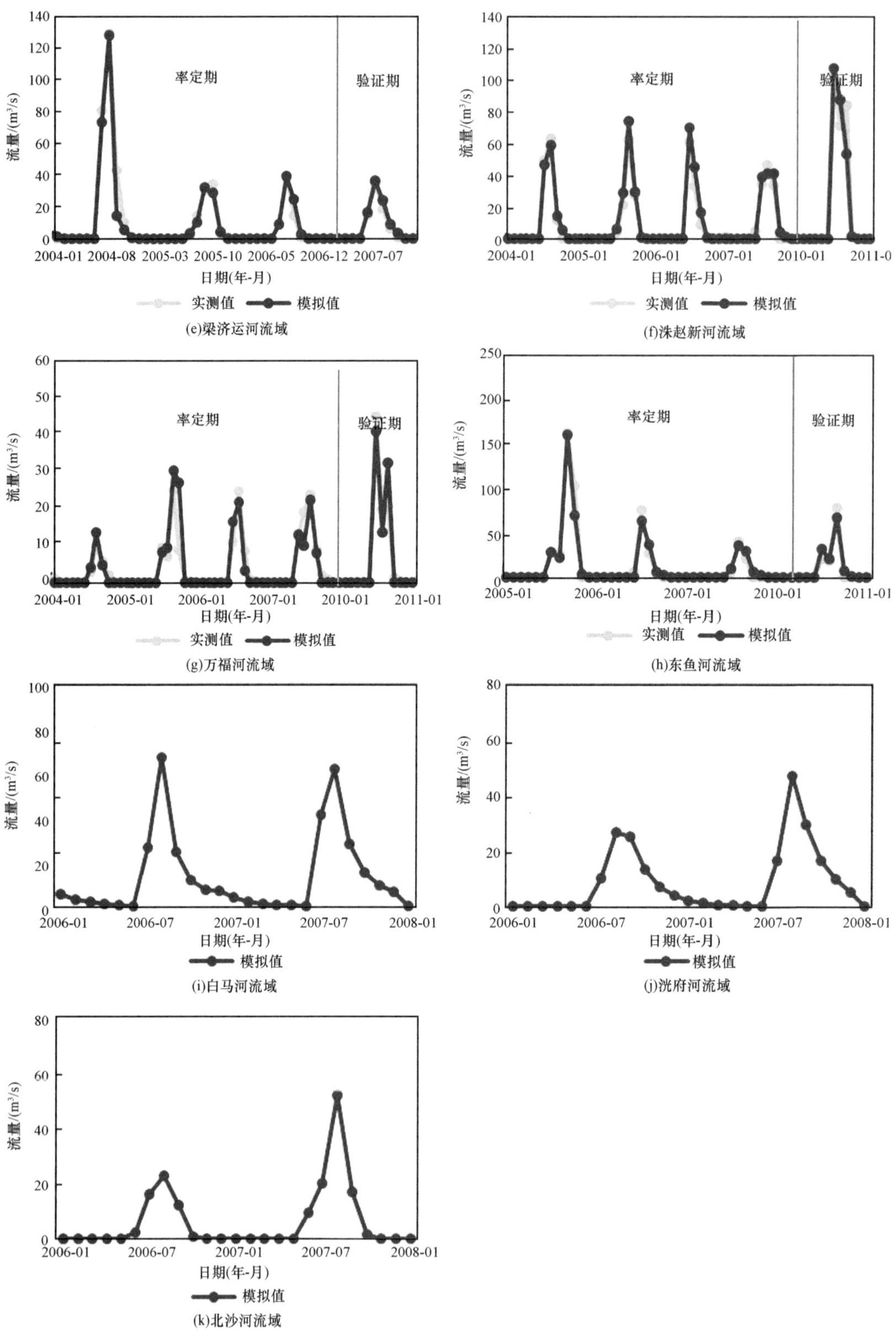

图 8-21　研究区入湖径流模拟

3. 水质模拟

在水文模型的构建及水文参数率定的基础上，进行南四湖流域内污染物的模拟。研究区内 13 个子流域的氮磷入湖污染通量模拟包括点源污染和非点源污染。其中，点源污染包括工业废水排放、污水处理厂排放、集中畜禽养殖等，非点源污染主要指农业非点源污染。除万福河流域氮观测值不足以进行率定模拟外，其余流域的率定结果如表 8-19 和表 8-20 所示。利用率定后的模型对研究区各流域氮、磷污染物入湖通量进行模拟，结果如图 8-22 所示。

表 8-19　模型月尺度水质氮率定结果

流域	时间（年份）	ENS	R^2
薛城河流域	2009	0.53	0.58
新薛河流域	2009	0.99	0.99
城郭河流域	2009	0.62	0.67
泗河流域	2009	0.75	0.80
梁济运河流域	2009	0.96	0.97
洙赵新河流域	2009	0.77	0.80
东鱼河流域	2009	0.64	0.91
北沙河流域	2009	0.89	0.90
白马河流域	2009	0.92	0.94
洸府河流域	2017	0.95	0.98

表 8-20　模型月尺度水质磷率定结果

流域	时间	ENS	R^2
薛城河流域	2009～2010 年	0.89	0.92
新薛河流域	2009～2010 年	0.79	0.80
城郭河流域	2009～2010 年	0.68	0.70
泗河流域	2009～2012 年	0.44	0.52
梁济运河流域	2009～2010 年	0.41	0.44
洙赵新河流域	2010～2011 年	0.16	0.36
万福河流域	2012～2013 年	0.70	0.72
东鱼河流域	2009～2012 年	0.41	0.41
北沙河流域	2012～2015 年	0.69	0.73
白马河流域	2012～2015 年	0.56	0.80
方庄河流域	2014～2015 年	0.66	0.76

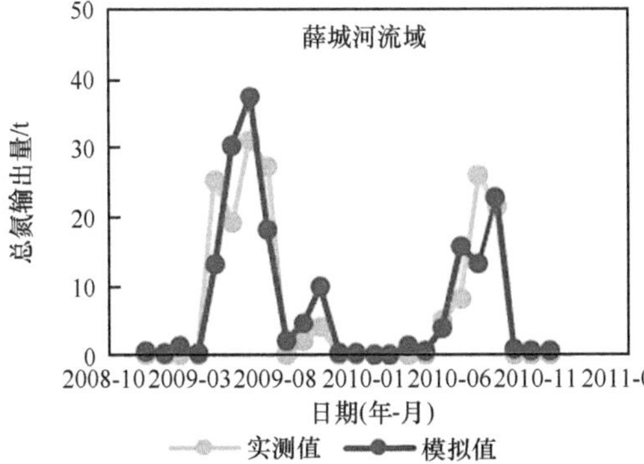

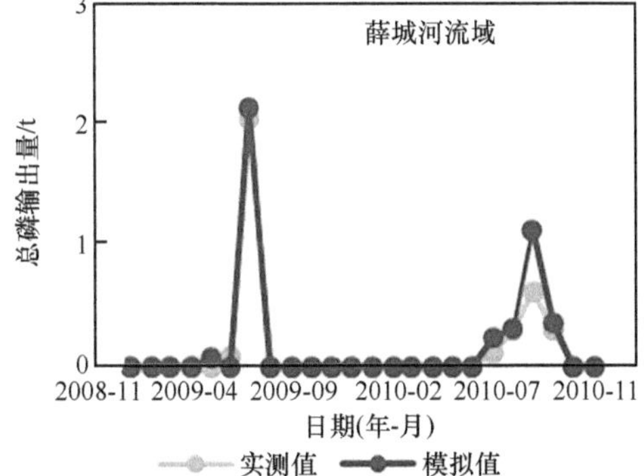

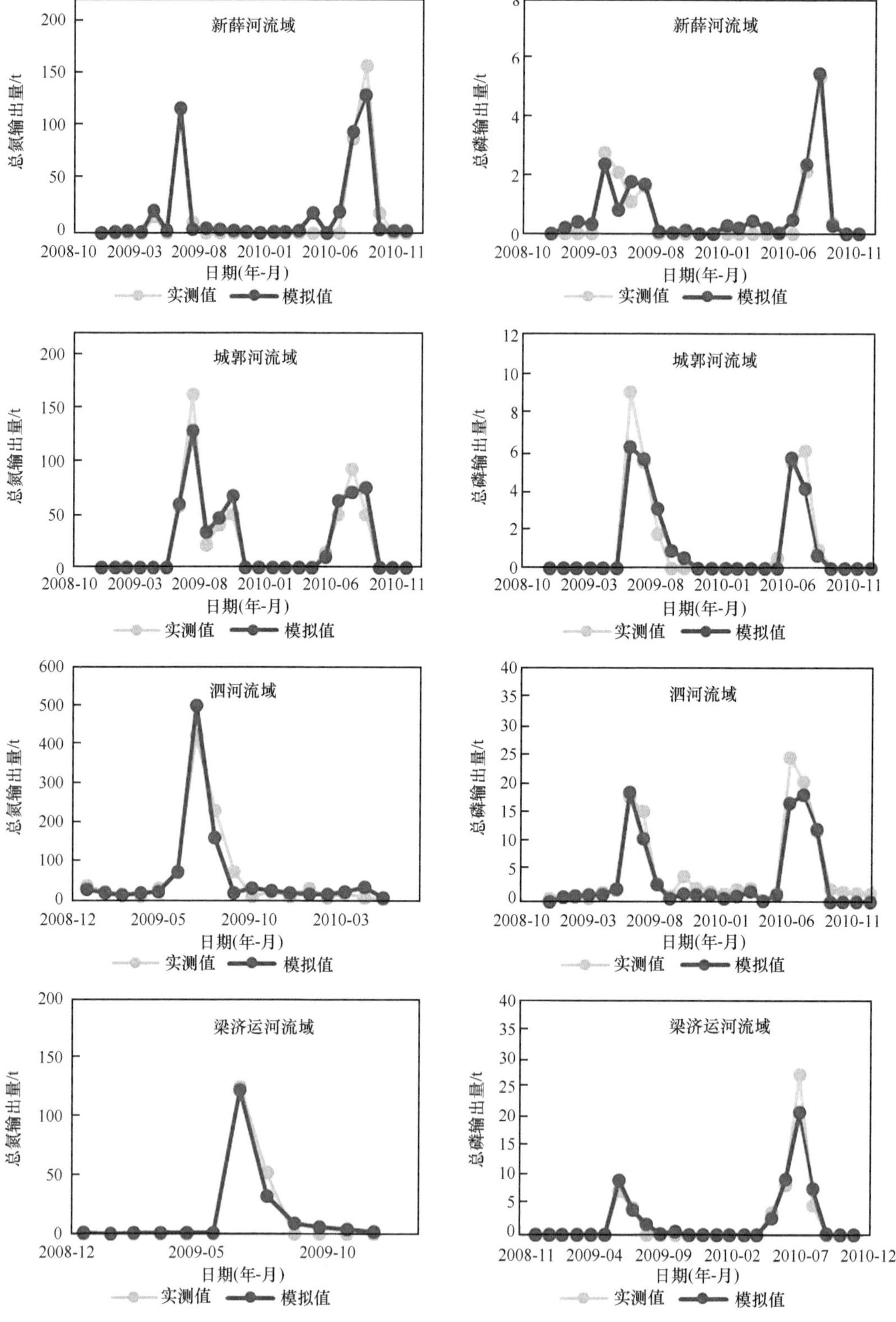

新薛河流域
总氮输出量/t
日期(年-月)
实测值
模拟值
新薛河流域
总磷输出量/t
日期(年-月)
实测值
模拟值
城郭河流域
总氮输出量/t
日期(年-月)
实测值
模拟值
城郭河流域
总磷输出量/t
日期(年-月)
实测值
模拟值
泗河流域
总氮输出量/t
日期(年-月)
实测值
模拟值
泗河流域
总磷输出量/t
日期(年-月)
实测值
模拟值
梁济运河流域
总氮输出量/t
日期(年-月)
实测值
模拟值
梁济运河流域
总磷输出量/t
日期(年-月)
实测值
模拟值

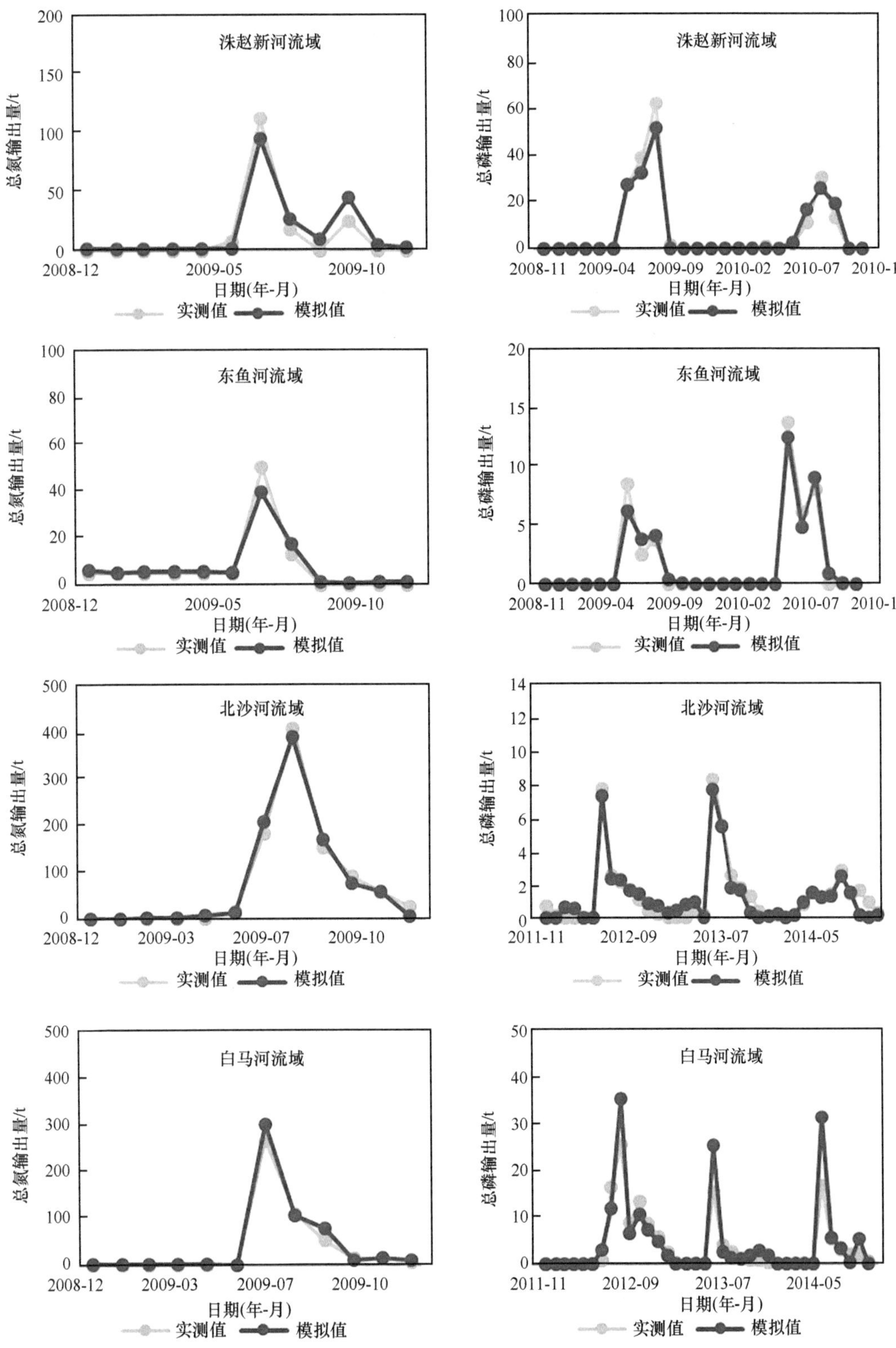

洙赵新河流域
总氮输出量/t
总磷输出量/t
东鱼河流域
北沙河流域
白马河流域
日期(年-月)
实测值
模拟值

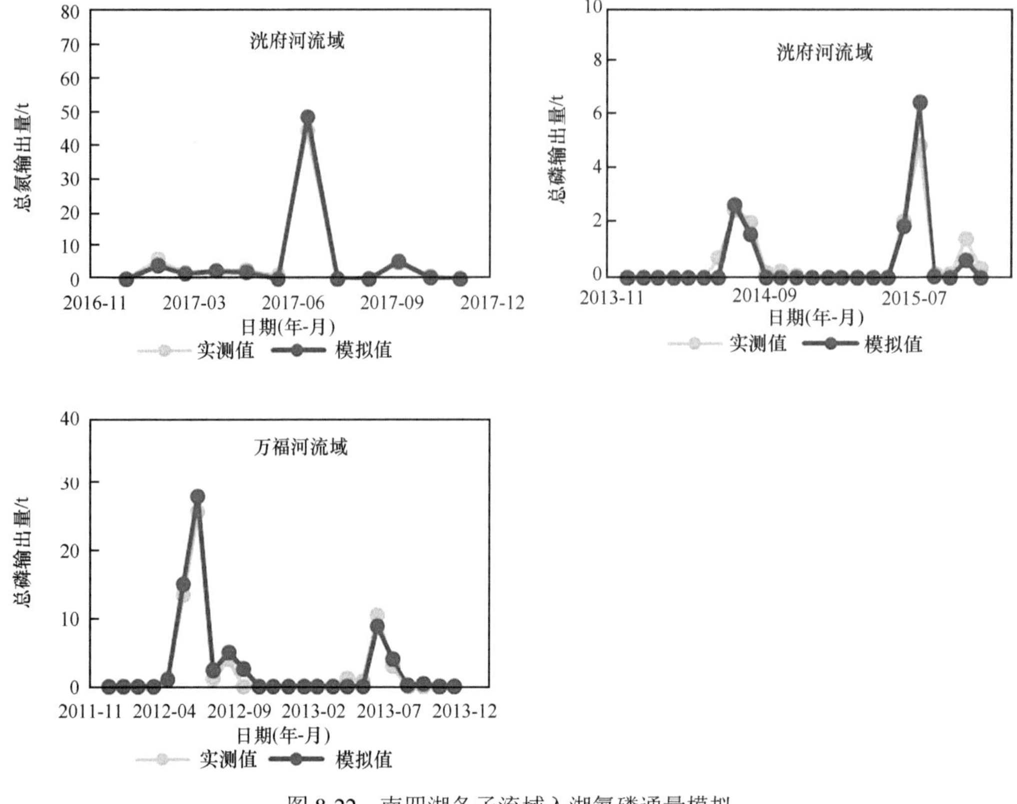

图 8-22　南四湖各子流域入湖氮磷通量模拟

采用南四湖湖体内 5 个水质输出点位实测数据进行对比分析。与前白口、南阳、二级坝、大捐、岛东点位上的总磷浓度变化进行对比，其模拟结果与实测值的效率系数分别为 0.85、0.81、0.81、0.83、0.81（图 8-23），说明模型能较好地模拟水体内的水质时空变化。

4. 水生态模拟

1）野外调研

2018～2019 年对南四湖进行野外调研，采集的水生生物样品包括浮游植物、浮游动物、大型底栖动物和小型底栖动物，同时进行相应点位的水质样品和底泥样品的采集，并在室内进行物种的鉴定和称量，以及水质和底泥的分析。

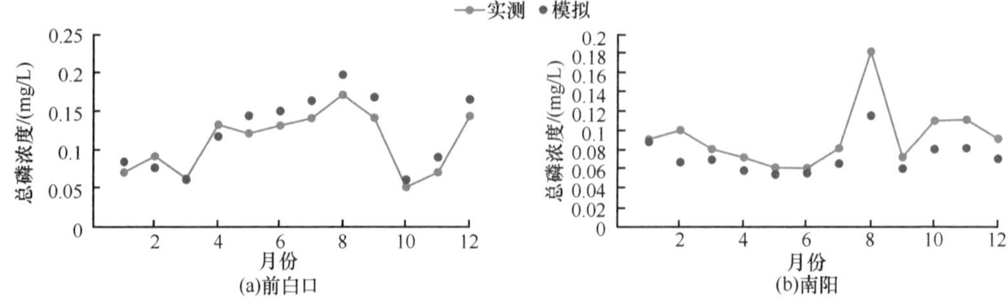

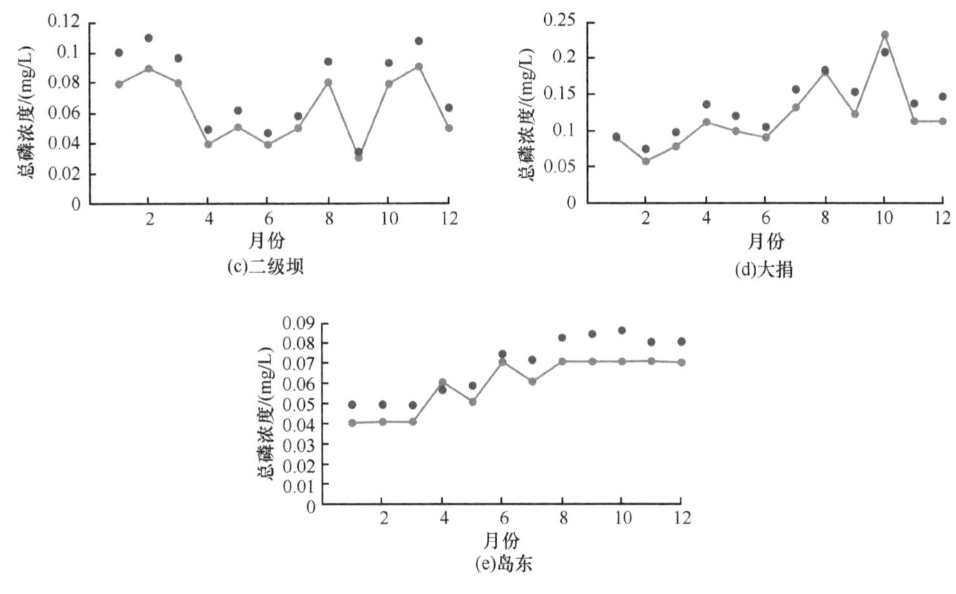

图 8-23　南四湖总磷模拟结果

2）水生生物物种多样性和环境指标筛选

基于多次水生生物野外调研结果，分别计算浮游植物、浮游动物、大型底栖动物和小型底栖动物的生物多样性指数，包括 Shannon 指数、Simpson 指数、Pielou 指数和 Margalef 指数等，并分析不同点位上各多样性指数的时空分布（图 8-24）。

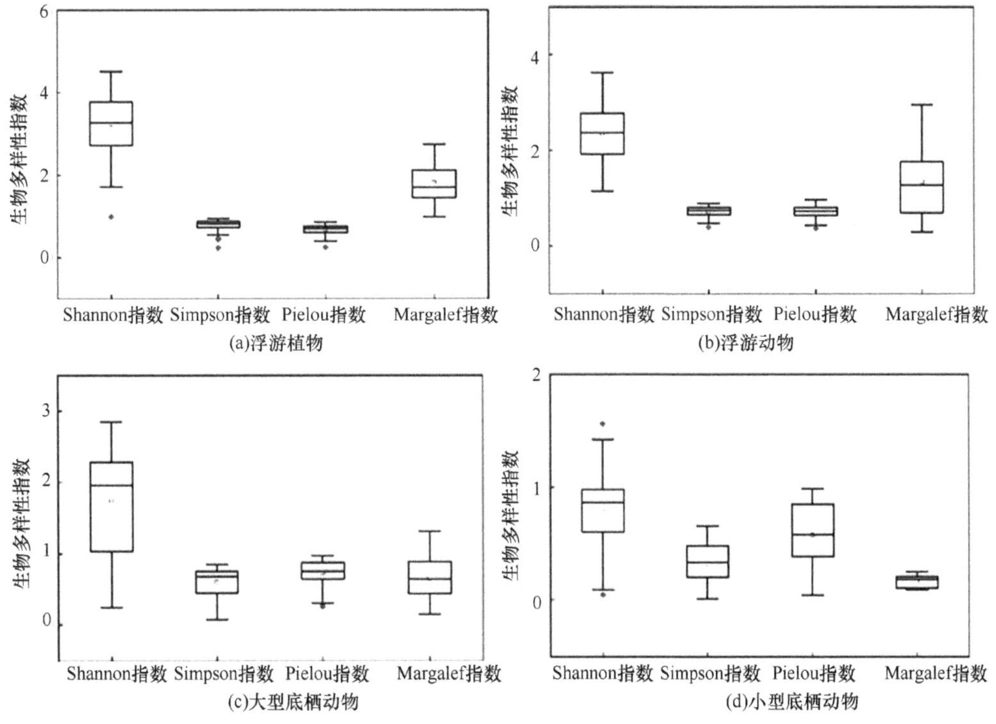

图 8-24　南四湖中不同水生生物多样性指数

根据不同多样性指数的分布结果，可以看出，Shannon 指数在浮游植物、浮游动物、大型底栖动物和小型底栖动物群落中均呈现出较明显的空间差异性，而其他多样性指标的空间变化较小。除此之外，Shannon 指数也广泛地应用在物种多样性的研究中，因此我们选择采用 Shannon 指数作为南四湖水文–水质–水生态联合模拟中的水生态指标。

基于已调研的浮游植物、浮游动物、大型底栖动物和小型底栖动物的鉴定结果与环境样品结果进行相关性分析，筛选各水生生物群落主要的环境驱动指标。群落与环境指标相关性结果如图 8-25 所示。根据相关性结果图，考虑到模型可模拟指标以及在线监测水质指标的范围，最终选择 TN、TP、NH_3-N 和 COD 作为水生生物的主要环境影响指标。

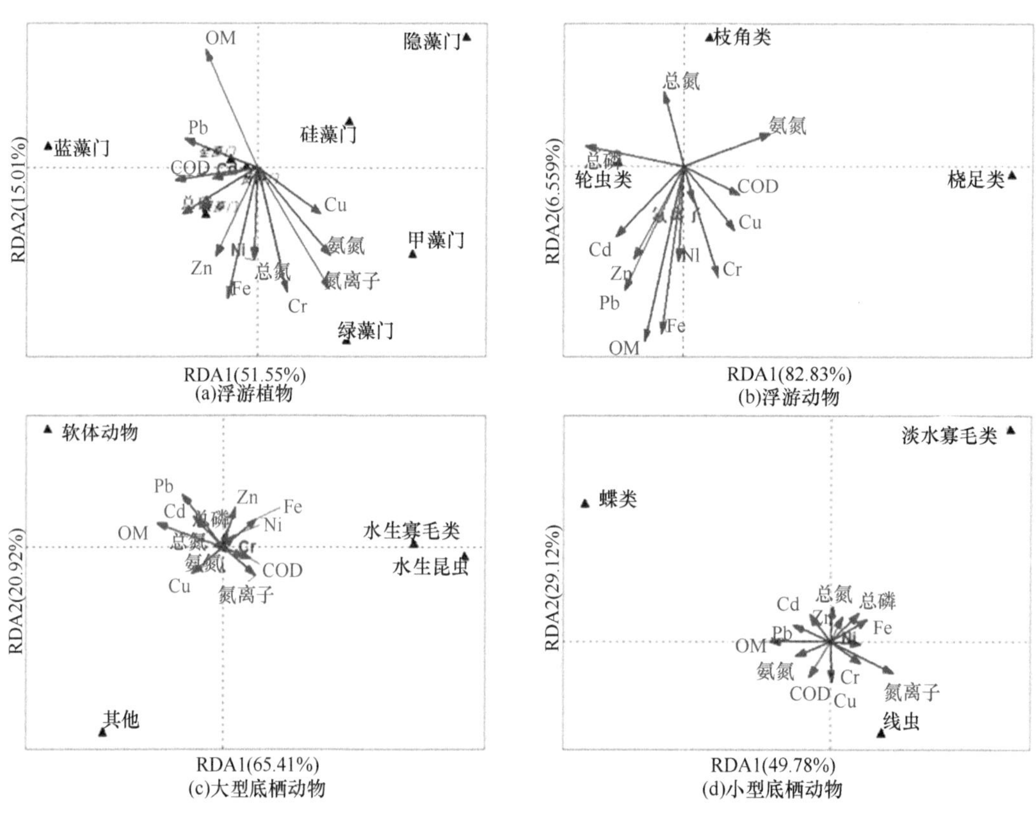

图 8-25　不同水生生物群落与环境指标的相关性

基于已确定的水生生物多样性指标和已筛选的主要影响环境指标，利用逐步回归法形成多样性指标和环境指标的关系式。各物种群落的多样性和环境指标的关系式如下所示。

浮游植物：

$$\text{Shannon}=0.57413\times C(\text{NH}_3\text{-N})-0.42513\times C(\text{TP})+3.03433 \tag{8-1}$$

浮游动物：

$$\text{Shannon}=1.9905\times C(\text{TP})-0.2424\times C(\text{TN})+2.5507 \tag{8-2}$$

大型底栖动物：

$$\text{Shannon}=0.0659\times C(\text{TN})-0.011923\times C(\text{COD})+2.294763 \tag{8-3}$$

小型底栖动物：

$$\text{Shannon}=0.156316\times C(\text{NH}_3\text{-N})+0.016669\times C(\text{COD})+0.354707 \tag{8-4}$$

5. 水文–水质–水生态联合模拟

实时在线水质监测系统已经覆盖南四湖流域，其监测指标中包括 TN、TP、NH_3-N 和 COD，因此基于多样性指标和环境指标的关系式，可以预测南四湖水生态多样性的变化趋势。采用 SWAT 模型模拟南四湖水文水质的紧密联动，其输出结果包括 TN 和 TP。基于模型模拟的水质结果，结合多样性指标和环境指标的关系式，可进行不同情景下水生态多样性的变化趋势预测，进而实现水文–水质–水生态的联合模拟。

结合南四湖流域的水文模拟、水质模拟，采用所构建的水生态模型，利用最后一次调研所得的结果对南四湖流域的浮游植物、浮游动物和大型底栖动物群落多样性进行预测，结果显示，Shannon 指数预测值和实际计算值的变化趋势是基本一致的（图 8-26～图 8-28）。这一联合模拟不仅实现了水量–水质–水生态间的联动，还在多样性数据难以获取的前提下，基于容易获取的水质数据实现了水生态多样性变化趋势的模拟及预测。

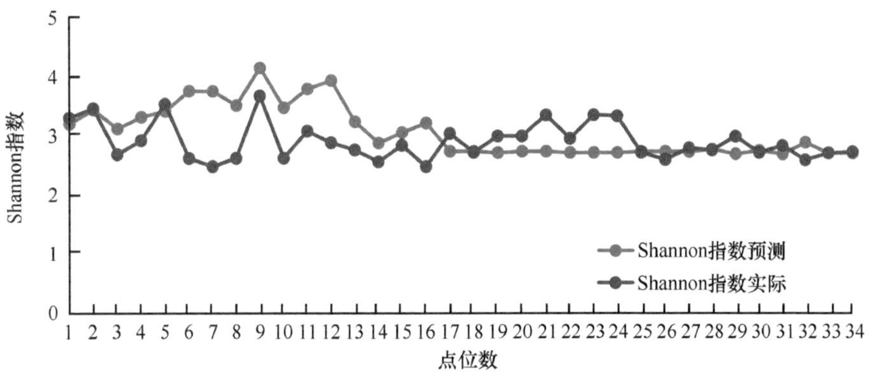

图 8-26　浮游植物群落多样性指数预测

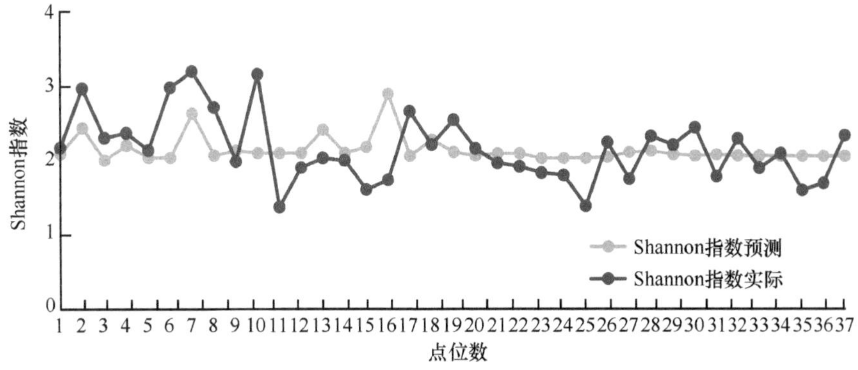

图 8-27　浮游动物群落多样性指数预测

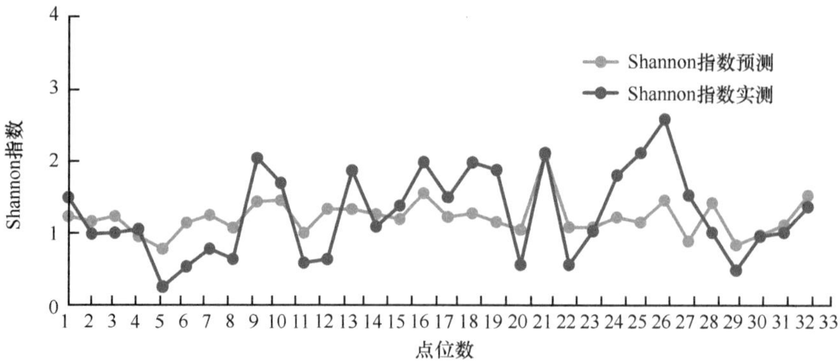

图 8-28 大型底栖动物群落多样性指数预测

8.2.4 示范应用成效

依托山东省流域水环境管理大数据平台集成了山东省主要水文、污染源、水质数据等各类环境专题数据以及环境监测数据，在线模拟了南四湖流域国控断面水环境质量。

参 考 文 献

李玥璿, 陈立峰. 2015. 南四湖水位演变规律分析. 治淮, (9): 17-18.

王志忠, 巩俊霞, 陈金萍, 等. 2012. 东平湖浮游动物群落特征与水体营养类型评价. 广东农业科学, 39(7): 172-174, 180.

Moriasi D N, Arnold J G, Liew M W V, et al. 2007. Model evaluation guidelines for systematic quantification of accuracy in watershed simulations. Transactions of the ASABE, 50(3): 885-900.